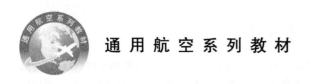
通用航空系列教材

通用航空
专业技术人员培训教材

主 编 黄 涛

副主编 范振伟 许天牧 黄研清 刘 畅

北京航空航天大学出版社

内 容 简 介

本教材遵循通用航空专业技术人才培养规律,切合通用航空技术人员培训大纲,专注提升通用航空技术人员的专业能力,主要包括三个模块、11章内容。第一模块是基础课程,包括:通用航空概论;空管基础;通用航空法规;航空情报与气象;通用航空安全管理。第二模块是专业课程,包括:飞行计划申报与飞行服务站;通用航空公司运行控制;通用航空器基础与维修;通用机场建设与运营;无人机基础知识与管理。第三模块是通用航空企业实践应用,包括航油与航空器材管理。

本教材适用于通用航空企业员工培训学习、政府与研究机构从事通用航空研究以及高等院校课程教学等。

图书在版编目(CIP)数据

通用航空专业技术人员培训教材 / 黄涛主编. -- 北京 : 北京航空航天大学出版社,2021.7

ISBN 978 - 7 - 5124 - 3560 - 5

Ⅰ. ①通… Ⅱ. ①黄… Ⅲ. ①航空工程－工程技术－技术培训－教材 Ⅳ. ①V2

中国版本图书馆 CIP 数据核字(2021)第 135503 号

通用航空专业技术人员培训教材
主 编 黄 涛
副主编 范振伟 许天牧 黄研清 刘 畅
策划编辑 蔡 喆 责任编辑 蔡 喆
*
北京航空航天大学出版社出版发行

北京市海淀区学院路 37 号(邮编 100191) http://www.buaapress.com.cn
发行部电话:(010)82317024 传真:(010)82328026
读者信箱:goodtextbook@126.com 邮购电话:(010)82316936
北京九州迅驰传媒文化有限公司印装 各地书店经销
*
开本:710×1 000 1/16 印张:27.5 字数:479 千字
2021 年 9 月第 1 版 2021 年 9 月第 1 次印刷
ISBN 978 - 7 - 5124 - 3560 - 5 定价:89.00 元

前　　言

　　近年来,随着全面推进通用航空产业发展与低空管理改革、加快发展战略性新兴产业、促进民航产业发展等政策的落实,我国通用航空产业呈现出快速增长的趋势。但是,随着通用航空业的飞速发展,专业人才不足已成为制约行业发展的重要问题。通用航空专业技术人才缺口较大,现有人员专业技术水平距岗位要求还有很大距离。只有加强通用航空核心技术人才队伍建设,才能确保飞行器的运行安全与维护,促进通用航空运营与管理工作平稳、高效开展。

　　本教材以提升通用航空技术人员的专业能力为目标,遵循通用航空人才培养规律,满足通用航空人才培养体系与专业技术人员培训课程体系要求。通过对本教材的学习,通用航空专业技术人员可以更好地适应本职工作,安全高效绿色地完成工作目标,升华专业技能,进一步推动通用航空产业快速发展。

　　本教材以通用航空领域的初级专业技术人员和新入职的员工为培训对象,专注于提高通用航空领域专业人才的综合素质和专业技术能力。教材编写团队在对通用航空专业技术人员培养的课程模块和知识体系进行深入研究后,编写了多层次不同模块的基础知识架构,以全面提高通用航空专业技术人员的专业能力。

　　本教材主要有以下特色:

　　① 通过全方位学习通用航空概论、空管基础、通用航空法规体系、通用航空安全管理和事故处理方法等方面的基本知识,学员能够掌握从事通用航空运输相关岗位所必须的基础理论和知识,为今后学习其他专业课程奠定基础;

　　② 通过学习飞行计划申报和飞行服务站相关知识、通用航空公司运行控制与管理、通用航空器基础与维修要求、无人机基础知识与管理规定等内容,学员可多方面、多层次地理解专业技术基础知识,为高效专业性工作奠定良好的理论基础;

　　③ 通过学习航油与航空器材管理方面的基础知识,学员可掌握航油和航材采购、管理、安全规范与使用方面的相关内容。

　　本教材紧密结合通用航空产业发展趋势,密切关注行业的政策调整和变化,准确把握时代的需求,是一部具有时代特征、符合通用航空领域专业技术人才培养体系要求的培训类教材,可为建立完善的通用航空人才培养体系奠定良好的基础。

　　本教材依托于中国民用航空局 2020 安全能力项目——东北地区通用航空人才培养体系建设研究,是该项目阶段性成果,并得到了中国民用航空局人教司领导以及民航东北地区管理局人教处、通航处、空管处等相关处室的大力支持。教材编写团队多次邀请中国航空运输协会通用航空分会、中国信息协会通用航空分会、北京航空航天大学、中国民航大学、中国民航管理干部学院、沈阳航空航天大学、浙江万丰航空有限公司、中国飞龙通用航空有限公司、北大荒通用航空有限公司、辽宁锐翔通用航空有限公司、浙江凯晟通用航空技术有限公司、黑龙江绥滨龙翔通用航空公司、辽宁通飞通用航空有限公司以及中国航空油料集团有限公司等单位专家对教材内容进行反复交流、研讨及论证。

教材包括三个模块、11章内容。第一模块为基础课程，其中涵盖第1章通用航空概论、第2章空管基础、第3章通用航空法规、第4章航空情报与气象以及第5章通用航空安全管理；第二模块为专业课程，其中涵盖第6章飞行计划申报与飞行服务站、第7章通用航空公司运行控制、第8章通用航空器基础与维修、第9章通用机场建设与运营和第10章无人机基础知识与管理；第三模块为通用航空企业实践应用，其中涵盖第11章航油与航空器材管理。

本教材由沈阳航空航天大学通用航空产业发展研究中心常务副主任黄涛教授任主编，由辽宁通用航空研究院院长范振伟、中国民航大学经管学院院长许天牧、民航东北局空管处处长李辉、浙江凯晟通用航空技术有限公司总经理王建宏、中国民航大学交通科学与工程学院教授高扬、辽宁通用航空发展有限公司副总经理孙戈、辽宁锐翔通用航空公司维修部经理李万峰、沈阳航空航天大学副教授孙宁、沈阳航空航天大学讲师黄研清、宋薇薇以及研究生张琳共同编写。具体编写分工如下：第1章由黄研清、许天牧编写；第2章由李辉编写；第3章由孙宁编写；第4章和第7章由宋薇薇、张琳编写；第5章由高扬编写；第6章第1节由宋薇薇编写，第2节由李辉编写；第8章由李万峰编写；第9章由王建宏编写；第10章由孙戈编写；第11章由中国航空油料集团有限公司高金麟、张文辉、李博宇及沈航黄研清编写，全书由黄涛教授统稿。在编写过程中，经济与管理学院刘畅博士、民航学院副教授梁莹以及研究生王嘉兴、张朝、陈一佳、辛野泽治、孙瑞参加了资料收集与整理统计校对工作。感谢民航东北地区管理局人教处副处长王峥以及主任科员付佳、通航处处长牛铭男以及主任科员张翼飞、空管处处长李辉对本教材的具体指导与帮助。

编写《通用航空专业技术人员培训教材》，对编者来说是一个尝试，也是一个挑战。尽管我们与出版社为之付出了艰辛的努力，但由于资料与能力有限，书中不妥和纰漏之处在所难免，恳请广大读者不吝赐教。

作　者
2021年5月于沈阳

目　　录

第一模块　基础课程

第三模块　通用航空企业实践应用

第一模块
基础课程

第1章 通用航空概论

1.1 通用航空简介

1.1.1 通用航空的定义

通用航空（General Aviation），是指使用民用航空器从事公共航空运输以外的民用航空活动，包括从事工业、农业、林业、渔业和建筑业的作业飞行以及医疗卫生、抢险救灾、气象探测、海洋监测、科学实验、教育训练、文化体育等方面的飞行活动。

1986 年以前，我国将通用航空称为专业飞行。根据 1981 年颁布的《中国民用航空专业飞行工作细则》的规定，专业飞行是指用装有专用设备的飞机进行农业、林业、航空探矿、航空摄影、海上飞行、人工降水等作业项目的飞行。1986 年，国务院颁布《国务院关于通用航空管理的暂行规定》（国发〔1986〕2 号），正式将专业飞行改名为通用航空，明确了通用航空行业管理机构、从事通用航空活动需要履行的报批手续、从事通用航空经营活动的审批管理程序和要求等。

中国从 2013 年开始，全面推进通信指挥和对空监视设施建设，逐步形成政府监管、行业指导、市场化运作、全国一体化的低空空域管理运行和服务保障体系。中国通用航空迎来发展机遇期。

目前，国内对通用航空的定义主要有以下 6 种。

1.《国务院关于通用航空管理的暂行规定》(1986 年)

凡使用民用航空器从事工业、农业、林业、牧业、渔业生产和为国家建设服务的作业飞行，以及从事医疗卫生、抢险救灾、海洋及环境监测、科学实验、教育训练、文化体育及游览等飞行活动，均统称通用航空。

2.《中华人民共和国民用航空法》(1996 年)(以下简称《民航法》)

通用航空是指使用民用航空器从事公共航空运输以外的民用航空活动，包括从事工业、农业、林业、渔业和建筑业的作业飞行以及医疗卫生、抢险救灾、气象探测、海洋监测、科学实验、教育训练、文化体育等方面的飞行活动。

3.《中华人民共和国通用航空飞行管制条例》(2003 年)

通用航空是指除军事、警务、海关缉私飞行和公共航空运输飞行以外的航空活动,包括从事工业、农业、林业、渔业、矿业、建筑业的作业飞行和医疗卫生、抢险救灾、气象探测、海洋监测、科学实验、遥感测绘、教育训练、文化体育、旅游观光等方面的飞行活动。

4.《通用航空术语》(MH/T 1039 - 2011)(2012 年)

中华人民共和国民用航空行业标准《通用航空术语》(MH/T 1039 - 2011)对通用航空的定义是:除军事、警务、海关缉私飞行和公共航空运输飞行以外的航空活动。

5.《通用航空经营许可管理规定》(2016 年)

《通用航空经营许可管理规定》(交通运输部令 2016 年第 31 号)并未直接对通用航空进行定义,而是将通用航空业务分为 4 类,分别为甲类、乙类、丙类、丁类。

6. 国务院办公厅《关于促进通用航空业发展的指导意见》(国办发〔2016〕38 号)

国务院办公厅印发的《关于促进通用航空业发展的指导意见》对通用航空的定义为:通用航空业是以通用航空飞行活动为核心,涵盖通用航空器研发制造、市场运营、综合保障以及延伸服务等全产业链的战略性新兴产业体系。

1.1.2　通用航空的特点

通用航空使用飞机进行作业,同运输航空完全不同,因此,衡量的指标也不一样,概括起来,通用航空有以下 4 个特点:

1. 通用性

通用航空的最大优势就是它的通用性,它可应用于工农业生产、新型服务业、科学研究和人民生活等方面。

2. 不可替代性

通用航空机动灵活,运行方式独特。与铁路相比,它不受轨道的限制而四通八达;与公路相比,它可以摆脱地面的拥堵而直奔目标;与水运相比,它可以不受水道的限制而翻山越岭;与公共航空运输相比,通用航空直升机可以垂直起降,不必考虑跑道的制约。同时,与其他交通方式相比,通用航空还可节省更多土地资源,创造更大的社会效益和经济效益。

3. 专业技术性

在我国,通用航空曾有专业航空的别称,这是因为通用航空的不同作业项目有不同的技术要求和质量标准,其专业性非常强。通用航空的飞行活动通常使用小型飞机或直升机,大多进行低空、超低空飞行,而且有很多作业都是在非常恶劣的环境中进行的。如果没有一定数量经验丰富、接受过专项培训、技术精湛的通用航空专业人员,就很难保障运行安全和服务质量。

4. 地区差异性

由于地区经济的发展水平、产业结构、消费水平存在差异,通用航空在各地区的发展水平、发展模式和作业类别等也不相同。

深刻地把握通用航空的上述特点,将有助于我们更好地提炼发展通用航空的指导思想、原则,更好地规划通用航空的发展模式和发展路径。

1.1.3 通用航空的优势

1. 作业区域大、宏观性好

地面作业时,人们的工作范围有一定限度。在疆土辽阔,地形、气象复杂,特别是人烟稀少、交通不便的地区,地面机械更无法或难于到达。通用航空在空中作业,翱翔鸟瞰,居高临下,视野广阔,能够有效地克服地面作业的许多限制,能够在较短时间内完成大面积连片的作业任务。例如,应用遥感方法可以看见那些处于紫外、红外和微波区域的信号,识别出一些在可见光范围并不呈明显差异的自然现象,看见地表、海面下一定深度的目标信息;航空探矿方法可以克服地面调查视线受阻、视域局限和地表物化、场干扰大等缺点,能够直接取得宏观区域性地质结构模型,为研究各地区地质构造内部细则和不同地质构造单元之间的相互联系提供了方便,扩大了人们深入认识地质结构的可能性;航空护林提高了人们观测和监视森林火灾的能力。

2. 速度快、效率高

飞机是一种灵活、机动性强、效率很高的先进生产工具。以"运-5"型飞机为例,平均每小时可喷粉 10 km^2,比使用动力喷粉机快 40～50 倍,比手摇喷粉器快 500 倍左右。人工种草每小时 0.02～0.027 km^2,飞机播种每小时可达 0.4 km^2。

飞机测量比人工普查工效要提高 7 倍多。

3. 成本低、效益好

飞机播种造林，一般比地面传统机械作业平均可节省 20% 的费用。根据国外经验，投资与通过遥感应用取得的效益相比，效益也是十分明显的。利用飞机进行测量比传统的野外测量可节约 30% 的成本，工效可提高 3 倍。

1.1.4 通用航空的准入规定

在《民航法》中，从事通用航空活动的人员或企业应当具备的条件是：

① 有与所从事的通用航空活动相适应、符合保证飞行安全要求的民用航空器；

② 有必须的依法取得执照的航空人员；

③ 符合法律、行政法规规定的其他条件；从事经营性通用航空的，限于企业法人。

《民航法》还给出了从事通用航空活动的基本要求：

① 从事非经营性通用航空的，应当向国务院民用航空主管部门办理登记；

② 从事经营性通用航空的，应当向国务院民用航空主管部门申请领取通用航空经营许可证，并依法办理工商登记；未取得经营许可证的，工商行政管理部门不得为其办理工商登记；

③ 通用航空企业从事经营性通用航空活动，应当与用户订立书面合同，但是紧急情况下的救护或者救灾飞行除外；

④ 组织实施作业飞行时，应当采取有效措施，保证飞行安全，保护环境和生态平衡，防止对环境、居民、作物或者牲畜等造成损害；

⑤ 从事通用航空活动的，应当投保地面第三者责任险。

《民航法》给出了通用航空活动的整体框架，对通用航空活动的范畴、从事通用航空活动的人员或企业应当具备的条件、从事通用航空活动的要求等做了方向性、原则性的规定。和通用航空相关的其他文件还有：《通用航空经营许可管理规定》《非经营性通用航空登记管理规定》《外商投资民用航空业规定》。

1.1.5 通用航空的适航规定

中国民用航空局（以下简称"民航局"）关于适航的规定适用于中国的通用航空。为了便于理解我国法律规章中对适航的相关规定，先来了解一下民用航空器在适航管理中的基本概念。

1. 民用航空器的适航管理

（1）适航管理的定义

适航是适航性的简称，民用航空器的适航性是指该航空器包括其部件及子系统整体性能和操纵特性在预期运行环境与使用限制下的安全性及物理完整性的一种品质。在民用航空活动的实践中，为达到某种适航性，民用航空器必须符合法定的适航标准和处于合法的受控状态。

适航管理就是适航性控制，是以保障民用航空器的安全性为目标的技术管理。政府适航部门在制定了各种最低安全标准的基础上，对民用航空器的设计、制造、使用和维修等环节进行统一审查监督和管理。

民用航空器的适航管理分为初始适航和持续适航两大类。从航空器的开始设计、制造到航空器的使用、维修一直到该航空器退役为止，航空器的适航管理贯穿始终。

（2）适航标准

适航标准是一类特殊的技术性标准，它是为保证实现民用航空器的适航性而制定的最低安全标准。适航标准与其他标准不同，适航标准是国家法规的一部分，必须严格执行。适航标准是通过长期工作经验的积累，吸取历次飞行事故的教训，经过必要的验证或论证及公开征求公众意见不断修订而成的。目前我国的适航标准主要参照国际上应用最广泛的欧洲适航标准和美国适航标准，并结合我国的实际情况而制定，最终作为《中国民用航空规章》（CCAR）的组成部分。

适航标准具有法规性、务实性、稳健性和平衡性，它是最基本的标准，同时又体现了经济利益；适航标准是维持航空器适航性的必然选择，用这个标准去控制适航性，就需要进行适航管理。

2. 适航管理的体系

（1）管理机构及管理方法

适航管理机构分为立法决策层、执行层和基础层。目前，我国适航管理的立法决策层为民航局航空器适航审定司（简称"适航司"），执行层为民航地区监管办和上海、西安、沈阳、江西航空器适航审定中心，基础层为民航局适航部门。民航局适航部门根据需要在有关企事业单位委任各种代表，其按照适航部门的授权负责相关工作。

适航司主要负责以下工作：

① 拟定民用航空器适航审定管理政策、规章、标准和制度并监督实施；

② 负责民用航空器(包括发动机、螺旋桨)型号及补充型号的合格审定、认可审查和相应证件的管理；

③ 负责民用航空器生产许可审定和相应证件的管理；

④ 负责航空材料、零部件和机载设备适航审定及相应证件的管理；

⑤ 负责民用航空器的国籍登记和注册；

⑥ 颁发适航指令，负责装机设备的工程批准；

⑦ 负责型号合格审定委员会的日常工作；负责民用航空器单机飞行手册、最低设备清单和维修审查委员会报告的批准，参与审查批准最低设备清单；

⑧ 负责民用航空器加装和改装及重大特修方案、超手册修理方案的工程批准。

(2) 适航审定过程

适航审定是在总结所有人类飞行历史经验的基础上，确保飞机在预期的使用环境中能够安全航行，包括起飞、着陆过程。适航是飞机在预期的环境中能够持续安全飞行的一个本质的、固有的特性，是判定飞机的安全性是否达到国际通行惯例和各国法定要求的一种品质标准。某一型号飞机要想投入市场使用，就必须要取得适航证。

1) 型号合格审定程序

按照民用航空器型号研制生命周期，将型号合格审定过程划分为概念设计、要求确定、符合性计划制定、计划实施和证后管理5个阶段。

2) 系统设备合格审定程序

与适航审定相关的主要规定程序与标准如下：

①《民用航空产品的材料、零部件和机载设备的合格审定程序》(AP-21)；

②《民用航空产品和零部件合格审定规定》(CCAR-21)；

③《运输类/其他类飞机适航标准》(CCAR-25/23/27/29)；

④《民用航空材料、零部件和机载设备技术标准规定》(CCAR-37)；

⑤《民用航空器适航指令规定》(CCAR-39)；

⑥《民用航空器适航委任代表和委任单位代表的规定》(CCAR-183)；

⑦《进口民用航空产品审定程序》(AP-21-01)；

⑧《关于国产民用航空产品服务通告管理规定》(AP-21-02)；

⑨《型号合格审定程序》(AP-21-03)；

⑩《生产许可审定程序》(AP‐21‐04);

⑪《民用航空产品和零部件适航证件的颁发和管理程序》(AP‐21‐05)。

3）审批方式

技术标准规定项目批准书(Technical Standard Order Authorization,TSOA)是按照 CCAR‐37 颁布的标准或外国适航部门颁布的同类标准批准的,TSOA 的批准意味着申请人已同时获得了产品的设计和制造权限。凡是制造批准的项目均不可转让。

1.1.6　通用航空的飞行规定

这里仅对与通用航空飞行相关的规定进行介绍,着重介绍规定的框架结构,具体的飞行规则请读者参考其他专业书籍。为方便读者理解,此处仅在必要时才对其中个别飞行专业知识进行简单的描述。

《民航法》中对飞行的规定适用于中国的通用航空。《民航法》对中国民用航空器的活动进行了纲领性的规定,其中和中国通用航空飞行密切相关的章节有:民用航空器国籍、民用航空器适航管理、航空人员、民用机场、空中航行、通用航空等;对中国通用航空飞行普遍适用的章节有:总则、搜寻援救和事故调查、对地面第三者损害的赔偿责任、对外国民用航空器的特别规定、涉外关系的法律适用、法律责任、附则等。这里着重介绍《民航法》中的第 7 章"空中航行"。

1. 空域管理

国家对空域实行统一管理,划分空域时,应当兼顾民用航空和国防安全的需要及公众的利益,使空域得到合理、充分、有效的利用。空域管理的具体办法由国务院、中央军事委员会制定。

2. 飞行管理

在一个划定的管制空域内,由一个空中交通管制单位负责该航空器的空中交通管制。民用航空器在管制空域内进行飞行活动,应当取得空中交通管制单位的许可。民用航空器应当按照空中交通管制单位指定的航路和飞行高度飞行;因故确实需要偏离指定的航路或者改变飞行高度飞行的,应当取得空中交通管制单位的许可。在中华人民共和国境内飞行的航空器,必须遵守统一的飞行规则。进行目视飞行的民用航空器,应当遵守目视飞行规则,并与其他航空器、地面障碍物体保持安全距离。进行仪表飞行的民用航空器,应当遵守仪表飞行规则。飞行规则由国务院、中央军事委员会制定。民用航空器机组人员的飞行时间、执勤时间不得超过国务院民用航空主管部门规定的时限。民用航空器机组人员受到酒类饮料、麻醉剂或者其他药物的影响，损及工作能力的，不得执行飞行任务。民用航空器除按照国家规定经特别批准外，不得飞入禁区；除遵守规定的限制条件外，不得飞入限制区。禁区和限制区，依照国家规定划定。

民用航空器不得飞越城市上空，但是，有下列情形之一的除外：

① 起飞、降落或者指定的航路所必须的；

② 飞行高度足以使该航空器在发生紧急情况时离开城市上空，而不致危及地面上的人员、财产安全的；

③ 按照国家规定的程序获得批准的。

飞行中，民用航空器不得投掷物品；但是，有下列情形之一的除外：

① 飞行安全所必须的；

② 执行救助任务或者符合社会公共利益的其他飞行任务所必须的。

民用航空器未经批准不得飞出中华人民共和国领空。对未经批准正在飞离中华人民共和国领空的民用航空器，有关部门有权根据具体情况采取必要措施予以制止。

3. 飞行保障

空中交通管制单位应当为飞行中的民用航空器提供空中交通服务，包括空中交通管制服务、飞行情报服务和告警服务。提供空中交通管制服务，旨在防止民用航空器同航空器、民用航空器同障碍物体相撞，维持并加速空中交通的有秩序的活动；提供飞行情报服务，旨在提供有助于安全和有效地实施飞行的情报与建议；提供告警服务，旨在当民用航空器需要搜寻援救时，通知有关部门并根据要求协助该有关部门进行搜寻援救。空中交通管制单位发现民用航空器偏离指定航路、迷失航向时，应当迅速采取一切必要措施，使其回归航路。

航路上应当设置必要的导航、通信、气象和地面监视设备。航路上影响飞行安全的自然障碍物体，应当在航图上标明；航路上影响飞行安全的人工障碍物体，应当设置飞行障碍灯和标志，并使其保持正常状态。在距离航路边界 30 km 以内的地带，禁止修建靶场和其他可能影响飞行安全的设施；但是，武器靶场除外。在规定地带以外修建固定的或者临时性对空发射场，应当按照国家规定获得批准。对空发射场的发射方向，不得与航路交叉。可能影响飞行安全的活动，应当依法获得批准，并采取确保飞行安全的必要措施，方可进行。国务院民用航空主管部门应当依法对民用航空无线电台和分配给民用航空系统使用的专用频率实施管理。任何单位或者个人使用的无线电台和其他仪器、装置不得妨碍民用航空无线电专用频率的正常使用。对民用航空无线电专用频率造成有害干扰的,有关单位或者个人应当迅速排除干扰;未排除干扰前,应当停止使用该无线电台或者其他仪器、装置。

邮电通信企业应当对民用航空电信传递提供优先服务;国家气象机构应当向民用航空气象机构提供必要的气象资料。

4. 飞行必备文件

从事飞行的民用航空器,应当携带下列文件:

① 民用航空器国籍登记证书;

② 民用航空器适航证书;

③ 机组人员相应的执照;

④ 民用航空器航行记录簿;

⑤ 装有无线电设备的民用航空器,其无线电台执照;

⑥ 载有旅客的民用航空器,其所载旅客姓名及其出发地点和目的地点的清单;

⑦ 载有货物的民用航空器,其所载货物的舱单和明细的申报单;

⑧ 根据飞行任务应当携带的其他文件。

民用航空器未按规定携带上述所列文件的,国务院民用航空主管部门或者其授权的地区民用航空管理机构可以禁止该民用航空器起飞。适用于中国通用航空飞行的规定还有《中华人民共和国飞行基本规则》《一般运行和飞行规则》《通用航空飞行管制条例》。

1.2 通用航空器概述

1.2.1 通用航空器的定义

航空器(Aircraft)是指能在大气层内进行可控飞行的飞行器。任何航空器都必须产生大于自身重力的升力才能升入空中。

通用航空器可通俗地理解为用于通用航空飞行的航空器,是航空器的重要组成部分。世界上通用航空器的种类繁多,各个国家和组织机构对通用航空器的定义也不尽相同,尚没有统一的标准。下面根据通用航空的定义,对通用航空器进行定义。

按照《中华人民共和国通用航空飞行管制条例》中的规定,通用航空是指除军事、警务、海关缉私飞行和公共航空运输飞行以外的航空活动,包括从事工业、农业、林业、渔业、矿业、建筑业的作业飞行和医疗卫生、抢险救灾、气象探测、海洋监测、科学实验、遥感测绘、教育训练、文化体育、旅游观光等方面的飞行活动。那么,用于上述通用航空活动的航空器就称为通用航空器。

1.2.2 通用航空器的分类

根据航空器飞行时所获得的升力不同、航空器是否采用动力驱动、航空器的用途、航空器的生产状态及航空器的所属部门等,可以对航空器进行以下分类。

按照飞行时所获得的升力不同,航空器可以分为轻于空气的航空器和重于空气的航空器。

轻于空气的航空器主要是指其总体比重轻于空气,依靠空气的浮力飘浮于空中的航空器。这类航空器主要有气球和飞艇等。

重于空气的航空器主要利用空气动力学原理使机体与空气之间产生相对运动而获得升力,克服自身的重力而升空。这类航空器有飞机、动力伞等。航空器分类如图 1-1 所示。

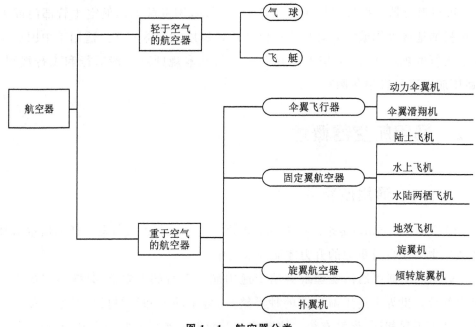

图 1-1 航空器分类

1. 轻于空气的航空器

轻于空气的航空器的主体是一个气囊,其中充以密度较空气小得多的气体(氢气或氦气),利用大气的浮力使航空器升空。气球和飞艇都是轻于空气的航空器,二者的主要区别是前者没有动力装置,升空后只能随风飘动,或者被系留在某一固定位置上,不能进行控制;后者装有发动机、安定面和操纵面,可以控制飞行方向和路线。

(1)热气球

热气球是用火加热气球内部(球囊)的气体,使之升空的。热气球由球皮、吊篮和燃烧器3部分构成。球皮是由强化尼龙制成的(有的气球是由涤纶制成的),它的质量很轻,非常结实,体积通常在$2\,000\sim6\,000\ m^3$之间。吊篮由藤条编制而成,着陆时能起到缓和冲击的作用。吊篮四角放置4个热气球专用液化气瓶,吊篮内还装有温度表、高度表、升降表等飞行仪表。热气球如图1-2所示。

图1-2 热气球

通常热气球用的燃料是丙烷或液化气,驾驶热气球并非真的"驾驶",它是随风而行的。但是,由于风在不同的高度有不同的方向和速度,驾驶员可以根据飞行需要的方向选择适当的高度。热气球飘飞速度的快与慢,是由风速的快慢决定的,因为热气球本身并没有动力系统,飞行速度完全取决于风速。

(2)飞 艇

飞艇的升空利用浮力原理。飞艇庞大而流线型的机身实际上只是一个大气囊,里面充满了密度比空气小的气体(如氢气、氦气或热空气等),气囊所受到的空气浮力大于气囊内气体的重力,从而产生了飞艇的升力,飞艇就靠它提升吊挂在气囊下方吊舱内的货物或乘客。飞艇如图1-3所示。

2005年12月,由北京某飞艇制造公司设计制造的HJ-2000型飞艇获得了民航局颁发的型号合格证。随后,民航华北管理局为这一型号的两架飞艇颁发了国内首张单艇适航证。有了适航证,飞艇就可以正式升空飞行。这是我国飞艇航空史上第一架具有正规资质的载人氢气飞艇,结束了我们必须向外国购买

图 1-3 飞 艇

载人飞艇的历史,同时填补了我国飞艇制造史上的空白。

HJ-2000 型软式载人氦气飞艇是一种可操纵的浮于空中的飞行器,长 38.5 m,宽 11.24 m,质量轻、噪声低,适合中国的气候和城市低空环境特点。它主要用于环境监测、空中广告、航拍、空中巡逻,还可用于空中旅行和空中婚礼等。

2. 重于空气的航空器

重于空气的航空器的升力是由其自身与空气相对运动产生的。

(1) 伞翼飞行器

以伞翼为升力面的重于空气的固定翼航空器称为伞翼飞行器。伞翼飞行器按有无动力装置分为动力伞翼机(即伞翼飞机)和伞翼滑翔机。

1) 动力驱动——动力伞翼机

动力三角翼飞行器和动力滑翔伞是带有动力的具有良好滑翔性能的轻型飞行器,其结构简单,造价低廉,可方便地快速折叠,为车载、船载和航空运输提供了方便;其超低空飞行性能好,操作简单易学,且不需要专门的起降场地。伞翼飞行器如图 1-4 所示。

2) 非动力驱动——伞翼滑翔机

无动力悬挂滑翔机又名三角翼、滑翔伞,如图 1-5 所示。三角翼在 20 世纪已经诞生,20 世纪 70 年代获得大发展。通常三角翼在具有一定高度的山坡上,顶风跑几米后即升空,在空中随气流翱翔。三角翼被视为"真正的自由飞行",它在空中像一只鹰,可跟随气流爬升和下降。

滑翔机与飞机的根本区别在于它升高以后不用动力而是靠自身重力在飞行方向上的分力向前滑翔。虽然有些滑翔机装有小型发动机(称为动力滑翔机),但其作用主要是在滑翔飞行前用来获得初始高度。

图 1-4　伞翼飞行器

图 1-5　滑翔伞

（2）固定翼航空器

固定翼航空器主要由固定的机翼产生升力。飞机是最主要的、应用范围最广的固定翼航空器。它的特点是装有提供拉力或推力的动力装置和产生升力、控制飞行姿态的操纵面。

1）地效飞机

地效飞机利用地面和水面上的地面效应进行飞行,如图 1-6 所示。因此,它效率高、能耗非常低。但是,地效飞机只能在低高度上飞行,一般的飞行高度在 3～25 m。由于陆地的地形变化太大,为了安全起见,地效飞机多是在海面和江河湖泊上飞行。

2）水上飞机

水上飞机是指能在水面上起飞、降落和停泊的飞机,如图 1-7 所示。其中有

图 1 - 6　地效飞机

些水上飞机也能在陆上机场起降,称为两栖飞机。水上飞机按飞机机身结构形状分为船身式、浮筒式和两栖式。船身式水上飞机按水面滑行要求将飞机机身底部设计成特殊形状;浮筒式水上飞机的机身底部形状与普通飞机一样,只是把地上起飞的飞机的起落架换成浮筒;两栖式水上飞机则是在船身或浮筒上装上可收放的起落架,在水上起降时收起不用,在陆地上起降时则放下使用。水上飞机的主要优点是在江、河、湖、海水面上使用安全性好,不需要专门的跑道,其飞行性能与普通飞机一样,只是没有起落架,很适合我国水域面积广阔的国情,可以节约大量的用于机场跑道建设的资金,飞机的设计有效吨位不受限制;缺点是受船体形状的限制不适于高速飞行,机身结构质量大、抗浪性要求高,维修不便,制造成本较高。

图 1 - 7　水上飞机

（3）旋翼航空器

旋翼航空器由旋转的旋翼产生空气动力。

1）旋翼机

旋翼机的旋翼没有动力驱动,当它在动力装置提供的拉力作用下前进时,迎面气流吹动旋翼像风车似的旋转,从而产生升力。有的旋翼机还装有固定小翼面,由它提供一部分升力。常见的旋翼机为直升机,如图1-8所示。直升机的旋翼是由发动机驱动的,升力和水平运动所需的拉力都由旋翼产生。在飞机飞行过程中,飞机的螺旋桨、机翼(螺旋桨)的全部或部分与机身发生相对运动,机翼在产生升力的同时还可能产生推力。

图1-8　直升机

2）倾转旋翼机

倾转旋翼机是一种将固定翼飞机和直升机融为一体的新型飞行器,有人形象地称其为空中"混血儿",倾转旋翼机既具有普通直升机垂直起降和空中悬停的能力,又具有涡轮螺旋桨飞机高速巡航飞行的能力。

倾转旋翼机是一种性能独特的旋翼飞行器。它是在类似固定翼飞机机翼的两翼尖处,各装一套可在水平位置与垂直位置之间转动的旋翼倾转系统组件,当飞机垂直起飞和着陆时,旋翼轴垂直于地面,呈横列式直升机飞行状态,并可在空中悬停、前后飞行和侧飞。倾转旋翼机如图1-9所示。

（4）扑翼机

扑翼机又名振翼机,它是人类早期试图模仿鸟类飞行而制造的一种航空器。它用像飞鸟翅膀那样扑动的翼面产生升力和拉力,但是,由于人们对鸟类飞行时翅膀的复杂运动还没有完全了解清楚,加之制造像鸟翅膀那样扑动的翼面还有许多技术上的困难,扑翼机至今还没有研制成功。

图 1 - 9　倾转旋翼机

按照是否采用动力驱动,航空器可以分为动力驱动的航空器和非动力驱动的航空器。动力驱动的航空器是指在动力作用下产生升力的航空器,主要有飞机、飞艇等;非动力驱动的航空器是指不需要动力作用而产生升力的航空器,主要有气球、滑翔机、滑翔伞和风筝等。

按照用途的不同,航空器可以分为工农业生产的航空器、科学研究使用的航空器、军事使用的航空器及其他方面使用的航空器等。

按照生产状态的不同,航空器可以分为运输使用的航空器和非运输使用的航空器。运输使用的航空器所形成的生产活动称为公共运输;通用航空所使用的航空器主要是非运输使用的航空器。

按照所属部门的不同,航空器可以分为军事部门使用的航空器、民用航空部门使用的航空器和其他部门使用的航空器。军事部门使用的航空器担负着保卫祖国、守卫边疆的任务;民用航空部门使用的航空器是为国家的经济建设和人民生活服务的;其他部门所使用的航空器是指除了上述活动以外所使用的航空器,如警察、海关等部门所使用的航空器等。

1.3　通用航空的运营

1.3.1　通用航空运营的定义

运营是运行和营业的简称。根据国际民用航空组织(International Civil Aviation Organization,ICAO)的定义,通用航空运营(General Aviation Operation)是指除商业航空运输或航空作业运营之外的航空器运营。通用航空运营是通用航空运行机构为用户提供飞行运行服务的全过程解决方案,具体分为业务管理、服务管理、飞行运行管理和基础保障要素管理。在通用航空运营分层框架中,飞行运行管理是基础保障要素管理和服务管理之间重要的集成层。其基本功能是从支持它的基础保障要素管理系统收集信息,然后集成并使用信息,如图1-10所示。

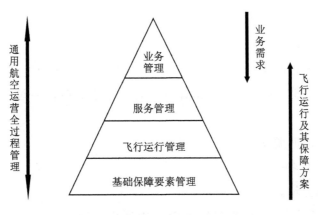

图1-10　通用航空运营全过程管理

通用航空运营,一般是指通用航空有关部门进行通用航空飞行和通用航空作业的全部活动的总和,具体包括通用航空生产计划的制定、通用航空生产任务的确定、与用户合同的签署、通用航空生产的组织、通用航空器的调动、通用航空的现场作业、通用航空作业的效果与质量、通用航空的收益及通用航空成本的核算等。

1.3.2　通用航空运营的目的

通用航空运营主要为了实现两个目的:第一个目的是为社会生产和人民生活服务;第二个目的是为企业创造效益。前者是根本,后者是要求。没有对社会所进行的服务,也就不可能为企业创造效益。

1.3.3　通用航空运营的条件

通用航空企业要运营,必须具备以下条件:

① 必须具有法人资格,所属的企业是经过工商部门批准的合法企业;

② 必须具有运营的设备和工具,即通用航空器及其附属设备;

③ 必须具有一定的技术条件,即具有驾驶通用航空器的人员、与驾驶航空器

有关的人员及相关技术资料；

④ 必须进行通用航空飞行和通用航空的现场作业。

1.3.4　通用航空运营的程序

通用航空运营是一项科学性、操作性很强的工作，合理科学的通用航空运营工作程序是保证任务完成的重要条件。

1. 任务的产生

国民经济有关部门、各基层单位根据自己的实际情况和生产任务的要求，来确定是否采用专业飞行的方式完成任务。各个企事业单位一般要考虑 3 个方面的问题：

① 任务的时间要求；

② 经济的要求；

③ 自己的力量。

考虑以上 3 个方面后，再决定是否采用通用航空飞行的方式来完成生产任务。确定后，还要向自己的上级公司或所在地的政府提出申请。

2. 任务的申请

需要使用飞行器进行航空作业的单位或有关部门，首先必须向自己的主管部门上报，得到批准后，方可实施；其次，按照民航局有关申请办理使用通用航空飞行器的规定，向当地飞行管制部门提出飞行申请，并填写有关申请表格。申请的具体内容主要包括：任务的性质、航空器的类型、飞行的范围、飞行的起止时间、飞行的高度、飞行条件等，或根据事先已经确定好的合同来确定生产任务。

3. 任务的确定

通用航空公司根据使用单位提出的任务和要求，要对其进行认真研究，确定使用单位能否安全顺利完成任务。如果使用单位能够胜任，则通用航空公司与使用单位签订合同；如果使用单位难以胜任，则通用航空公司须向申请使用单位说明理由。

4. 任务的下拨

任务确定之后，通用航空主管部门还要根据任务的性质和要求，确定执行任务的飞行大队或中队，并同执行任务的飞行大队或中队签订有关协议书。通用航空的大队或中队领到任务时，根据需要确定执行任务的机组。

5. 任务的实施

上述手续完成后,准备并进行具体任务的实施。任务的实施,就是具体完成通用航空生产任务的过程。

6. 任务的检验

通用航空大队或某个机组完成生产任务后,还要对任务的完成情况进行检验,以考核任务完成的数量和质量。由于通用航空生产任务的性质不一样,所以对生产任务的检验方式也不一样。对于农业飞行,生产任务的质量和数量在实施过程中就开始检验了;对于工业飞行,则要根据航拍的资料进行检验等。

7. 任务的完成

完成生产任务、经过检验合格后,飞行器返回公司所在地机场。

上述程序是一般通用航空生产过程中必要的程序,这些程序是由用机单位、主管部门和通用航空单位共同来完成的。在实际过程中,如遇到紧急情况使用飞机,可以简化其中的一些手续,但完成任务后,还要按照有关规定补办必要的手续和完成有关的程序。

1.3.5 通用航空运营的特点

通用航空运营是通用航空经营活动的主体。通用航空的经营活动具有双重性质。

通用航空企业与一般的生产企业相比,具有运输企业的特征。通用航空的运营把飞机作为自己的经营工具,它的运营是从飞行开始的。因此,它首先具有运输活动的性质,故称为"运营"而不是"生产",它所"创造"的产品一般表现为"服务"和"位移"。按照部门划分,它属于交通运输的范畴,是民用航空的一部分。

通用航空企业与一般的运输企业相比,又具有生产活动的性质。一般的运输部门没有实物产品,它的全部活动是运输,它的产品是旅客、货物等物资的"位移",对生产的作用是间接的,只是起到"桥梁"和"纽带"的作用;而通用航空企业则不是这样,它不但把飞机作为运输工具,而且还把飞机作为生产工具,直接参与了对物质产品的生产。如为海上石油的生产提供帮助,此时它只是起到运输工具的作用;又如农业采用飞机播种,此时它不但起到了运输工具的作用,还起到了生产工具的作用。它与生产企业的区别只是生产工具的不同。因此,通用航空企业与一般的生产企业相比,它不但管"产"而且还管"运";通用航空企业和一般的运输企业相比,它不只"运"而且还"产"。

通用航空经营的这些特点都是由其特殊的"生产工具"——通用航空飞行器决定的。

通用航空运营除了具有上述特点之外,还具有经营范围广、灵活性和适应性强等特点。经营范围广,是指通用航空企业除了进行运输和通用航空作业之外,还参与了其他社会活动,如城市管理、环境监测、科学研究、培训等;灵活性强,是指通用航空运营具有高速和高效的特点,其能在很短的时间内到达目的地并完成任务;适应性强,是指通用航空运营可以到达其他运输工具无法到达的地区,执行一些地面方式难以执行的任务,如森林地区的救火等。

1.3.6 通用航空的运营企业

通用航空运营的主体是通用航空企业。通用航空企业是指具有独立法人,以通用航空运营为主要目的,使用民用航空器为其他企业、组织和社会公众提供通用航空和空中作业等飞行服务的经济组织。

根据《中华人民共和国公司法》《通用航空经营许可管理规定》《非经营性通用航空登记管理规定》的规定,可以对通用航空企业进行以下划分。

1. 按照企业经营性质划分

按照企业经营性质,通用航空企业可以分为经营性企业和非经营性单位。

经营性企业是指在中华人民共和国境内从事经营性通用航空活动的通用航空企业,以及使用限制类适航证的航空器和轻于空气的航空器从事私用飞行驾驶执照培训、航空运动训练飞行、航空运动表演飞行、个人娱乐飞行的具有企业法人资格的经营性航空俱乐部。(《通用航空经营许可管理规定》)

非经营性单位是指中华人民共和国境内的,使用民用航空器开展不以营利为目的的通用航空飞行活动的中国公民、法人或其他组织。(《非经营性通用航空登记管理规定》)

2. 按照企业经营项目划分

按照企业经营项目,通用航空企业可以分为甲类企业、乙类企业和丙类企业。

甲类企业是指从事陆上石油服务、海上石油服务、直升机机外载荷飞行、人工降水、医疗救护、航空探矿、空中游览、公务飞行、私用或商用飞行驾驶执照培训、直升机引航作业、航空器代管业务、出租飞行、通用航空包机飞行等经营活动的企业。

乙类企业是指从事航空摄影、空中广告、海洋监测、渔业飞行、气象探测、科学实验、城市消防、空中巡查等经营活动的企业。

丙类企业是指从事飞机播种、空中施肥、空中喷洒植物生长调节剂、空中除草、防治农林业病虫害、草原灭鼠、防治卫生害虫、航空护林、空中拍照等经营活动的企业。

3. 按照企业经营对象划分

按照企业经营对象,通用航空企业可以分为通用航空公司、公务机公司、飞行员培训学校和为通用航空公司服务的企业。

通用航空公司是指专门从事通用航空飞行作业的企业,这类企业的经营范围主要是使用通用航空器为工业、农林业和其他经济领域提供航空作业飞行。公务机公司是指专门从事公务机飞行和租赁业务的公司。飞行员培训学校是指专门从事飞行员培养和训练的营利企业或非营利机构。为通用航空公司服务的企业是指设在机场的固定基地运营商(FBO),它们为通用航空飞行,尤其是为私人飞行和公务飞行提供服务。

4. 按照企业产权关系划分

按照企业产权关系,通用航空企业可以分为独资企业、合资企业和股份制企业。

独资企业是指由一个法人或个体自然人独立投资并经营的企业,企业的所有权和经营权归法人或个体所有。独资企业的形式有国有独资企业、外商独资企业和个体私营独资企业,目前我国通用航空独资企业主要是国有独资企业和个体私营独资企业。国有独资企业是由民航局、地方管理局或地方政府投资组建的企业,其所有权和经营权归全民所有,典型的代表是东方通用航空有限责任公司和新疆通用航空有限责任公司。

合资企业是指由两个以上股东(含外资企业)投资设立的通用航空企业,所有权和经营权由投资股东掌握。这类企业包括国内合资企业和中外合资企业。目前,中国大多数通用航空企业属于这种产权模式。

股份制企业是指以股份制的形式组成的通用航空企业。它可以由国内外若干个法人或自然人以股份的形式投资和分配利益,它通过上市来募集资金,企业的所有权和经营权归股东大会或董事会所有。

1.3.7 通用航空的运营范围及其分类

通用航空按照飞行服务对象的不同,可以分为工业飞行、农林业飞行和其他飞行。

（1）工业飞行

工业飞行是指通用航空部门使用通用航空器专门为工业生产部门提供的各种经营性作业和服务的飞行,主要包括陆上和海上石油服务、航空吊挂、航空摄影、航空遥感、航空物理探矿、航空巡线等飞行活动。

（2）农林业飞行

农林业飞行是指通用航空部门使用通用航空器专门为农、林、牧、副、渔业生产、气象、资源保护等提供各种经营性作业和服务的飞行,具体包括航空护林、航空播种、航空灭虫和人工降水等飞行活动。

（3）其他飞行

其他飞行是指通用航空飞行部门使用民用航空器进行的为工业和农、林、牧、副、渔业服务以外的飞行,具体包括私用、教学训练、公务航空、空中游览、体育文化、医疗服务和抢险急救等飞行活动。

通用航空按照飞行的经济与社会效益不同,可以分为商业性飞行和公益性飞行。

（1）商业性飞行

商业性飞行是以获得经济效益为主要目的的通用航空飞行,是通用航空飞行的主体,如海上运输石油、航空播种等。通用航空商业性飞行要在保证飞行安全的基础上,最大限度地获得经济效益,这是通用航空部门的生存之本。

（2）公益性飞行

公益性飞行是以获得社会效益为主要目的的通用航空飞行,它也是通用航空飞行的重要内容,如紧急救援、抗洪救灾等。公益性飞行也可以获得一定的经济补偿。

1.4 通用航空产业组成理论

通用航空业是以通用航空飞行活动为核心,涵盖通用航空器研发制造、市场运营、综合保障以及延伸服务等全产业链的战略性新兴产业体系,具有产业链条长、服务领域广、带动作用强等特点。

通用航空产业是指围绕通用航空运营而形成的一系列产业的总称。通用航空的产业链条较长,带动或衍生产业较多,主要包括通用航空制造业、通用航空运营服务、通用航空服务保障体系、通用航空现代服务业等,如图1-11所示。此外,有研究指出,广义上的通用航空产业还包括为通用航空提供技术支持的基础性产业(如通信技术、装备制造、自动控制等),以及通用航空所服务的第一、第二、第三产业(如农、林、牧、渔业,旅游,广告,商贸等)。但本书认为,以上产业虽然与通用航空关系密切,但将其视为通用航空的关联产业或服务产业更为合适,不宜将其视为通用航空的直接产业。

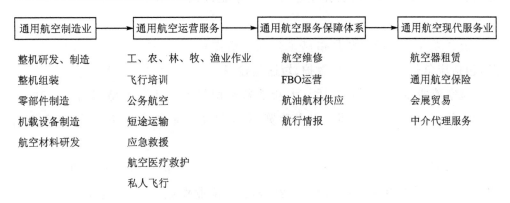

图1-11　通用航空产业链

1.4.1　通用航空制造业

通用航空制造业包括通用飞机的整机研发、制造和组装,零部件及关键部件制造,机载设备研发制造等,广义上的通用航空制造业还包括航空器销售及售后服务等。

通用航空器研发制造包括结构设计与系统集成等多个方面,是通用航空制造业的核心环节。航空产品的研发往往需要较高的投资成本和较长的时间周期。其中,零部件制造包括发动机制造、关键零部件制造和一般零部件制造等。发动机制造处于通用航空制造价值链的中上游环节,技术含量高,研制周期较长,属于技术和资本密集型产业;关键零部件制造主要包括飞行仪表、通信设备、领航设备、环境控制系统、生命保障系统、能源供给系统、飞机操作系统、起落架及收放系统、机翼、机身及尾翼等整机零部件制造;一般零部件制造主要包括机舱座椅、盥洗室等客舱生活服务设施以及飞机上的大量零配件制造等。

整机组装是在研发设计成果的指导下将航空器零部件及机载设备组装成为完整可靠的整机产品,并完成最终的测试和试飞验证。

1.4.2　通用航空运营服务

依据通用航空作业的服务对象和飞行性质,通用航空运营服务可大致分为生产作业类、公共服务类、航空消费类 3 类业务。

生产作业类飞行主要是指服务工、农、林、牧、渔业等国民经济建设的作业飞行,包括海上石油作业、航空摄影、航空探矿、直升机外载荷、电力巡线等工业作业,人工降水、航空护林、农林喷撒等农林作业,以及渔汛监测、牧业播种等航空作业。

公共服务类飞行主要是指满足公众生活需求、服务社会民生建设的飞行服务,包括应急救援、航空医疗救护、短途运输、科学实验等飞行服务。

航空消费类飞行主要包括与大众消费密切相关的业务类型,具备一定的高端消费特征,包括飞行培训、空中游览、私人飞行、航空运动、航空体验等飞行服务。

从功能属性看,通用航空兼具生产工具、交通工具和消费工具的属性。其中,生产工具属性主要是指各类工、农、林、牧、渔业作业飞行;交通工具属性主要是指具有交通运输功能的业务类型,如短途运输、公务航空等;消费工具属性主要是指通用航空可以为社会公众提供多种消费产品,促进消费结构升级。

1.4.3　通用航空服务保障体系

通用航空服务保障体系是指为通用飞机飞行和通用航空运营提供加油、维修、气象、航线申报等服务保障机构的总称。通用航空服务保障体系主要由通用航空机场、固定基地运营商(FBO)、飞行服务站(FSS)、维修站(MRO)组成,在通用机场建设的基础上,FBO,FSS 和 MRO 三大服务保障体系的配套建设尤为关键。通用航空服务保障是通用航空飞行安全的基石,具备完善的服务保障体系是通用航空实现快速发展的前提条件之一。我国飞行服务站服务的基本流程如图 1-12 所示。

随着我国私人飞机和公务飞机的不断兴起,民间资本对通用航空投入不断提高,低空空域改革不断深入,我国的通用航空正面临着前所未有的机遇。然而,我国通用航空还没有建立起完善的基础服务保障系统,通用航空机场和临时

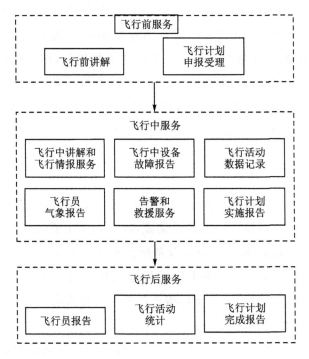

图1-12 我国飞行服务站服务的基本流程

起降点数量有限,服务保障系统尚不健全,难以满足我国通用航空快速发展的需求。

目前,我国通用航空企业的飞行计划申报、任务申请与航空情报、气象情报在获取模式上较为分散,各运营单位根据自身的资源基础、运行基地等条件就近向军方或民航空管部门申请,大致可分为以下4类。

(1)依托自有设备设施

为解决飞行服务保障问题,国内部分通用航空运营单位立足自有或自建通用机场,配备通信导航监视设备,管制、气象人员齐备,为自身运行提供飞行服务。典型代表有:中国民航飞行学院、北大荒通用航空公司、新疆通用航空有限责任公司等。这类单位具有机队规模大、飞行总量高的特点,尽管这类企业对飞行服务站的需求不甚明显,但其具有为区域内其他通用航空企业提供飞行服务的能力。

(2)企业自给自足

国内部分通用航空企业隶属于大型航空运输企业,在飞行服务保障方面,这类企业自己向空中管制部门申报计划、任务,并通过母公司获取航行情报和气象信息。典型代表有：中国通用航空有限责任公司、北京首航直升机通用航空服务有限公司（简称"首航直升机"），以及运输航空企业下属的公务机运营企业等。以首航直升机为例，对于航拍航摄等 9 类特殊飞行任务，由公司航务部门首先向军航、民航申报飞行任务，任务获批后继续申报飞行计划；非特殊任务可直接申报飞行计划，由公司航务部门于飞行前一日下午 15 时前向军航、民航申请。对于飞行信息，则由飞行签派员通过母公司运行网向民航获取配套的气象资料、航行资料以及航图等。

（3）依托运输机场或代理服务

对于运行基地设在运输机场的通用航空运营单位，其飞行保障服务的获取主要通过委托给所在运输机场的形式完成，这类企业主要包括 CCAR - 141 部飞行培训学校以及以运输机场作为运营基地的单位。此外，对于使用运输机场起降的公务机运营企业，目前普遍采取委托地面代理的方式获得飞行服务保障。这类企业由于业务的特殊性，对飞行服务站没有直接需求。

（4）自建航行情报部门

对于机队规模较小、飞行量有限，以通用机场为运营基地的通用航空运营单位，一般自建航行情报部门进行飞行计划、任务申报，并通过各种渠道（直接向民航空管部门申请、委托运输机场、委托大型通用航空企业）获取航行与气象情报。也有部分飞行在缺乏飞行保障服务的情况下进行，同时也存在较为普遍的"黑飞"现象。

1.4.4　通用航空现代服务业

通用航空现代服务业是指由通用航空产业链衍生的为通用航空服务的系列支持性产业的总称，如航空器融资租赁、通用航空保险、通用航空会展贸易、中介代理服务等。通用航空现代服务业是通用航空要素市场的重要组成内容，对于通用航空的快速发展具有重要的保障作用。

1. 飞机融资租赁及其现状

（1）飞机融资租赁的定义

飞机融资租赁是指出租人（租赁公司）根据承租人（航空企业）确定的租赁条件，由租赁公司出资向飞机供应商购买飞机，并租给航空企业使用，航空企业分期向租赁公司支付租金的一种租赁方式。

融资租赁实质上是一种具有融资性质的租赁行为，既为企业"融资"又为企业"融物",无须大量资金就能迅速获得所需资产,在某种程度上为企业的扩大发展及资金周转提供了一种保障,从而缓解了资金压力,降低了财务风险。另外,融资租赁财务风险小,财务优势明显,筹资的限制条件较少,能延长资金融通的期限。因此,融资租赁成为一种越来越受到企业青睐的金融支持手段。

（2）飞机融资租赁现状

我国飞机融资租赁业务产生于20世纪80年代。到2015年,我国的航空租赁市场规模已超过600亿美元,平均每年新增市场价值100亿美元以上,截至2015年,国家民航局登记注册的飞机中有69%源于融资租赁。民航"十三五"《2016中国融资租赁行业研究报告》显示,我国飞机融资租赁的市场渗透率仅为3%,而欧美国家已达到17%左右,日本也超过了10%。可见,飞机融资租赁市场前景广阔。

从融资租赁行业运营主体来看,目前从事飞机融资租赁的运营主体主要有两类：一类为银行系融资租赁公司,如国银金融租赁股份有限公司、工银金融租赁有限公司和交银金融租赁有限责任公司;另一类为有航空背景的租赁公司,如长江租赁有限公司、奇龙航空租赁有限公司、中航国际租赁有限公司等。

2. 通用航空器保险

通用航空器保险是为了防止通用航空器发生意外事故（如由自然灾害、航空器自身机械原因或机务原因导致的航空器全损或部分损坏）而对航空器（包括机身、发动机及零部件）进行的保险。通用航空器保险在国内整个航空保险中虽然只占很小一部分,但伴随着国内通用航空的蓬勃发展,通用航空事故频频发生,为保证通用航空市场的稳定,通用航空器保险是必不可少的手段。

通用航空企业引进一架通用航空器,大致可分为购机（租赁）、取得航空器三证、正常运营3个阶段,在此对每个环节涉及的保险事宜及注意事项进行介绍。

（1）购机环节的保险

目前国内通用航空企业引进通用航空器主要是通过运输或调机的方式将通用航空器运抵机场,而无论采用哪种方式,在这个环节中最重要的是购买的保险要与购机合同相匹配,但具体的保险安排略有不同。

1）采用运输的方式引进

如果采用运输的方式运送通用航空器,一般会有组装和试飞的环节。这时通用航空企业就要根据购机合同,确认是否需要购买组装和试飞保险。

如果由卖方购买组装和试飞保险,通用航空企业需要注意：组装和试飞期间航空器的产权归属问题。如果组装和试飞期间航空器已经归通用航空企业所有,则须要求卖方在保单中约定赔款是支付给通用航空企业的;并要求卖方将通用航空企业作为保单的附加被保险人,以确保覆盖通用航空企业的责任风险。

如果由通用航空企业购买组装和试飞保险,通用航空企业需要注意:

① 购买组装和试飞保险时,建议先与监管局联系确认相关时间,由于保险公司对于组装和试飞保险多是按照单次收费的,建议确认好相关信息后再进行投保;

② 购买组装和试飞保险时,通用航空器保额设置要充足,建议将税费代理费、运费等成本都考虑进去,确保一旦发生风险,能得到充足的赔付;责任保额的设置则要根据实际情况,综合考虑地点、人员等因素确定;

③ 根据市场业务经验,保险公司对于单次组装和试飞保险的报价非常高,建议通用航空企业连同后面的运营期保险一起向保险公司询价,以降低保费成本。

2)采用调机的方式引进

如果采用调机的方式,与上述类似,先是依据购机合同确认通用航空器的产权归属问题以及调机保险由谁购买;另外,还要设置充足的机身保额和责任限额,责任限额要充分考虑调机路线、过路机场要求等因素。

(2)取得航空器三证环节的保险

实际上,由于取得航空器三证的时间与当地的管理程序有关,有的耗时较长。因此,取得航空器三证之前,通用航空企业需要给通用航空器购买地面险,包含对机身的资产风险保障和对地面第三方的责任风险保障。在此过程中,通用航空企业需要注意:

① 地面险的购买和上一阶段组装、试飞的保险并不分离,理想的状况是通用航空企业在通用航空器所有权转移的那一刻就投保1年期的地面险,然后根据实际情况确认组装和试飞保险的投保,最后在取得航空器三证后转为全面的航空器综合险;

② 根据市场操作经验,在和保险公司谈判时,可以先谈运行期间航空器综合险的费率,锁定未来价格,然后再倒推地面险的费率,这样可以合理控制保费成本;一般地面险费率是运行期间航空器综合险费率的40%。

(3)正常运营期间的保险(租赁环节有关的保险)

取得航空器三证后,通用航空器就可以正常运营,此时就要购买包含机身一切险、乘客责任险和第三方责任险、战争险的航空器综合险,以上通用航空器综合险是租赁环节涉及的主要险种。

目前,国内市场上的航空器综合险条款是由伦敦市场上的条款翻译而来的,措辞晦涩难懂。航空器综合险保单源自国外航空险 AN 系列条款,专业性较强。如需了解详细保障内容,请务必以保单措辞规定为准。

(4) 通用航空器保险投保流程:

① 提供购机合同或者购机合同中关于保险的措辞,填写航空器综合险风险评估表;

② 制订保险方案,进行市场询价;

③ 确认承保公司,落实投保、出单工作;

④ 提供保费维护、协助理赔、日常咨询等服务。

1.5 工业航空、农林业航空及其他通用航空

通用航空按照飞行服务对象的不同,可以分为工业飞行、农林业飞行和其他飞行。

1.5.1 工业航空

工业航空是一个不大确切的名称,它最初只限定在为工、矿企业的航空服务上,用来和农林业航空做区分。但随着航空服务内容的增加和范围的不断扩大,仅以服务对象的行业区分航空的性质就显得不适用了。

目前,一般按飞行作业的方式,把工业航空分为两类:

① 航空观察和探测,包括航空摄影、航空遥感、航空物探和气象探测;

② 航空作业,包括海上石油开发服务、空中吊装作业、电力作业等。

1. 航空观察和探测

(1) 航空摄影

航空摄影是指通用航空企业以符合民航局规定的民用航空器为平台,使用装有或者搭载的专用设备(如航空摄影仪、多光谱扫描仪、成像光谱仪和微波辐射计、散射计、合成孔径侧视雷达等)对地观测,获取地球地表反射、辐射以及散射电磁波特性信息,用于测制各种比例尺的地形图、资源调查等的飞行服务活动。

航空摄影的应用:

① 用于地图或地形图的绘制，它代替了艰苦的野外作业，极大地提高了准确性，而且速度快、效率高，是世界上测绘地形的主要方法之一；

② 用于大规模的工程建设，如城市规划，水利建设，铁路、高压输电线、输油管道勘查和选线，以及矿山、油田的建立，都须事先经过航空摄影来取得相应的地形、地质资料，然后才能开始进行下一步操作；

③ 用于调整土地资源、森林资源、农业土壤分布以及作物情况等。

航空摄影使用的相机在成像原理上与普通相机没有区别，对它的要求是要自动化，能连续拍摄一定时间；要有长焦距和大视野，能一次拍摄较大的地面区域；要有高分辨率，畸变要小，有时还要求相机能在飞行中处理底片。

航空摄影利用不同的光线拍摄对于判断所摄物体会有不同的效果，如利用红外拍摄，通过对植物反射红外线能力的分析，能对作物情况、水源以及古代遗迹作出判断。航空摄影是按照预定的航线、保持准确的飞行高度连续拍摄的，想要拍摄一个区域的照片时要在平行的航线上往返拍摄，相邻两条航线拍摄的照片要有30％的重叠。航空摄影的照片要经过有专业经验的判读人员的判读才能得到必要的信息。

（2）航空遥感

将物体对电磁波的辐射和反应特征记录下来，并进行识别和判断的技术称为遥感，它是20世纪60年代在航空摄影判读和电子计算机高速运算的基础上产生的，把遥感器装在航空器上进行探测就成了航空遥感。

航空遥感使用的航空器有气球、飞艇、直升机和飞机。整个系统有遥感器、信息传输装置、接收装置和图像及信息处理装置，这是一台强力高速的计算机处理设备，它对信息校正、滤波后，使其形成图像，再对图像做进一步地判读和分析。

遥感使用多种电磁波，有可见光、红外光、紫外光、微波或多波段组合使用。其中可见光遥感只用于白昼；红外遥感可昼夜使用；微波遥感感测是由雷达发出微波，由人来控制的主动遥感系统，任何时刻都可以使用。

遥感的优越性在于它可以使用多种手段进行探测，探测到的数据可以直接传输到大型处理系统，处理系统对数据进行校正、清除误差，然后根据要求对图像和信息进行分类提取或综合处理，使我们可以及时得到有用的、专项的或全面的图像及数据资料。

航空遥感广泛应用于气象观测、地球资源考察、生态考察等各个方面，并对考古专业起到了意想不到的推动作用。遥感器装在航天器上称为航天遥感,目前航天遥感和航空遥感联合使用。航天遥感可以定时宏观感测大范围的状况;航空遥感则可以在较小范围快速、低高度地对特定地区进行精确的感测,遥感可以进行实时的定性分析、静态的定位分析和动态的趋势分析。

现代化大型的工农业建设都离不开遥感技术,1998 年我国长江发生大洪水时,航空、航天遥感提供的气象水情资料对抗洪斗争起到了巨大作用,是成功使用遥感技术的例子。

(3) 航空物探

航空物探是航空地球物理勘探的简称,是指通用航空企业以符合民航局规定的民用航空器为平台,使用装有或者搭载的专用探测仪器,通过从空中测量地球各种物理场(磁场、电磁场、重力场、放射性场等)的变化,了解地下的地质情况和矿藏分布状况的飞行服务活动。

首先使用的是磁力探矿,即利用磁力计测量地球各点磁力的大小,磁力异常的地方表示有磁性矿藏,如磁铁矿和其他铁矿。利用磁力分布图可以分析地质结构,从而寻找石油和天然气。利用能谱计可以测量地球放射性射线的强度,通常是测量 γ 射线强度,在放射性强的地方就预示有放射性矿藏,如铀矿等。通过测量地球的重力和电磁波情况也可以探测到地质结构变化,测出矿藏的分布。航空物探利用探测的地球这些物理参数,迅速建立起地质结构的图形,从而找出矿藏。航空物探不受地形限制,短期内可在大面积上获得勘察资料,它使用的航空器通常是低速的小型多用途飞机,上面加装有各种探测仪器和相应的屏蔽设备,以避免对磁场、电场、放射性辐射的干扰,还装有精确的定位导航设备以保证飞机在探测区内精确定位。

随着遥感技术和卫星导航定位技术的进展,航空物探发展到一个新阶段,使用卫星导航定位技术后其定位精度大为提高,使用遥感技术可以对各种测量方法和遥感测量的数据与图像进行综合处理分析,使得物理探矿的质量有了较大提高。航空物探正和航空、航天遥感技术融合起来,使地质勘探工作取得一个质的飞跃。

(4) 气象探测

气象探测是指通用航空企业以符合民航局规定的民用航空器为平台,通过安装或者搭载的专业设备,对大气物理、大气化学和气象现象进行探察、测量的飞行服务活动。

2. 航空作业

ICAO 的文件中把航空作业作为通用航空的一个单独部分,包括为各种行业提供的航空服务,由于航空服务种类繁多,我们只提及其中主要的 3 种服务。

（1）海上石油开发服务

海上石油开发服务是指通用航空企业使用符合民航局规定的民用航空器,在石油勘探开发的作业地至后勤保障基地之间开展的人员和物资运输以及空中吊装、空中消防灭火、搜寻救援等飞行服务活动。

海上石油的生产基地是采油平台,它相当于在海洋中固定的十万吨级以上的大型船舶。它的人员轮换、食物供应、医疗救援、备件供应、人员撤离以及有些设备的吊装都要依靠直升机来进行。海上石油的飞行服务是一个多任务的项目,据统计,每一个大型的海上油田都需要 4～5 架直升机专门为它服务,与船舶运输相比,直升机速度快、安全、舒适程度高,能实现从平台到陆地和海上很多地点的直达运送。

（2）空中吊装作业

直升机在各种建设项目上的主要用途之一是空中吊装。它可以解决许多建设上的困难任务,节约大量成本。在建筑业中,直升机可以吊装高层建筑的大型预制件、吊装高大的广播电视塔和烟囱。在电力行业中,直升机可以吊装高压输电线的塔架,以架设高压输电线路,特别是在深山峡谷中架设高压电线。在架设桥梁和铺设管道中也使用直升机吊运或吊装。

此外,在林区或山区由直升机吊运木材或其他设施也有着广泛的应用。在吊装任务中使用的直升机通常是双发动机的大中型直升机,它对驾驶员的操纵技术有较高的要求。

（3）电力作业

电力作业是指通用航空企业使用符合民航局规定的民用航空器,为电力建设、输电线路维护、海上风电运维等提供的飞行服务活动,包括输电线路基础施工、组装输电铁塔、施放导引绳、输电线路清洗、输电线路带电维护和风力涡轮发电设施维护、所需人员设备的运输等项目。

1.5.2　农林业航空

农林业航空是指使用通用航空器直接进行与农、林、牧、渔生产有关的各种飞行活动。农林业航空活动涵盖农、林、牧、渔等各个方面,其效果和效率都是地面其他方式无法比拟的。农林业飞行作业的优势在于工作速度快、作业面积大，可以到达不容易通行的山区、林区和荒漠地区。农林业航空在我国大面积农作物施肥除草、防治病虫鼠害、人工增雨、航空造林、护林防火等方面有着不可替代的作用。

通用航空为农林业服务的历史可以追溯到 1918 年美国用飞机喷洒杀虫剂，但真正建立起农林业航空产业则是在第二次世界大战结束之后的事。第二次世界大战结束后，各类新的化学农药和肥料的出现以及战后剩余的大量飞机，为农林业航空迅猛发展提供了条件。20 世纪 50 年代后，为农林业用途设计的专用农林业飞机出现了，直升机在农林业上也被广泛使用，新的喷洒设施开始被生产，完整的农林业航空体系开始形成。农林业航空产业的发展水平已成为农业现代化以至整个国民经济现代化的重要标志之一。

下面对通用航空在农、林、牧、渔各个领域的主要活动类型进行介绍。

1. 人工影响天气

人工影响天气是指在云中降水条件不足的情况下，通用航空企业使用符合民航局规定的民用航空器，通过装有或者搭载的专用设备，向云层中喷撒催化剂以促进降水的飞行服务活动；或者向地表覆盖的冰雪喷撒吸热物质，提高冰雪温度，以促使冰雪融化的飞行服务活动。

空勤组接受任务后，应当与人工降水指挥部和机上工作人员共同研究作业方案、相互配合的方法及具体规定。除按规定检查飞机、发动机外，还要特别检查装载催化药剂的设备是否安置妥当；要采取适当措施防止催化剂对机身的腐蚀；要仔细检查机内雷达设备、高空设备、防冰与除冰设备、氧气设备等是否完好。

人工降水飞行须按照航线飞行要求，做好地面领航准备，要特别标明作业区范围，核对通信导航资料，充分利用导航台、地面雷达设备等使飞机较迅速地飞到预定位置。人工降水飞行要遵守飞行条例中有关复杂气象条件下飞行的各项规定，随时对基地、备降机场、作业区的天气实况和预报进行周密的分析和研究，制定特殊情况的处置方案。

2. 航空护林

航空护林是指通用航空企业使用符合民航局规定的民用航空器，配备专用仪器、设备和专业人员，以保护森林（草原）资源为目的开展的森林（草原）消防飞行服务活动，包括巡护飞行、索降灭火、机降灭火、喷液灭火、吊桶灭火等。

它具有机动灵活、快速、高效等优点,是保护森林资源的强有力的措施。每年春季风大,天气干燥,更是护林工作最繁忙的时期。航空护林巡逻范围大,发现火情及时,并能迅速开展灭火工作,灭火效率高。航空护林使森林火灾的发生率大大降低。

航空护林所用通用航空器的要求与其他农用航空器有所不同,它要求有较大的载重量,必要时可以运送人员和器材,并且能及时在出事地点降落;护林的机队通常由直升机和起飞质量在 5 t 以上的飞机组成。

3. 航空播种

航空播种是指用航空器播撒各类作物种子。航空播种适用于大面积播种作业,具有效率高、速度快、播种均匀等特点。但航空作业中存在高空落种飘移、种子地表移位等,容易导致成苗率不高的问题,这需要进行不断地探索和研究来加以解决,以节约种子,提高航空播种的成活率和保存率。

航空播种主要包括航空造林、航空种草等。

(1)航空造林

航空造林是采用飞机和机械动力喷播、人工撒播等方式,在宜播地区模拟植物天然落种而播撒树种的一种造林方式。通常是按照飞机播种造林规划设计,用飞机装载树林种子飞行在宜播地上空,准确地沿一定航线、航高,把种子均匀地撒播在宜林荒山、荒地上,利用树种天然更新的植物学特性,在适宜的温度和适时降水等自然条件下,促进种子生根、发芽、成苗,经过封禁及抚育管护,达到成林成材或防沙治沙、防止水土流失的目的。飞机播种造林适用于交通不便、地广人稀和水源缺乏的地区。飞机播撒树种,要根据当地的气候条件、土壤情况,选择在雨季前或雨季中进行。航空造林比人工造林成本低、速度快,特别适用于像我国这样国土面积大、林地较少的国家。

航空造林过程大致包括播区选择和规划设计,种子选择与播种量、播种期的选择,播前准备与航空播种作业、经营管理等。

(2)航空种草

航空种草是采用飞机和机械动力喷播、人工撒播等方式,在宜播地区模拟植物天然落种而播撒草种的一种种草方式。通常是按照飞播种草规划设计,用飞机装载草种飞行在宜播地上空,准确地沿一定航线、航高,把种子均匀地撒播在宜草荒山、荒原、荒沙上,利用草种自然萌发的植物学特性,在适宜的温度和适时降水等自然条件下,促进种子生根、发芽、成苗,经过封禁及抚育管护形成植被,达到防止水土流失、防沙治沙、形成天然牧场等目的,对保护环境有着巨大的意义。

4. 防治病虫害

由飞机喷洒杀虫剂是目前防治大面积农林业虫害最有效的方法,对于农业中的蝗虫、螟虫、黏虫等虫害,实施喷洒后可以基本得到控制。对于森林中的各种虫害,特别是松毛虫害,航空喷洒解决了地面交通不便、作业效率低的问题,有着独特的优势。

5. 野生动物管理和保护

农林业航空在野生动物资源调查和对动物保护区的防护方面都是极为重要和有效的手段。

在对野生动物的调查方面,航空器由于速度决、视野宽,使以前人工无法完成的任务得以顺利完成,如对珍稀鸟类丹顶鹤迁徙和种群的生活规律进行调查,主要就是靠飞机完成的。在野生动物保护区防止偷猎和破坏行为,直升机或小型飞机是必不可少的工具,如我国当前越来越依赖航空器与藏羚羊偷猎者展开长期斗争。

6. 渔业飞行

渔业飞行是指通用航空企业以符合民航局规定的民用航空器为平台,使用装有或者搭载的专用仪器,对渔业资源分布、使用情况进行的监测、调查、取证等飞行服务活动。

1.5.3 其他通用航空

1. 公共服务类

在突发事故和自然灾害时,空中救援成为减轻灾害、救助生命的重要手段之一,通用航空在其中凸显了其无可替代的作用。一个国家必须有一支健全的通用航空救援机队,除应对日常的意外伤害等事故之外,还必须有一个足够大的通用航空机群以应对大规模的突发自然灾害。

(1)日常救援

日常救援主要包括航空医疗救援、水上救援、火灾和防护救助 3 个方面。

1)航空医疗救援

航空医疗救援包括航空医疗急救与航空医疗转运两种情形。航空医疗急救是指通用航空企业使用符合民航局规定的民用航空器,将病患者从事故或者发病现场转移至医疗机构的飞行服务活动;航空医疗转运是指通用航空企业使用符合民航局规定的民用航空器,将病患者从一个安全地点转移到另一个安全地点的飞行服务活动。

航空医疗救援主要使用中小型直升机,机上配有救护人员和急救设备,目的地的医疗机构设有直升机降落场地,繁华地带的起降场地通常设在建筑物顶部,以便及时抢救病人。

2) 水上救援

船只在近海、河流、湖泊上失事时,最迅速的救援来自空中,水上救援队主要配置中型直升机和小型飞机,由小型飞机或直升机监控和确定事发地点,通知海上和空中救援机构,再由直升机对失事人员进行救助。

3) 火灾和防护救助

空中火灾防护和救助主要用于森林和草原火灾,首先通过小型飞机的巡逻、无人机或卫星监视及时发现林区和草原上的火情隐患,并及时处理,一旦形成火灾,则使用喷洒灭火剂或喷水的飞机(有时使用水上飞机)或直升机进行灭火,必要时使用大中型直升机运送灭火队员进入火灾区实施火灾区隔离和灭火。

(2) 重大自然灾害救援

重大自然灾害包括地震、海啸、洪水、风暴等,灾难发生时会导致大面积的交通瘫痪和通信中断,伤亡人数众多,这时通用航空就会发挥关键作用。通用航空机队除了担负医疗抢救等任务外,还要担负起大量物资和人员的运输业务与大量的工程抢修任务。这时日常的救援机队已经不敷使用,必须调动全部的通用航空机群合力抗灾。通用航空中的航空遥感为灾情评估和灾后重建的规划提供了准确的资料。大规模自然灾害救援几乎要使用通用航空器的各类机型,包括大型的运输飞机和垂直直升机、遥感飞机、喷洒药物的飞机等。大规模自然灾害救援是对一个国家通用航空的全面检验。

2. 消费类

(1) 私用飞行和个人娱乐飞行

私用飞行和个人娱乐飞行使用飞机拥有者个人的飞机。飞机的拥有者也是飞机的驾驶员。通常飞机的驾驶员按目视飞行规则驾驶飞机,因而其飞行对本国空中交通管制系统造成的负担也较小。飞机拥有者一般不租用机库停放飞机,并且也无须定制民用天气服务。

个人娱乐飞行是指拥有飞行驾驶执照的个人,为保持和提高飞行技术、体验飞行乐趣、展示飞机性能与飞行技艺,以普及航空知识和满足观众观赏需求为目的而开展的飞行活动。

（2）包机飞行、通勤航空运输和短途运输

通用航空包机飞行是指通用航空企业使用30座（含机组）以下的民用航空器,按照与包机方所订立的合法文本合同提供的不定期载客运输服务。此类服务不对社会公众销售客票,不向非乘机人公布航班时刻,而是根据需要决定飞行频次。

通勤航空运输发源于美国,它是一种专门为方便偏远地区村镇、社区和矿山等地方的居民日常出行与经济往来的航空运输方式,常使用30座以下的小飞机,以定期或不定期航班的方式,高频次往返于飞行距离常在400 km以内的客源地机场、支线或部分干线机场。

通用航空短途运输是指通用航空企业使用30座（含机组）以下的民用航空器开展的定期载客运输飞行服务活动。短途运输航线距离原则上不超过500 km。

（3）通用航空货运

通用航空货运是指通用航空企业使用符合民航局规定的民用航空器,从事邮件或者货物运输的飞行服务活动。

（4）空中游览

空中游览是指通用航空企业使用符合民航局规定的民用航空器,载运游客开展的以观赏、游览为目的的飞行服务活动。使用的航空器是小型多用途飞机或直升机,这种飞行多在旅游景点（如山区或海滨）,也有的在城市上空。由于它的对公众营业的性质,因而它的开业受到民航当局的严格审查。

（5）跳伞飞行服务

跳伞飞行服务是指通用航空企业使用符合民航局规定的民用航空器,运载跳伞人员到达指定空域的飞行服务活动。

（6）空中拍照

空中拍照是指通用航空企业以符合民航局规定的民用航空器为平台,使用安装或者搭载的摄影、摄像等专业设备,为影视制作、新闻报道、比赛转播等拍摄空中影像资料的飞行服务活动。

（7）空中广告

空中广告是指通用航空企业使用符合民航局规定的民用航空器,在空中开展的广告宣传飞行服务活动,包括机(艇)身广告、飞机拖曳广告、空中喷烟广告等。

空中广告的应用在我国还较少,国外利用飞艇或者飞机牵引旗帜飞行或用飞机拉烟在天空形成文字或图像广告,都达到了很好的广告效应,因而空中广告在国外的通用航空中占有一定比例。

（8）表演飞行

表演飞行是指通用航空企业使用符合民航局规定的民用航空器,以展示飞机性能、飞行技艺、普及航空知识和满足观众观赏需求为目的而开展的飞行服务活动。

（9）科学实验

科学实验是指通用航空企业以符合民航局规定的民用航空器为平台,为开展各类科学实验提供空中环境的飞行服务活动。

3. 培训类

（1）商用、私用、运动、无人机驾驶员执照培训

商用、私用、运动、无人机驾驶员执照培训是指通用航空企业使用符合民航局规定的民用航空器,以掌握飞行驾驶技术,获得商用驾驶员执照、私用驾驶员执照、运动驾驶员执照或者无人机驾驶员执照为目的而开展的飞行服务活动,包括正常教学飞行、教官带飞、学员在教官的指导下单飞,但不包括熟练飞行。

在可以预见的通用航空产业未来发展过程中,国内通用航空市场对飞行员的需求量会出现井喷式增长。预计到 2024 年,我国通用航空飞机数量将达到1 万架,需要通用航空飞行员 2～3 万人。波音公司预测,到 2034 年,中国需要新飞行员 10 万名。但目前,我国通用航空培训市场规模、质量等与通用航空发展要求还有一定差距,这也在一定程度上限制了通用航空的发展。

通用航空飞行培训涉及理论教学、航电操作、塔台通信、目视飞行、航线飞行、异常天气飞行等多种飞行科目和课程,需要的配套设备种类多、专业性强。而目前国内航校、飞行学校一直遵循面向民航飞行员的培训方式,通常没有专门针对通用航空飞行员培训的飞行教室和设备,通用航空飞行员直接采用"理论＋实飞"的方式,或者采用"国内理论授课＋国外航校"的方式进行培训,提高了通用航空飞行员的培训成本、时间成本,具有一定的危险性,同时还造成了国内资金外流。

（2）航空科普教育

航空科普教育让体验者在地面就能逼真地感受飞行体验。

学习飞机座舱知识可提高飞行模拟科普认知；学习模拟器操作方式，学习仪表飞行（IFR）知识、目视飞行（VFR）知识，可用于教学科研工作。

1.6　未来通用航空的方向

中国通用航空产业经过 60 多年的快速发展，经历了从无到有和从小到大的阶段，为中国经济和社会发展做出了重要贡献。但是，我国通用航空长期以来受到各种因素条件的制约（譬如空域资源管制严格、低空飞行管理体系严格以及基础设施配套服务落后等），目前与美国等发达国家的通用航空业还存在较大差距。

综合来看，我国通用航空业总体规模依然较小，与其他国家相比完全不在一个量级上。2019 年美国约有 1.9 万个通用机场，其中私人民用机场就约有 1.4 万个，巴西有 4 093 个通用机场，欧洲有 3 924 个通用机场，而中国已颁证通用机场仅有 246 个。2019 年，美国通用航空作业时间约为 2 580 万小时，中国通用航空作业时间仅为美国的 4.1%。

从通用航空业务额上看，中国通用航空仅相当于英国的 3/4、法国的 1/2、美国的 1/25。从通用航空器数量、通用机场数量、年作业量、通用航空业务结构合理性等方面可以看出，中国通用航空业目前正处在初创期。未来我国通用航空产业的发展主要有以下 5 个方向。

1. 信息化、数字化——智慧通航

当今社会已经全面进入了信息化时代，我国通用航空产业发展的问题也依靠信息技术的应用。如何将信息技术与通用航空相关环节融合是未来通用航空发展的关键。

要加快行业信息基础设施建设，推动创新基础设施建设，推进 5G 和北斗在通用航空中的应用。提升通用航空运行系统化、协同化、智能化、绿色化水平，加快资源整合，建立数据共享平台，筹建通用航空航材共享、通用机场信息平台、通用航空体育消费平台等数据共享平台。要实现多领域、多主体由人工决策向数据决策转变。

通用航空要适应科技信息化发展大势，以信息化推进管理现代化，增强市场开发能力,提高监测预警能力、辅助指挥决策能力、突发事件响应能力、救援战时能力和社会动员能力等,以促进通用航空产业跨越式发展。

2. 市场多元化

通用航空要想真正发展起来,市场是根本,而市场要靠通用航空消费产业去推动。站在全产业链的视角来看,通用航空涉及设计、研发、制造、组装、培训、运营、维修、基础设施建设、金融租赁等众多业务环节。通用航空企业要紧密结合实际,与国家规划相结合,善于利用新技术,创新通用航空业务模式,提高用户体验,方能在市场竞争中立于不败之地。

（1）“通航＋旅游”——通航小镇

随着我国城镇居民生活水平的提高,旅游已成为人们生活中不可缺少的事情。在旅游高峰期时,人们对出行的交通工具也有了更高的需求。通用航空可以借此机会,充分展示自身灵活、机动的特点。“通航＋旅游”是拓展景区旅游形式、提高游客旅游质量的好方式之一。通航小镇强调与文化旅游资源的结合,发挥通用航空消费属性,发展航空体验、主题乐园、低空旅游、航空运动等项目,进一步提升旅游景区品质,强化小镇旅游目的地建设。

（2）私人飞行

目前,学习私人飞行执照的人数也日益增加,根据通用航空发达国家的有关经验数据显示,私人飞行是通用航空的重要组成部分,我国已经出现向社会公众提供相关服务的项目活动,代表性的如空中游览和私人驾照培训等。

3. 航空应急救援体系

我国“通航＋救援”发展模式起步较晚、发展程度不高,目前仍存在救援装备数量少、力量分散、基础设施不健全等问题。因此,通用航空救援产业要想实现大发展还有很长的路要走。要想真正实现长足发展,必须走产业化发展、市场化运作之路。要加强航空应急救援能力建设,提高突发事件响应能力。

在遇到突发事件、紧急救援、高层失火等城市常见事故时,传统的城市管理及公共服务模式效率滞后、通达性差、管理手段单一,已经无法满足社会发展的需求。因此,亟需高效、快速、通达性高、辐射面广的城市公共服务新模式,以建立和完善我国航空应急救援体系。

通空航空企业要想在救援市场上迅速站稳脚跟,应把握产业崛起的机遇期,坚守飞行安全底线,狠抓自身建设,扩大机队规模,储备技术过硬的飞行、维修等专业人才,做好经营网点布局。同时,要主动与政府应急机构、医院、保险机构等进行深度合作,成立战略联盟,不断创新经营模式,寻求更多的盈利点,在产业链上充分发挥应有的主体作用。

通用航空救援发展的根本是有市场需求,通用航空企业应进一步加大通用航空应急救援知识宣传普及力度,让大众更加了解和熟悉通用航空救援知识,从社会氛围、国家政策、百姓意识等各方面,共同营造有利于通用航空救援事业发展的大环境,为通用航空救援发展赢得市场先机。把握好应急救援体系、国防后备力量体系、国防交通体系"三个体系"建设,有利于深化军民融合,引领通用航空产业的发展。

(1)航空灾害应急救援

近几年,无论国际还是国内,自然灾害越发频繁。随着灾害情况的发生,我们希望有及时的救援工作。这就需要先从装备上说起。无论何种援助,核心任务是紧急救援,主要是提供 24 h 之内的及时帮助。通用航空就有这种优势,它反应速度快,对起降要求较低,空中飞行灵活机动,即使是在地形复杂和环境恶劣的险峻条件下,直升机也能达到预想的目的。通用航空也可以进行灾前预测,利用红外技术,对灾害高发区地表情况进行测定,以便提前采取预防措施。

(2)航空医疗救援体系

据医学统计,有 67% 的重伤者会在 25 min 之内死亡,伤者在 15 min 内得到良好救治,保住生命的几率将达到 80%。空中医疗救援在应急救援和转运过程中,能大大降低病患的死亡率和疾病后遗症,有陆地救护无法替代的作用。目前,全国性的空中医疗救护体系尚未建立,仅有一些中大型城市建立了初步的通用航空医疗救援体系。

我国也要加速中国航空医疗救援立法、行业标准的建立与推广、企业运行规范的制定。

4. 城市立体交通网络(垂直起降)

通用航空服务公共民生多聚焦在以直升机为运输工具的短距离城市机动飞行。超大型城市具有高密度、垂直化、集聚性的空间属性,同时也具有人口密度区域性分布不均、城市纵向空间压缩、交通规律性拥堵的特性。发展"运输+通航"城市空中交通有助于高密度城市的进一步发展。当前城市地面空间日益紧张,城市不断向空中和地下纵向发展,拓展新的增长空间。城市空中交通工具起降对城市用地占用较少,可以以较小的起降场地实现较高效率的运输需求,符合高密度城市对交通进一步发展的导向。

同时,发展城市空中交通是进一步打造城市立体综合交通网的需要。城市空中交通将发挥城市飞行灵活、方便、快捷的特性,充分利用空中资源提供点对点的便捷出行,覆盖交通不便地区,提供更多高品质、个性化的交通解决方案,打造立体综合交通体系。

此外,发展城市空中交通也是完善应急救援、医疗救护等公共服务的需要。城市空中飞行的速度优势将为抢险救灾以及医疗救护赢得更多的宝贵时间,同时城市飞行不受地面条件的限制,可以在例如疫情道路封锁、灾后交通设施受损等紧急或极端条件下保证公共服务的可达性。

5. 通用航空产业制造——技术创新

通用航空除了运营环境问题,还有产业环节缺失问题,从制造、运营、服务到通用航空文化、金融、会展等延伸业务,通用航空是环环相扣、相互支撑的一个产业,而目前我们有些产业环节有缺失,连不上、连不好。比如,通用航空运营机动性强,但航油航汽供应跟不上;再比如,各地都想引进整机制造项目,而通用航空零部件制造体系没建立、也没人想到要去建立,如果都是靠外面进口零部件组装的话,将会导致我们的产业产值利润贡献外溢,整机制造也不会有我们想象的成本优势。

为抢抓通用航空发展新机遇,践行航空强国战略,应大力发展通用航空研发制造、协同创新产业联盟。发展通用航空是发展高新技术。大力发展通用航空,需要大量的飞机,这将极大地促进我国飞机制造水平的提高,进而带动诸如新材料、电子、通信、能源、精密制造等一系列相关的高新技术产业的发展。

(1)电动飞机

无论是欧洲还是美国,在研发电动飞机过程中遇到的最大问题都是当前技术水平下尚无高效的超导电动机和发电机。目前,市场上销售的能效最高的电力储存装置是锂电池,但其比能量仅为 $0.15\ kW\cdot h/kg$,正在研发中的下一代锂电池的最大比能量也仅为 $0.45\ kW\cdot h/kg$,而要满足未来大型商用飞机的需求,电池的比能量至少应达到 $0.6\ kW\cdot h/kg$。未来发展分布式混合电推进系统,首先需要重点解决更大比能量的电能存储装置、超导电动机和发电机这两大技术难点,这也是国外目前探索和研究的重点。未来,随着电池技术的愈发成熟,相信通用航空飞机也可以很好地实现从油动向电动的转变,特别是在当下环境下,国际燃油价格的持续升高,已成为各大通用航空公司不可忽视的成本之一。而未来,电池技术的成熟会带来飞机航时的改变,从而也会减少通用航空企业的成本开支,成本一旦降下来,市场准入门槛也会变低,未来通用航空的发展主要在于电动飞机。

(2) 氢能飞机

氢气作为一种清洁航空燃料有着特殊的前景,而且它很可能成为航空航天和其他许多行业实现其气候中性目标的解决方案。氢燃料飞机还可以帮助飞机制造商解决机载存储与飞机减重的问题。氢燃料电池通过在经过特殊处理的板上混合氢和氧来产生电能,为电池和马达提供动力,这些板结合起来形成燃料电池堆。而燃料电池堆和电池使得工程师们可以大幅减少机载部件,从而减轻飞机的质量。从理论上来看,在技术成熟之后,氢燃料飞机未来还可以借助液态氢储存技术实现长途飞行。

欧盟的"净洁天空"计划明确强调,要加快环保型绿色飞机的投入使用。在此背景下,氢气燃烧和燃料电池动力推进技术是重要的发展方向。在评估了相关技术和经济可行性,比较了它们与合成燃料,考虑了对飞机设计、机场基础设施和燃料供应链的影响之后,相关部门认为,颠覆性的飞机、航空发动机及机载系统创新与氢能源技术的结合,可使航空运输对全球变暖的影响降低50%~90%。

预计 2035 年前可以引入采用氢能源的短程干线飞机(81~165 座级),到 2050 年,氢能源飞机将占所有在役机队的 40%。欧盟委员会对这样的研究结论表示了支持。而作为"净洁天空"计划重要参与者的企业,无论是初创型公司还是空客这样的行业巨头,都已经在积极行动。

如今,随着科技的发展日新月异,各行业愈发支持对氢能发展的研究,氢能在航空业的应用指日可待。

第 2 章　空管基础

2.1　航行的基础知识

2.1.1　空中交通管理

空中交通管理的目的是有效地维护和促进空中交通安全,维护空中交通秩序,保障空中交通顺畅。

中国民用航空局负责统一管理全国民用航空空中交通管理工作,中国民用航空地区管理局负责监督管理本辖区民用航空空中交通管理工作。

1. 空中交通服务

空中交通管制服务——防止航空器与航空器、航空器与障碍物相撞。

飞行情报服务——向飞行中的航空器提供有助于安全和有效地实施飞行的建议和情报,如避开危险天气及各种限制性空域。

告警服务——航空器遇险时,向有关组织发出需要搜寻援救航空器的通知。

2. 空中交通流量管理

空中交通流量管理是在空中交通流量接近或者达到空中交通管制可用能力时,适时地进行调整,保证空中交通流量最佳地流入或者通过相应区域,提高机场、空域可用容量的利用率。

3. 空域管理

依据国家相关政策,逐步改善空域环境,优化空域结构,尽可能地满足空域用户使用空域的需求。

在空域方面,我国的低空空域分为管制、监视、报告 3 类空域。但目前,大部分空域都处于管制状态,尚未完全开放给通用航空飞行。因此,目前的通用航空飞行要么只能在指定的空域内长期飞行,要么必须每次飞行前向空管部门申请,导致飞行效率较低。

管制空域是指为飞行活动提供空中交通管制服务、飞行情报服务、航空气象服务、航空情报服务和告警服务的空域。

监视空域是指为飞行活动提供飞行情报服务、航空气象服务、航空情报服务和告警服务的空域。

报告空域是指为飞行活动提供航空气象服务和告警服务,并根据用户需求提供航空情报服务的空域。

2.1.2　空域分类

1. 美国空域分类简介

(1) 仪表飞行规则(IFR)

非管制空域:G类;管制空域:A类、B类、C类、D类、E类。

(2) 目视飞行规则(VFR)

非管制空域:E类、G类;有限管制空域:C类、D类;强制管制空域:A类、B类。

美国空域的布局如图2-1所示。

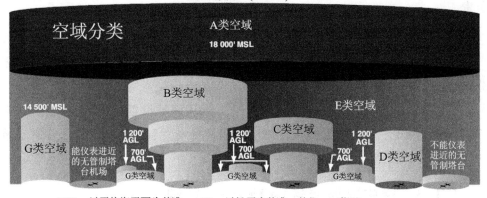

MSL:以平均海平面为基准;AGL:以场压为基准;单位:ft(英尺)。

图2-1　美国空域的布局

2. 美国空域的划分

A类:绝对管制区(Positive Control Area),横跨美国全境,高度为5 500～18 000 m,只有IFR飞行,空中交通管制机构负责所有飞行间的间隔。

B类:终端管制区(Terminal Control Area),一般建立在繁忙机场附近,从地面至 2 438 m MSL(以平均海平面为基准,美国的用法),每个终端区的建立应极大地满足当地地形特点和航线的要求。IFR,VFR 均可,空中交通管制机构负责飞行间的间隔,每架飞机应有通信、导航、应答机等设备。

C 类:机场雷达服务区(Airport Radar Service Area),一般建立在中型机场,从地面或从某一高度至地面以上 1 200 m,该区域一般由两部分组成,即内环(半径 9.26 km)和外环(半径 18.52 km,下限 366 m)。飞行员要保持和管制员的通信联络,飞机具有应答机、间隔的提供取决于飞行的种类,此乃 B,C 类空域的最大区别之一。

D 类:管制地带(Control Zone),一般建立在有管制塔台的机场,半径 9.26 km,从地面至管制空域的下限,通常是航路的下限 305~915 m。这样设计的目的是使飞机从航路飞行至目的地机场的全过程能被管制空域所覆盖。

E 类:过渡区(Transition Area),一般从 366 m AGL(以地面为基准,美国的用法)至管制空域的下限,除 A,B,C,D 类空域以外的部分,也可以是 366 m AGL 以下的空域,以确保飞机的进近过程被管制空域所包围。此类空域仅对 IFR 提供管制服务,且只负责仪表飞行间的间隔。

G 类:非管制空域,一般指 366 m AGL 以下的空域,飞行安全由飞行员本人负责。

3. 中国民航管制空域划分

管制空域应当根据所划空域内的航路结构和通信、导航、气象、监视能力划分,以便对所划空域内的航空器飞行提供有效的空中交通管制服务。

在我国空域内,沿航路、航线地带和民用机场区域设置管制空域,包括高空管制空域、中低空管制空域、进近管制空域和机场塔台管制地带。我国管制空域的布局如图 2-2 所示。

2.1.3　空中交通服务(ATS)空域结构

当已被确定的空中交通服务将在部分特定的空域或机场提供时,那么这些机场和空域应根据所提供的管制服务来命名。

根据《中国民用航空空中交通管理规则》的规定,民用空域被分为飞行情报区、管制区、限制区、危险区、禁区、航路和航线。

1. 飞行情报区

飞行情报区是指为提供飞行情报服务和告警服务而划定范围的空间。搜寻

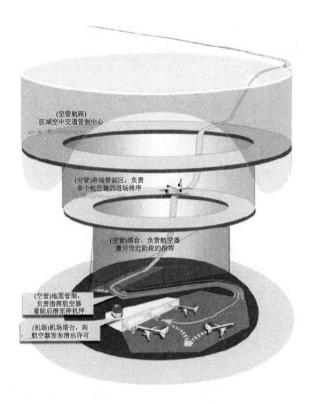

(空管航路)
区域空中交通管制中心

(空管)终端管制区，负责
多个航空器的进场排序

(空管)塔台，负责航空器
最后进近阶段的指挥

(空管)地面管制，
负责指挥航空器
着陆后滑至停机坪

(机场)机场塔台，向
航空器发布滑出许可

图 2 - 2　我国管制空域的布局

援救区的范围与飞行情报区相同。

全国共划分沈阳、北京、上海、广州、昆明、武汉、兰州、乌鲁木齐、三亚、香港和台北 11 个飞行情报区。

2. 管制区和管制地带

为仪表飞行提供管制服务的空域应划分为管制区和管制地带。为目视飞行提供管制服务的管制空域应划分为 B,C,D 类空域。

根据《中国民用航空空中交通管理规则》的规定,管制区应当覆盖提供空中交通管制服务的空域,管制区包括高空管制区、中低空管制区、进近管制区和机场塔台管制区。

3. 机场区域

为了保障运输飞行和通用航空飞行的安全,在航路和航线上的机场应划定机场区域。

机场区域是指机场及其附近地区上空,为航空器在机场上空飞行、加入航线、进入机场和进行降落而规定的空间,包括空中走廊和各种飞行空域。

机场区域的范围在机场使用细则内予以说明。

4. 航路和航线

(1)航路

航路(Airway):以走廊形式建立的,装设有无线电导航设施的管制区域或其中一部分。

用以规定空中交通服务航路或航空器飞行航径以及为其他航行和空中交通服务目的而规定的地理位置,称为重要点。

空中交通管制航路的宽度为 20 km,其中心线两侧各 10 km;航路的某一段受到条件限制的,可以减少宽度,但不得小于 8 km;在航路方向改变时,航路则包括航路段边界线延长至相交点所包围的空域。空中交通管制航路的高度下限为最低高度层,上限与巡航高度层上限一致。

(2)航线

航线(Air Track):航空器在空中飞行的预定路线,沿线须有为保障飞行安全所必须的设施。

航线存在交通需求,但达不到一定的流量,航线分为固定航线和临时航线。

固定航线:满足定期航班需求和尚未建立航路的地区的航空器飞行。

临时航线:用于临时航空运输飞行或通用航空飞行,应尽量避免与航路交叉以及飞越繁忙机场上空。航线导航设备不能保证航空器作 IFR 飞行时,应作VFR 飞行。

(3)我国航线的特点及分类

我国国内航线集中分布于哈尔滨—北京—西安—成都—昆明一线以东的地区,其中又以北京、上海、广州的三角地带最为密集。从整体上看,航线密度由东向西逐渐减小。

航线多以城市对为主,以大、中城市为辐射中心为辅。

我国国内主要航线多呈南北向分布。在此基础上,又有部分航线从沿海向内陆延伸,呈东西向分布。

航线分为国际航线、国内航线(地区航线、国内干线航线和地方航线)两类。

国际航线:我国的一点或多点与国外一点或多点的航线。

地区航线:飞往港、澳、台地区的航线,属于我国特有。

国内干线航线:跨越 3 个(含 3 个)省的航线。

地方航线：相邻两省/省内的航线。

（4）航路、航线代码

为了便于使用和管理，每一条航路均用相应的代码予以识别，航路代码给出了航路的名称，同时也表明了航路的某些相关属性。

航路代码的基本组成是一个字母后面跟随 1～999 的数码。

必要时，为航路基本代码加前缀补充字母说明航路的用途，或加后缀补充字母表示该航路提供的服务种类。

1）航路、航线基本代码

A，B，G，R 表示空中交通服务航路地区航路网的非区域导航航路。

L，M，N，P 表示空中交通服务航路地区航路网的区域导航航路。

H，J，V，W 表示不属于空中交通服务航路地区航路网的非区域导航航路。

Q，T，Y，Z 表示不属于空中交通服务航路地区航路网的区域导航航路。

2）航路、航线代码前缀

K 表示主要为直升机建立的低空航路。

U 表示在高空空域建立的航路或航段（或一部分位于高空）。

S 表示专为超音速航空器加速、减速和超音速飞行而建立的航路。

3）航路、航线代码后缀

F 表示只提供咨询服务的航路或航段。

G 表示只提供飞行情报服务的航路或航段。

Y 表示在高度层 200（FL200）及以上的 RNP 1 航路。

Z 表示在高度层 190（FL190）及以下的 RNP 1 航路。

4）地方航线代码分配

① 飞行管制区间的航线，编号为 J1－200；

② 飞行管制区内的航线，编号为 J201－900。

这两种航线代码分别在京（北京）J201－300、兰（兰州）J301－400、穗（广州）J401－500、蓉（成都）J501－600、宁（南京）J601－700、沈（沈阳）J701－800、济（济南）J801－900 管制范围内分配，由各空军司令部负责。

5）航路代码的使用

某一航线（航段）有几个航线（航段）代码时，选用航线（航段）代码应与下一段所飞航线（航段）代码相一致；若该航线（航段）的几个航线（航段）代码与下一段所飞航线（航段）代码不相同时，选用航线（航段）代码的优先级通常按 A，B，G，

R,W,H,J,V 顺序排列,并选择距离长的航线(航段)代码。

5. 空中走廊

在机场分布比较密集、飞行活动频繁的地区,为减少各机场、航线与空域之间的飞行冲突设置若干条空中走廊,作为机场和航路之间的过渡,用于限定航空器进离空港的路线。

空中走廊的宽度为 8~10 km,在走廊口和转折点设置导航设备、规定进出机场的航向以及航空器在走廊内的高度层和上升、下降阶段。空中走廊分布图如图 2-3 所示。

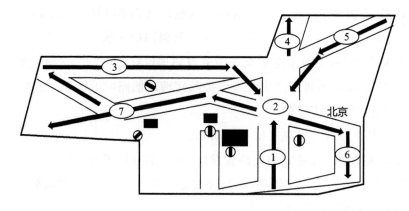

1 号走廊为单向进港;2 号走廊为军方使用双向;3 号走廊为单向进港;4 号走廊为单向出港;

5 号走廊为单向进港;6 号走廊为单向出港;7 号走廊为单向出港。

图 2-3 空中走廊分布图

6. 特殊空域

根据《中国民用航空空中交通管理规则》的规定,空中交通管制单位应当严密监视飞行中的航空器动态,当发现航空器将误飞入空中危险区、限制区、禁区时,应当及时提醒航空器,必要时采取措施予以纠正。

(1) 危险区

危险区是一个划定范围的空域,在规定的时间内,此空域中可能存在对飞行有危险的活动,如对空射击或者发射。

危险区不仅可以在主权空域内设置,也可以在公海上空等非主权空域内设置,但应公布危险区的使用时间和高度范围,以及设置危险区的原因。

在国外,驾驶员可以自行决定能否进入或飞越此类空域并要保证飞行安全。但在中国,在规定时限内,禁止无关航空器飞入空中危险区或者临时空中危险区。

（2）限制区

限制区是在一个国家的陆地或领海上空,根据某些规定条件限制航空器飞行的一个划定范围的空域。

限制区内的活动对航空器构成的影响是凭驾驶员自身所不能判定的,所以需要用时间和高度等条件限制航空器的进入和飞越,如军事要地、兵器试验场上空和航空兵部队、飞行院校等航空单位的机场飞行空域。

在中国,在规定时限内,未经飞行管制部门许可的航空器,不得飞入空中限制区或者临时空中限制区。

（3）禁区

根据《中国民用航空空中交通管理规则》的规定,禁区是在一个国家的陆地或领海上空禁止航空器飞行的一个划定范围的空域。

禁区的设置通常是为了保护重要的国家政治、经济、军事设施,重要的工业集团(避免由于航空器事故引起灾难性的后果,如核电站、敏感的化工集团),或者是关系到国家安全的特别敏感的设施。

禁区分为永久性禁区和临时禁区:

① 永久性禁区禁止航空器在任何时间、任何飞行条件下进入,如北京、上海、沈阳、武汉、长辛店、葫芦岛等禁航区。

② 临时禁区只在规定的时间内禁止航空器飞入,如杭州、北戴河等禁航区。

在中国,未按照国家有关规定经特别批准,任何航空器不得飞入空中禁区和临时空中禁区。

（4）防空识别区

防空识别区(Air Defense Identification Zone,ADIZ)指的是一国基于空防的需要,单方面所划定的空域。目的在于为军方及早发现、识别对方目标和实施空军拦截行动提供条件。

第二次世界大战后,随着空中作战力量的发展,特别是以高空高速为基本特征的二代战斗机的发展,各国传统的防空体系面临较大威胁。如果还按照对方目标逼近本国领空时才出动战机拦截,则时间会不充裕,根本无法保证能够成功拦截。于是,在本国领空之外的公共空域(简称"公空")划定防空识别区,就成了扩大预警空间、保证拦截时间的通行做法。

2013年11月23日,中华人民共和国政府根据1997年3月14日《中华人民共和国国防法》、1995年10月30日《中华人民共和国民用航空法》和2001年7

月 27 日《中华人民共和国飞行基本规则》,宣布划设东海防空识别区。

2.1.4 高度测量和名词定义

1. 航空器上的高度测量装置

测量装置的作用:

① 保持障碍物和航空器之间以及航空器和航空器之间的高度差;

② 确定航空器在空间垂直位置的两个要素:测量基准面、自该基准面至航空器的垂直距离。

在飞行中,航空器对应不同的测量基准面,相应的垂直位置具有特定的名称:

① 高(Height):自某一个特定基准面量至一个平面、一个点或者可以视为一个点的物体的垂直距离;

② 高度(Altitude):自平均海平面量至一个平面、一个点或者可以视为一个点的物体的垂直距离;

③ 飞行高度层(Flight Level):以 1 013.2 hPa 气压面为基准的等压面,各等压面之间具有规定的气压差。

气压式高度表包括拨正值窗口和指针。高度表拨正值窗口中显示高度基准面的气压值;高度表指针指示航空器相对于特定基准面的垂直距离;表盘上的调节旋钮用于调整高度表拨正值。新式高度表可以采用数字输入方式调整高度表拨正值。

气压式高度表是测定飞行高度的一种仪器,主要有机械和电子两种类型,测高原理大致相同。在气压式高度表的高度刻度盘上有一个气压窗,其中央的气压刻度是飞机所选择的基准气压面的气压值(调节范围 893~1 053 hPa)。转动旋钮可以带动气压刻度盘改变基准气压值,高度指示也随之改变。

气压式高度表实质上是一个空盒气压表,当飞行高度改变时,它的真空膜盒随时感应气压的变化将膨胀或收缩,通过机械带动高度指针在高度刻度盘上指示出飞行高度。这一过程是按照标准大气压条件下的压高对应关系进行的。

使用气压式高度表表示高时,必须使用场面气压作为高度表拨正值;场面气压(QFE)是航空器着陆区域最高点的气压。

使用气压式高度表表示高度时,必须使用修正海平面气压作为高度表拨正值;修正海平面气压(QNH)是将观测到的场面气压按照标准大气压条件修正到平均海平面的气压。

2. 飞行高度层配备规定

为保障航空器在巡航状态下的飞行安全和秩序,便于空中交通管制,根据飞行方向以及高度,航空器使用飞行高度层必须遵守下面的规定。

飞行高度层配备规定:

真航线角在 0°～179°范围内的,飞行高度层按照下列方法划分:

① 高度由 900 m～8 100 m,每隔 600 m 为一个高度层;

② 高度由 8 900m～12 500 m,每隔 600 m 为一个高度层;

③ 高度在 12 500 m 以上,每隔 1 200 m 为一个高度层。

真航线角在 180°～359°范围内的,飞行高度层按照下列方法划分:

① 高度由 600 m～8 400 m,每隔 600 m 为一个高度层;

② 高度由 9 200 m～12 200 m,每隔 600 m 为一个高度层;

③ 高度在 13 100 m 以上,每隔 1 200 m 为一个高度层。

3. 飞行高度层的选择

当航空器处于巡航状态时,无论是仪表飞行还是目视飞行,均应保证航空器与飞行区域内的障碍物保持相应的垂直安全距离。

在选择飞行高度层时应考虑以下因素:

① 只有在航线两侧各 25 km 以内,最高标高不超过 100 m、大气压力不低于 1 000 hPa(750 mmHg)时才能允许在 600 m 的高度层飞行,否则应相应提高飞行高度层,以保证飞行的真实高度不低于垂直安全标准;

② 航空器的最佳飞行高度层;

③ 航线天气情况;

④ 航线最低飞行安全高度;

⑤ 航线飞行高度层的使用情况;

⑥ 飞行任务的性质。

4. 飞行的安全高度

飞行安全高度是避免航空器与地面障碍物相撞的最低飞行高度。

(1) 仪表飞行

航路、航线或转场飞行的安全高度,在高原和山区应高于航路中心线、航线两侧各 25 km 以内最高标高 600 m;在其他地区应当高出航路中心线、航线两侧各 25 km 以内最高标高 400 m。

在机场区域,以机场导航台为中心、半径 55 km 范围内,航空器距离障碍物的最高点,平原不得小于 300 m,丘陵和山区不得小于 600 m;航空器利用仪表进近图进入着陆过程中,不得低于仪表进近程序规定的超障高度飞行。

某段航线,假设向东飞行,航线两侧各 25 km 范围内的最高障碍物为 1 393 m,航线平均海平面气压高度为 1 000 hPa,以此计算仪表飞行时的最低安全飞行高度。

(2) 目视飞行

机场区域内目视飞行最低安全高度:巡航表速为 250 km/h(不含)以上的航空器,按照机场区域内仪表飞行最低安全高度的规定执行;巡航表速为 250 km/h(含)以下的航空器,距离最高障碍物的真实高度不得小于 100 m。

航线目视飞行最低安全高度:巡航表速为 250 km/h(不含)以上的航空器,按照航线仪表飞行最低安全高度的规定执行;巡航表速为 250 km/h(含)以下的航空器,通常按照航线仪表飞行最低安全高度的规定执行;如果低于最低高度层飞行时,距航线两侧各 5 km 地带内最高点的真实高度,平原和丘陵地区不得低于 100 m,山区不得低于 300 m。

5. 修正海平面气压(QNH)/标准大气压(QNE)的适用区域

航空器在不同飞行阶段飞行时,需要采用不同的高度测量基准面。在地图或航图上,地形或障碍物的最高点用标高表示。标高是指地形点或障碍物至平均海平面的垂直距离。

$$P_0 = P[288.15/(288.15-0.006\,5Z)]^{5.256}$$

式中,P_0 为修正海平面气压,单位 hPa;P 为场面气压,单位 hPa;Z 为机场标高,单位 m。

为了避免航空器在机场附近起飞、爬升、下降和着陆过程中与障碍物相撞,航空器和障碍物在垂直方向上应使用同一测量基准,即平均海平面。因此,在机场地区应使用修正海平面气压(QNH)作为航空器的高度表拨正值。

在航路飞行阶段,由于不同区域的 QNH 值不同,如果仍然使用 QNH 作为高度表拨正值,航空器在经过不同区域时需要频繁调整 QNH,并且难以确定航空器之间的垂直间隔。若统一使用标准大气压(QNE)作为高度表拨正值,则可以简化飞行程序,易于保证航空器之间的安全间隔。

高度表拨正值适用范围在垂直方向上用过渡高度和过渡高度层作为垂直分界,在水平方向上用修正海平面气压适用区域的侧向边界作为水平边界。

过渡高度(Transition Altitude)是指一个特定的修正海平面气压高度,在此高度或以下,航空器的垂直位置按照修正海平面气压高度表示。

过渡高度层(Transition Level)是在过渡高度之上的最低可用飞行高度层。过渡高度层高于过渡高度,二者之间满足给定的垂直间隔。

过渡夹层(Transition Layer)是指位于过渡高度和过渡高度层之间的空间。这部分空间仅供航空器变换高度基准使用,绝对不得用于平飞。

6. 过渡高度层与过渡高度

一架航空器在过渡高度层平飞,而另一架航空器在过渡高度平飞时,它们之间应至少有 300 m 的垂直间隔。我国过渡高度与过渡高度层规定如表 2-1 所列。

表 2-1　我国过渡高度与过渡高度层规定

机场标高/m	起始进近高度/m	过渡高度/m	过渡高度层/m
≤1 200	≤2 700	3 000	3 600
	>2 700	4 200	4 800
1 200~2 400(含)	≤2 700	3 000	3 600
	>2 700	4 200	4 800
	>3 900	根据实际需要而定	
>2 400	根据飞行程序设计和空中交通管理的需要而定		

例如,A 机场标高 1 100 m,起始进近高度 3 000 m,则过渡高度应为 4 200 m,过渡高度层应为 4 800 m;B 机场标高 1 500 m,净空条件良好,起始进近高度为 2 700 m,则过渡高度应为 3 000 m,过渡高度层应为 3 600 m。

为了确保在气压变化很大的情况下,过渡夹层有安全合理的垂直空间,当机场的修正海平面气压(QNH)小于 979 hPa(含)时,过渡高度应降低 300 m;当机场的修正海平面气压(QNH)大于 1 031 hPa(含)时,过渡高度应提高 300 m。

例如,某机场的过渡高度为 3 000 m,过渡高度层为 3 600 m。由于气压的变化,当 QNH 降到 979 hPa 时,平均海平面与 1 013.2 hPa 等压面的气压相差 1 013 hPa－979 hPa=34 hPa。

若按低高度情况下 1 hPa 相当于 9 m 计算,二者的高度差为 34 hPa×9 m=306 m。这时过渡高度层只比过渡高度高出 3 600 m－(3 000＋306) m=294 m。

为了确保两者之间至少有 300 m 的高度差,在 QNH 为 979 hPa 及以下时,过渡高度应降低 300 m;反之,当 QNH 上升至 1 031 hPa 时,过渡高度层与过渡高度的高度差已大于 600 m，此时，过渡高度应提高 300 m，以使过渡夹层空间不致过大。

7. 高度表拨正程序

下列任何一种情况发生时，航空器的高度表拨正值由 QNE 转换为 QNH：

① 航空器下降穿越 QNH 适用区域水平边界内的过渡高度层时；

② 航空器在过渡高度层以下进入 QNH 适用区域水平边界内区域时。

下列任何一种情况发生时，航空器的高度表拨正值由 QNH 转换为 QNE：

① 航空器上升穿越 QNH 适用区域水平边界内的过渡高度时；

② 航空器在过渡高度以下离开 QNH 适用区域水平边界内区域时。

我国的民用机场从 2000 年 8 月开始逐步推广修正海平面气压（QNH）的使用，而在军用机场和部分军民合用机场则仍继续使用场面气压（QFE）。

若使用 QFE 作为高度表拨正值，当航空器在跑道道面着陆或起飞时，高度表的指示为零。但是，当高度表拨正值可调范围较小时，即使在非高原机场，有时也无法将高度表拨正值调整到 QFE。

在这些机场区域内以及高原机场，航空器使用 1 013.2 hPa 等压面作为高度基准面。以标准大气压拨正的航空器高度表，在机场道面上的指针读数相当于场压高的"0"，此读数被称为"假定零点高度"，简称"零点高度"。"零点高度"与机场细则中标注的障碍物标高使用的高度基准面不同，飞行员确定超障余度困难，飞行中十分不便。

在 QNH 适用区域内，如果飞行员请求使用 QFE，管制员可以在进近和着陆许可中提供，但飞行员只能在最后进近阶段使用 QFE。在 QNH 适用区域内，管制员应以 QNH 为基准在各航空器之间配备垂直间隔。

表 2 - 2 所列为我国民用机场高度表拨正程序，表 2 - 3 所列为我国军用机场高度表拨正程序。

表 2 - 2　我国民用机场高度表拨正程序

飞行阶段	气压刻度	高度指针
起飞前（调 HQNH）	修正海压	机场标高
航线上（调 HQNE）	1 013.2（或 29.92）	HQNE
着陆前（调 HQNH）	修正海压	HQNH
着陆后	修正海压	机场标高

表 2 - 3　我国军用机场高度表拨正程序

飞行阶段	气压刻度	高度指针
起飞前(调 HQFE)	场压	0
航线上(调 HQNE)	1 013.2(或 29.92)	HQNE
着陆前(调 HQFE)	场压	HQFE
着陆后	场压	0

图 2 - 4 所示为中国民用机场高度表拨正程序和过渡高度层改革示意图。

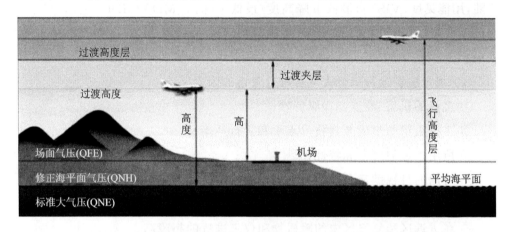

图 2 - 4　中国民用机场高度表拨正程序和过渡高度层改革示意图

2.1.5　飞行的运行标准

飞行的最低天气标准是确定航空器在某一特定气象条件下是否适合飞行的标准。

气象对飞行有着不同程度的影响。根据机场、航线地形,航空器的飞行性能和设备,地面无线电导航设备和航空器驾驶员的技术水平等,规定了机场、驾驶员、航空器和航线的最低天气标准,以及航空器起飞、着陆的侧风标准,起飞油量。

1. 机场运行最低天气标准

（1）定　义

精密进近:使用仪表着陆系统(ILS)或精密进近雷达(PRA)所提供的方位和下滑引导的进近。

非精密进近:使用甚高频全向信标台(VOR)、无方向性无线电信标台

(NDB)等地面导航设施,只提供方位引导,不提供下滑引导的进近。

跑道视程(RVR):航空器驾驶员在跑道中线上能看到跑道道面标志或跑道灯光轮廓,或能辨认跑道中线的距离。

最低下降高度/最低下降高(MDA/MDH):在非精密进近或盘旋进近中规定的高度或高。

机场运行最低标准:机场可用于飞机起飞着陆的运行限制。对于起飞,用能见度(VIS)或跑道视程(RVR)表示,在需要时,还应当包括云高;对于非精密进近着陆,用能见度(VIS)和最低下降高度/最低下降高(MDA/MDH)表示;对于精密进近着陆,用能见度(VIS)或跑道视程(RVR)和决断高度/决断高(DA/DH)表示。

(2)规定机场运行最低天气标准应考虑的因素

① 飞机的机型、性能和操纵特性;

② 飞行机组的组成及其技术水平和飞行经验;

③ 所用跑道的尺寸和特性;

④ 可用的目视助航和无线电导航设施的性能和满足要求的程度;

⑤ 在进近着陆和复飞过程中可用于领航和飞行操纵的机载设备;

⑥ 在进近区和复飞区内的障碍物和仪表进近的超障高;

⑦ 机场用于气象测报的设备;

⑧ 爬升区内的障碍物和必要的超障余度。

中国民用航空局公布的机场运行最低标准,没有考虑具体机型的机载设备、飞机性能、飞行机组的技术水平和飞行经验;这些因素应当由各航空营运人在确定其所用机场的运行最低标准(公司标准)时予以考虑。

(3)机场运行最低天气标准的分类

① 按照航空器的着陆入口速度,可分为 A,B,C,D,E 5 种最低天气标准;

② 按照驾驶员技术水平,可分为目视飞行和仪表飞行两种最低天气标准;

③ 按照导航设备,可分为精密进近和非精密进近两种最低天气标准;精密进近设备包括仪表着陆系统和精密进近雷达,非精密进近设备包括全向信标台/测距仪、中波导航台/测距仪、双导航和单导航台;

④ 按照起飞、着陆,可分为起飞和着陆两种最低天气标准。

(4)机场运行最低标准的制定和批准

① 民航局负责审查和批准全国民用机场的仪表进离场程序、仪表进近程序

和机场运行最低标准;

② 中国民用航空地区管理局负责按照民航局最新印发的《航空器运行——目视和仪表飞行程序设计》规定(以下简称"本规定")的准则,对所属地区的民用机场拟定仪表进离场程序和仪表进近程序,并按本规定的准则拟定机场运行最低标准,报民航局批准;

③ 对于民用飞机使用的军民合用机场,由地区管理局同当地军事部门协商建立民用飞机使用的仪表飞行程序和拟定运行最低标准,报民航局批准;

④ 民航局负责监督检查航空营运人和民用航空空中交通管理机构在飞行程序和运行最低标准方面的执行情况;

⑤ 地区管理局负责监督和检查航空营运人与民用航空空中交通管理机构在本辖区内机场的飞行程序和运行最低标准的执行情况;

⑥ 航空营运人应当遵照本规定所述的准则,结合其运行条件(包括机型、机载设备、机组技术水平和飞行经验等),制定国内机场的起飞着陆最低标准(公司标准),按航空营运人运行合格审定的有关规定报批;航空营运人在国内机场使用的机场运行最低标准不得低于民航局公布的最低标准;

⑦ 航空营运人在国外机场使用的起飞和着陆最低标准,应当按照本规定的准则,参考机场所在国家航行资料汇编(AIP)中公布的超障高度(OCA),结合其运行条件(机型、机载设备和机组的技术与经验)制定,按航空营运人运行合格审定的有关规定报批;航空营运人在国外机场使用的起飞和着陆最低标准不得低于机场所在国家为该机场规定或者建议的最低标准;

⑧ 外国和地区航空营运人在中国境内飞行,在中国机场起飞、着陆使用的最低标准可以根据《中华人民共和国航行资料汇编》(AIP)中为各机场飞行程序公布的超障高度/超障高(OCA/OCH)制定,但不得低于民航局为各机场规定或者建议的起飞、着陆最低标准;

⑨ 民航局通过《中华人民共和国航行资料汇编》(AIP)对外公布我国机场的仪表进离场程序和仪表进近程序,并按不同进近程序和飞机分类公布超障高度/超障高(OCA/OCH),通过颁发各机场的仪表进近图、机场图和仪表进离场图,向国内各航空营运人公布各机场的仪表进离场程序、各类仪表进近程序和起飞、着陆最低标准。

以厦门机场运行最低天气标准为例,起飞最低标准和着陆最低标准分别如表2-4、表2-5所列。

表 2-4 起飞最低标准

跑　　道	飞机分类	跑道边灯和中线灯工作/m	跑道灯工作/m	跑道边灯和中线灯均不工作/m
05	3,4 发	500	600	800
	2 发	800	600	1 600
23	① 能以 3.8% 以上梯度直线上升至 450 m 右转,2 发 VIS 1 600 m,3,4 发 800 m; ② 达不到 3.8% 上升梯度的飞机:云高 250 m,能见度 3 200 m			

表 2-5 着陆最低标准

飞机分类		跑　道	A/m	B/m	C/m	D/m
ILS	DH/VIS	05	60/800	60/800	60/800	60/800
GP 不工作	云高/VIS		100/1 600	100/1 600	100/1 600	100/2 000
	MDH		100	100	100	100
VOR/DME	云高/VIS	23	250/1 600	250/2 000	250/3 600	250/4 000
	MDH		240	240	240	240
	云高/VIS		110/2 400	110/2 400	110/2 400	110/2 800
	MDH		100	100	100	100
NDB	云高/VIS	05	260/1 600	260/2 000	260/3 600	260/4 000
	MDH		250	250	250	250
	云高/VIS	23	200/2 400	200/2 400	200/3 600	200/4 000
	MDH		200	200	200	200
目视盘旋	云高/VIS	05/23	300/2 400	300/2 800	360/4 400	520/5 000
	MDH		290	290	350	510

2. 驾驶员最低天气标准

驾驶员最低天气标准是正驾驶员对某型航空器驾驶技术和熟练程度的标志。最低天气标准是经过严格训练并经过检查、考核合格后授予的。

飞行机组成员训练的基本要求:

① 执行每次飞行任务的飞行机组成员的数量和技术水平应当符合该型航空器飞行手册规定的最低要求,并且符合民航局批准的对该航空营运人营运该机型飞行机组成员的最低数量和驾驶水平的要求;

② 飞行机组成员应当按照飞行机组成员定员职责分工的要求完成相应训练;

③ 飞行机组成员应当完成与所执行飞行任务相适应的训练,经检查合格,并取得有效执照、等级和授权后,方可作为机组的必须成员执行飞行任务;

④ 航空营运人不得派遣飞行人员执行与其训练水平不相适应的飞行任务;飞行人员应当拒绝接受此种飞行任务;

⑤ 在商业飞行中担任各类航空器机长的驾驶员,应当按照《民用航空器驾驶员和飞行教员合格审定规则》(CCAR-61FS)进行充分训练,并且至少取得商用驾驶员执照和相应的航空器等级和授权;执行仪表飞行规则飞行任务的,应当取得仪表等级;执行Ⅱ类运行飞行任务的,应当取得Ⅱ类仪表运行授权;训练的时间、内容、要求应当在训练大纲中规定。

在公共航空运输飞行中担任机长的驾驶员,还应当符合下列规定:

① 在小型飞机上担任机长的驾驶员,应当至少持有商用驾驶员执照,适合的航空器等级、仪表等级和授权,并且具备下列条件:

a. 仅在目视飞行规则飞行中担任机长的驾驶员,应当具有不少于500 h的驾驶员飞行经历时间,其中转场飞行时间不少于100 h,夜间飞行时间不少于25 h;

b. 在仪表飞行规则飞行中担任机长的驾驶员,应当具有不少于1 200 h的驾驶员飞行经历时间,其中转场飞行时间不少于500 h,夜间飞行时间不少于100 h,实际或模拟的仪表飞行时间不少于75 h(其中模拟时间不超过25 h);

② 在中型(含)以上飞机担任机长的驾驶员,应当按照CCAR-61FS的规定和相应机型训练大纲的要求,完成航线运输驾驶员执照和相应型别等级训练,经检查合格取得航线运输驾驶员执照、相应的型别等级和正驾驶授权;

③ 在直升机上担任机长的驾驶员应当持有商用驾驶员执照和相应的航空器等级,并且具备下列条件:

a. 仅在目视飞行规则飞行中担任机长的驾驶员,应当具有不少于500 h的驾驶员飞行经历时间,其中转场飞行时间不少于100 h,夜间飞行时间不少于25 h;

b. 在仪表飞行规则飞行中担任机长的驾驶员,应当取得直升机仪表等级,并且具有不少于1 200 h的驾驶员飞行经历时间,其中转场飞行时间不少于500 h,夜间飞行时间不少于100 h,实际或模拟的仪表飞行时间不少于75 h(其中模拟时间不超过25 h);

④ 在中型直升机公共运输定期航班飞行中担任机长的驾驶员应当持有航线运输驾驶员执照以及相应的型别等级和授权。

在公共航空运输飞行中,机长或副驾驶应当按照下列规定在新机型或新职位上建立实际运行经历时间并增加飞行经验：

① 仅在目视飞行规则飞行中担任机长的驾驶员,应当具有不少于 500 h 的驾驶员飞行经历时间,其中转场飞行时间不少于 100 h,夜间飞行时间不少于 25 h;

② 在仪表飞行规则飞行中担任机长的驾驶员,应当取得直升机仪表等级,并且具有不少于 1 200 h 的驾驶员飞行经历时间,其中转场飞行时间不少于 500 h,夜间飞行时间不少于 100 h,实际或模拟的仪表飞行时间不少于 75 h(其中模拟时间不超过 25 h)。

3. 航空器最低天气标准

航空器最低天气标准是因航空器不适宜在某些气象条件下飞行而规定的天气限制条件。航空器最低天气标准是根据机身结构、发动机特性、航行仪表和其他设备的完善程度,由中国民用航空局统一规定的。规定有最低天气标准的航空器主要是小型航空器,即最大允许起飞全重 5 700 kg 或以下的航空器。如运-5 飞机,由于其机身结构强度所限,承受不了过大的载荷力矩,故规定其不准在中度以上颠簸区域飞行;由于其发动机为活塞式,过大的雨水会使气缸头温度降低,易造成发动机抖动甚至停车,故规定其不准在大雨区飞行;由于其没有除冰设备,故规定其不准进入结冰区域飞行。

航空器最低天气标准,主要是执行航空器飞行手册的有关规定。但还必须在飞行实践中不断地补充和修改,使之更加符合该型航空器的实际情况。有时,一种新的航空器在开始使用时,由于对其性能特点尚不能完全了解和掌握,往往会规定一些较高要求的天气标准,在飞行实践中逐步熟悉和掌握该型航空器的性能特点后,再调整其天气标准。

4. 航线最低天气标准

航线最低天气标准是指航空器在航线上飞行时的最低天气标准。

航空器在航线上进行仪表飞行(IFR)或是目视飞行(VFR),主要是根据航线地形、航空器性能、导航设备和驾驶员的技术水平确定。

在通常情况下,地形复杂、标高过高的山区航线,能在仪表安全高度以上飞行的航空器,可进行仪表飞行;只能在目视安全高度以上飞行的航空器,则只能进行目视飞行。飞行时间长且地形复杂的航线,导航设备不能保证航空器沿预定航线飞行时,也只能作目视飞行。

驾驶员最低天气标准为目视飞行的机长,或航行设备不能作仪表飞行的航空器,在任何航线上只能进行目视飞行。

（1）目视飞行（VFR）

1）目视气象条件

目视气象条件是航空器按目视飞行规定飞行的基本条件,根据航空器的巡航表速规定如下：

① 巡航表速为 250 km/h 以下的航空器,飞行能见度不小于 5 km（直升机不小于 3 km）,航空器距云的水平距离不小于 500 m,距云的垂直距离不小于 150 m;

② 低空（低于最低高度层）目视飞行时,航空器与云底的垂直距离不小于 50 m;

③ 巡航表速为 251 km/h 以上的航空器,飞行能见度（VIS）不小于 5 km,航空器距云的水平距离不小于 1 000 m,距云的垂直距离不小于 150 m。

2）目视飞行规定

巡航表速为 250 km/h 以下的航空器,只有在昼间、飞行高度 6 000 m 以下、云下飞行低云量不超过 3/8,并且符合规定的目视气象条件时,方可在航线上和机场区域内按照目视飞行的最低安全高度和安全间隔的规定飞行。

巡航表速为 251 km/h 以上的航空器,在其符合规定的目视气象条件下,方可在起落航线或者在经空中交通管制部门许可的范围内,按目视规定飞行。

（2）仪表飞行（IFR）

巡航表速为 250 km/h 以下的航空器,凡不符合目视飞行规定的条件（如夜间飞行高度在 6 000 m 以上）,都必须按照仪表飞行的规定在航线上和机场区域内飞行。

巡航表速为 251 km/h 以上的航空器,除符合规定的目视气象条件可在起落航线或空中交通管制部门许可的范围内按照目视飞行规定飞行外,都必须按照仪表飞行规定飞行。

5. 航空器起飞、着陆的侧风标准

航空器起飞、着陆时受风的影响较大,特别是复杂气象条件会严重影响航空器的操纵和着陆目测,甚至会造成航空器冲出、偏出跑道和在跑道外接地。

风对航空器起飞、着陆的影响,无论航空器的大小、驾驶员的操纵技术如何,人工或自动驾驶都不能克服。因此,各型航空器都规定了起飞、着陆时风的限制,各型航空器起飞、着陆时风的规定见表 2-6。

表 2-6　各型航空器起飞、着陆时风的规定

m/s

机　型	种　类	干跑道			湿跑道		
		90°	45°	0°	90°	45°	0°
B747,B767,B757	起　降	15	18	25	8	11	25
B737	起　降	12	17	25	8	11	25
BAe-146	起　降	12.5	17.5	25	12.5	17.5	25
YUN-7	起　飞	15	18	25	15	18	25
	降　落	12	15	25	12	15	25
	降　落	0	10	25	0	10	25
MD-80,MD-82	起　降	15		25			
TY-154	起　降	15	18	25	5	8	25
YUN-5	起　降	6	8	15	6	8	15
AN-12,L100	起　降	12	15	25	12	15	25
米-8,BO-105C	起　降	10		20(15)	10		20(15)
云雀	起　降	5		20(15)	5		20(15)

　　风与航空器起降方向的关系分别为正顺风、侧顺风、正侧风、侧逆风、正逆风和静风。风向与航空器纵轴的夹角为风角,如风向与航空器纵轴平行为 0°风,风向与航空器纵轴成 45°夹角为 45° 侧风,风向与航空器纵轴垂直为 90°侧风。

　　各类风对航空器起飞、着陆的影响:

　　① 逆风:逆风起飞,空速增加快,地速小,滑跑距离和起飞距离较短,有利于爬高和超越障碍物;逆风着陆,地速小,下滑、平飞和着陆滑跑距离较短;

　　② 顺风:顺风起飞,空速增加慢,地速大,滑跑距离和起飞距离较长,对超越障碍物和特殊情况的处置均不利;顺风着陆,地速大,下滑、平飞和着陆滑跑距离较长,在短跑道上着陆易冲出跑道;

　　③ 侧风:航空器在起飞、着陆滑跑时,机头向侧风方向偏转,机身向侧风反方向倾斜;航空器在起飞后、着陆前,向侧风反方向偏离;因此,在起飞、着陆过程中必须及时、适量地进行修正;

　　④ 阵风:逆风风速突然增大时,航空器的空速和升力也突然增加;起飞滑跑,航空器可能会因升力增大而突然离地;航空器着陆,可能会因升力增大在接地后又突然离地。顺风风速增大时,航空器的空速和升力突然减小;起飞滑跑,航空器可能会因升力减小在离地后又接地;航空器着陆,可能会因升力减小而突

然提早接地。

6. 起飞油量

航空器上携带的燃料油是保证飞行安全、完成飞行任务的重要物质保障。因此,在航空器每次起飞前,都必须准确计算,加注规定数量的起飞油量。

起飞油量包括在正常情况下航空器由起飞机场飞往目的地机场所需的油量以及在目的地机场不能着陆而飞往备降机场所需的备用油量。由于航空器受起飞质量的限制,增加起飞油量就必须相应地减少业务载量,影响经济效益;反之,减少起飞油量就可以相应地增加业务载量,但又影响飞行安全。所以,必须在既能保证飞行安全又能取得最大经济效益的原则下,规定航空器的起飞油量。

每次飞行都必须携带航行备用油量,以便航空器在飞行中,因没有预料到的情况(如改变飞行计划、绕越危险天气、等待和进近着陆以及返航或去备降机场等)发生时使用。航行备用油量根据天气情况、航空器性能、航程和备降机场远近等情况确定。

(1)运输飞行

1)国内飞行

① 有备降机场时,要保证航空器在到达着陆机场不能着陆而需要飞抵最远的备降机场上空时,还有不少于 45 min 的油量;

② 以起飞机场为备降机场时,航行备用油量不少于 1.5 h,并且还应当准确计算飞行返航点,保证航空器返航至起飞机场上空时,还有不少于 45 min 的油量;

③ 直升机飞行的备用油量,通常不得少于 30 min。

2)国际飞行

国际航线飞行的航行备用油量包括:航线飞行时间 10% 的燃油量;飞抵备降机场的燃油量(实际距离或 370 km);在备降机场上空 450 m 处等待 30 min 的燃油量;在备降机场进近并着陆的燃油量。

(2)专机飞行

在专机日、夜飞行时,要保证飞行的备用油量在航空器到达着陆机场不能着陆而飞抵最远的备降机场降落后的剩余油量不少于 1 h。

(3)通用航空调机飞行

① 有备降机场时,航空器由起飞机场飞到临时机场再飞往备降机场,还应有 1 h 的备用油量和 45 min 的机动油量;

② 以起飞机场为备降机场时,航空器由起飞机场飞到临时机场再飞回起飞

机场,还应有 1 h 的备用油量和 45 min 的机动油量;

③ 直升机飞行的备用油量为 30 min,机动油量为 20 min。

遇有下列情况之一时,应增加起飞油量:

① 航线上顶风过大,飞行时间超过班期时刻表规定时间或原计划飞行时间 15 min 以上时;

② 航线上有危险天气(如雷雨、结冰等),需要绕飞或用较大功率爬升时;

③ 航空器上有特殊装置,影响飞行速度时;

④ 着陆机场天气不稳定,需要多加油量时;

⑤ 新放单飞的机长第一次飞行时;

⑥ 试飞新航线时;

⑦ 新机型航线飞行时。

2.1.6 航空器质量

航空器质量对航空器的飞行性能(如起飞滑跑距离、上升率、飞行速度和升限等)影响较大,特别是在起飞时,若航空器超载严重,则可能导致航空器在起飞后爬升缓慢、碰撞地面障碍物,甚至起飞不了、在场外迫降等严重的飞行事故。因此,航空器出厂时,对其质量做了严格的限制,各型航空器都规定了最大起飞质量。

此外,某些航空器的某些受力最大的部位(如机翼与机身、起落架与机身的结合处),受结构强度的限制,还规定了最大无油质量和最大着陆质量。

航空器各种质量的含义:

结构质量:航空器出厂时的质量,包括航空器净重+某些系统中的固定油量+出厂时航空器上配备的固定工具。

基本质量:是除业务载量和燃油以外,已完全做好执行飞行任务准备的航空器质量,包括结构质量+服务设备和供应品质量+机组质量+其他质量。

最大起飞质量:根据航空器的结构强度、动力装置的功率,由航空器制造厂或有关民航当局对该型航空器规定最大起飞质量。

允许的最大起飞质量:航空器受大气温度、机场标高、跑道长度、净空条件和航空器结构等条件的限制,不能按最大起飞质量起飞时所允许的最大起飞质量。

最大着陆质量:根据航空器起落架和机身结构所能承担的撞击力量,由航空器制造厂或有关民航当局对该型航空器规定最大着陆质量。

最大无油质量：航空器受机翼和机身结合处结构强度的限制,在航空器没有燃油时,航空器基本质量和业务载量的总和所不能超过的质量。

2.2 管理机构与空中交通管理

2.2.1 管理机构

民用航空是使用各类航空器从事除国防、警察和海关等国家航空活动以外的所有航空活动。

民用航空系统组成：政府部门、民用航空企业、民用航空机场、个人和企事业单位。

民用航空管理机构：交通运输部——中国民用航空局,分为东北地区管理局、华北地区管理局、华东地区管理局、中南地区管理局、西北地区管理局、西南地区管理局和新疆地区管理局。

民用航空直属机构：空中交通管理局、机关服务局、中国民航大学、中国民航干部管理学院、中国民航报社出版社、清算中心、中国民航机场建设集团公司。

2.2.2 空中交通管理

1. 空中交通管理的发展阶段

在航空活动开展的初期,飞机数量和飞行次数都很少,人们尚未建立空中交通管理的概念。随着商业飞行的开展,为了安全和高效起见,要求飞行活动能按照一定的规则来组织,这就是空中交通管理。

空中交通管理的发展主要有以下 4 个阶段：

空中交通管理的第一阶段(20 世纪 30 年代以前为目视飞行规则)：管制员只是用红旗和绿旗来控制飞机的起飞和降落,但由于这种方式受到天气和黑夜的影响,所以很快就由信号灯取代了旗子,处于机场最高位置的塔台也随后被建立起来。

空中交通管理的第二阶段(1934 年至 1945 年间以程序管制为核心的空中交通管制)：管制员通过无线电和飞机驾驶员相互通话,可使飞机驾驶员在看不到地面的情况下也能确定飞机的位置和姿态,从而增加了飞行的安全性。

空中交通管理的第三阶段(1945 年至 20 世纪 80 年代：雷达管制、仪表着陆系统）：雷达管制开始取代传统的程序管制，出现仪表着陆系统。

空中交通管理的第四阶段（20世纪80年代后期至今：空中交通管理取代空中交通管制）：空中交通管制的目的是保证一次航班从起飞机场经航路到达目的地机场的间隔和安全，而空中交通管理则着眼于整个航路网空中交通的通畅、安全和高效运行。

2. 空中交通管理的任务和组成

空中交通管理的基本任务是使航空公司或经营人能够按照原来预定的起飞时间和到场时间飞行，在实施过程中，能以最少（小）程度的限制、不降低安全系数地有序运行。

空中交通管理主要包括空中交通服务、空域管理和空中交通流量管理。

3. 空中交通服务

空中交通服务的目标分为以下5点：

① 防止空中的航空器相撞；

② 防止出现各种事件（差错、危险接近等）；

③ 防止飞机和障碍物在起飞、降落及相关区域出现相撞等事故；

④ 加速空中交通流量，维持良好的飞行秩序，为航空器提供各种建议、情报、信息来避开危险天气及各种限制性空域；

⑤ 在航空器遇险时，通知各保障单位及时开展工作。

空中交通服务包括空中交通管制服务、飞行情报服务和告警服务。

（1）空中交通管制服务

空中交通管制服务的目的是防止航空器与航空器及障碍物相撞，并且要使空中交通有序高效地运行。

1）空中交通管制服务的任务

空中交通管制服务的任务：为每个航空器提供其他航空器的即时信息和动态；由这些信息确定各个航空器之间的相对位置；发出管制许可，使用许可和信息防止航空器相撞；用管制许可来保证在控制空域内各航班的间隔，保证飞行安全；分析空中交通状况，使空中交通的流量提高。

2）空中交通管制服务的组织单位

空中交通管制系统按照管制范围的不同分为3部分：机场管制、进近管制和区域（航路）管制。

机场管制：在机场范围内起落航线上为飞行提供的管制服务称为机场管制

服务,由塔台提供服务。

区域(航路)管制:航空器进入航路,在航路(线)上为飞行提供的空中交通管制服务称为区域(航路)管制服务,由区域管制中心提供服务。

进近管制:对按仪表飞行规则在仪表气象条件下起飞或降落的飞行所提供的服务称为进近管制服务,这种服务由进近管制室提供。

航空器整个飞行过程由这3个组织单位分别管制,这些管制单位之间的控制范围的划分不是硬性的,在有利于空中交通的情况下,可以做一些灵活的调整。

3) 机场管制服务的范围和内容

管制范围:我国规定的机场管制塔台的管制范围为 D 类空域,通常包括起落航线、第一等待高度层(含)及其以下地球表面以上的空间和机场机动区,如图 2-5 所示。在此空域内,包括机场机动区、机场起落航线、部分标准离场航路及最后进近航迹。

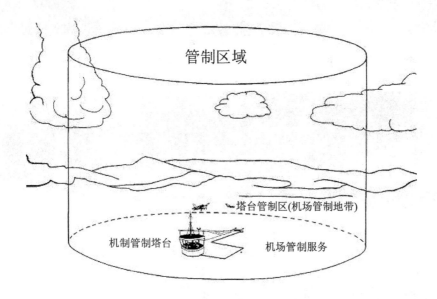

图 2-5　机场管制范围

内容:

① 负责塔台管制区内航空器的开车、滑行、起飞、着陆和与其有关的机动飞行的管制工作;

② 向航空器机长提供起飞条件、着陆条件、机场情报等飞行情报,如机场飞行繁忙,应设立自动终端情报服务,提供上述飞行情报;

③ 被授权担任进近和部分区域管制工作的塔台管制室,还应当提供进近和

部分区域管制服务。

机场空中交通管制如图 2-6 所示,塔台管制室如图 2-7 所示。

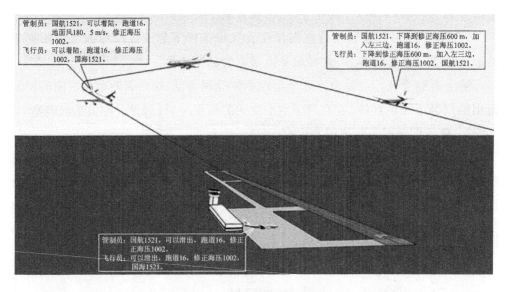

图 2-6　机场空中交通管制

图 2-7　塔台管制室

4）进近管制服务的范围和内容

范围：

① C 类空域为进近管制空域；

② 中低空管制空域与塔台管制空域之间的过渡，垂直范围通常在 6 000 m（含）以下最低高度层以上；

③ 半径 50 km 或延伸至走廊口以内的除机场塔台管制范围以外的空间。

进近管制服务的范围如图 2-8 所示。

图 2-8　进近管制服务的范围

进近管制是塔台管制和区域（航路）管制的中间环节，管制内容为：

① 一个或多个机场航空器的进离场承担防撞；

② 加速空中交通有序流动；

③ 提供实时的飞行情报服务及告警与协助；

④ 执行协调移交协议及相关规定。

进近管制如图 2-9 所示。

5）区域管制服务的范围和内容

范围：

航空器在航路上的飞行由区域管制中心提供空中交通管制服务，每一个区域管制中心负责一定区域上空的航路、航线网的空中交通的管理。

内容：

① 监督飞行活动，及时发布空中飞行情报；

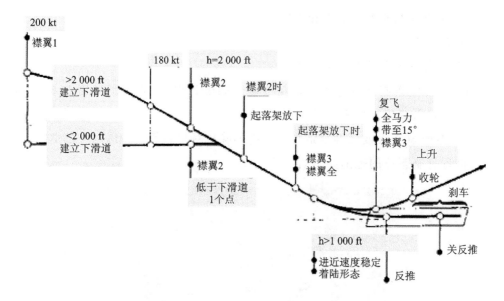

图 2-9　进近管制

② 掌握天气情况,及时通报有关天气情报;

③ 准确计算航行诸元,及时给予管制指令;

④ 妥善安排航空器间隔,调配飞行冲突;

⑤ 协助驾驶员处置特殊情况;

⑥ 协调、通报本区域内飞行动态。

区域管制如图 2-10 所示,北京区域管制大厅如图 2-11 所示。

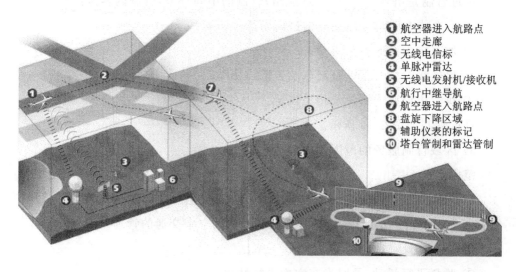

❶ 航空器进入航路点
❷ 空中走廊
❸ 无线电信标
❹ 单脉冲雷达
❺ 无线电发射机/接收机
❻ 航行中继导航
❼ 航空器进入航路点
❽ 盘旋下降区域
❾ 辅助仪表的标记
❿ 塔台管制和雷达管制

图 2-10　区域管制

图 2 - 11 北京区域管制大厅

（2）飞行情报服务

为了保证飞行的安全,民航当局要提供准确的飞行前和飞行中所需要的情报,这个任务称为飞行情报服务,分为航图、航行资料和气象报告 3 大类。

服务的内容有以下 4 部分:编辑出版各种航图、航行资料汇编;收集、校核和发布航行通告;向机组提供飞行前和飞行后的航行资料服务;在飞行中提供飞行情报服务。

1）航　图

航图是把各种和航行有关的地形、导航设施、机场标准、限制,以及有关数据全部标示出来的地图。航图分为两大类:一类是标出地形和航行情况的航空地图;另一类是以无线电导航标志和局部的细致地形图为专门使用目的的特种航图。

2）航行资料

航行资料按照包含的内容多少、发布的手段和有效时间分为以下 4 类:航行资料汇编;航行通告;航行资料通告;飞行员资料手册。

航行通告是飞行情报服务最重要的航行资料之一。它及时向相关飞行人员通报航行设施、服务和程序的建立及变化状况,以及航路上出现的危险情况。

航行资料通告分为定期航行资料通告（AIRAC）和航行资料通告（AIC）。AI-RAC 的有效期为 28 天。AIC 则是公布对关于导航程序、系统的变化预测以及关系到飞行安全的各有关方面的情况，在生效前 15 天发出，AIC 是不定期的。如果有需要，AIRAC 和 AIC 都可以包括到 AIP 中作为它的一部分。

飞行员资料手册包括四个部分：第一部分是关于 ATC 的程序和飞行基本数据，这部分每三个月修订一次；第二部分是机场手册，它包括各机场的进近、离场程序，航行情报中心和气象服务的电话号码等，这部分半年修订一次；第三部分是操作数据和有关的航行通告；第四部分是航图和补充材料，这部分三个月修订一次。

3）气象报告

根据飞行任务、性质和飞行计划，气象报告及时提供在预计飞行时间内飞行区域、航路、起飞机场、降落机场、备降机场的天气预报；对可能妨碍飞行和威胁飞行安全的天气详尽分析，提出改变航线或转场降落等建议；预计或发现将有威胁飞行安全或影响停场飞机和地面设备设施安全的危险天气时，及时通知有关部门，并提出安全预防措施建议。

鉴于气象对航空活动的重要影响，各国的民航当局和气象部门都组织了气象服务部门及时地为航行部门、空中交通管理部门及驾驶员提供准确的气象信息以保证飞行安全。

我国的航空气象服务是由单独的民航气象机构完成的，由航空气象观测站、机场气象台和区域气象预报中心组成。

按照飞行任务的性质，航空气象报告可以分为：机场天气预报，即预报以机场为中心的区域范围内的天气情况；区域天气预报，即预报一定地区范围内（指挥责任区、飞行空域或遂行任务地区）的天气情况；航线天气预报，即预报自起飞机场到降落机场或目标区域整个航线地段的天气情况。

航空天气预报的内容是根据飞行活动的要求而确定的，通常包括云、能见度、风向风速、天气现象（如降水、雷暴、雾、风沙等）、气温、飞机颠簸、飞机积冰、飞机尾迹等。预报云，除了必须指出云量、云状、云高外，必要时，还要报出云的厚度以及云的层次；预报能见度除了地面水平能见度外，还应报出空中或云中能见度的情况。

高空风预报如图 2-12 所示，航路天气预报如图 2-13 所示。

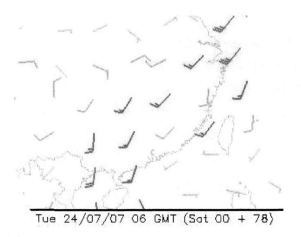

Tue 24/07/07 06 GMT (Sat 00 + 78)

图 2-12　高空风预报

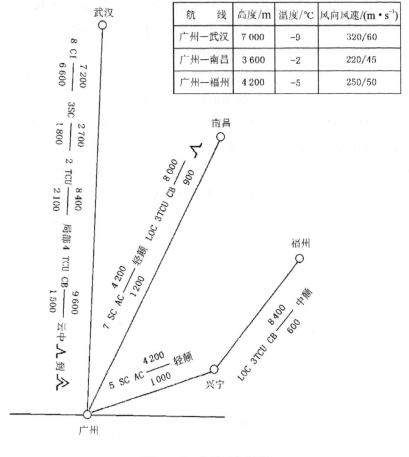

航　线	高度/m	温度/℃	风向风速/(m·s⁻¹)
广州—武汉	7 000	-9	320/60
广州—南昌	3 600	-2	220/45
广州—福州	4 200	-5	250/50

图 2-13　航路天气预报

（3）告警服务

告警服务（Alerting Service）的任务是向有关组织发出需要搜寻、援救航空器的通知，并根据需要协助该组织或协调该项工作的进行。凡遇下列情况，空中交通管制单位应当提供告警服务：

① 没有得到飞行中的航空器的情报而对其安全产生怀疑；

② 航空器及所载人员的安全有令人担忧的情况；

③ 航空器及其所载人员的安全受到严重威胁，需要立即援助。

对空中发生特殊情况的航空器提供告警服务是管制员的职责之一。

4. 空域管理

空域又称可航空间，是空中交通工具在大气空间中的活动范围，它具有法律属性、自然属性和技术属性。

法律属性：《国际民用航空公约》与《中华人民共和国民用航空法》。

自然属性：空域具有明确的下界（例如地表、水域表面）、特定的气候（例如大气环流、气象状况等）和其他自然地理特征（例如地磁场等）。

技术属性：各种技术手段形成的信息场，主要有各种通信手段形成的通信场、各种导航手段形成的导航场、各种监视手段形成的监视场3种。

空域管理（ASM）是指依据既定空域结构条件，实现对空域的充分利用，尽量满足空域使用各方的需求。空域管理的主要内容为空域划分和空域规划。空域管理的实现方式是对空域的"时分共用"，以及经常性地按照种种短期 需求划分空域，以满足不同类型用户的需要，如图2-14所示。

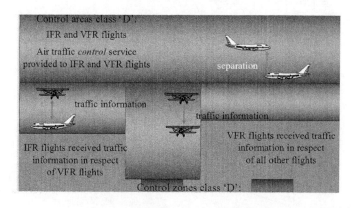

图2-14 按照不同类型用户划分空域

（1）空域划分

空域通常划分为机场飞行空域、航路、航线、空中禁区、空中限制区和空中危险区等。我国的空域划分，分为飞行情报区、管制区、危险区、限制区、禁区、航路和航线。

飞行情报区是指为提供飞行情报服务和告警服务而划定范围的空间。

管制区应当根据所划分空域内的航路结构和通信、导航、气象、监视能力进行划分，以便对所划分空域内的航空器飞行提供有效的空中交通管制服务。

危险区、限制区、禁区是根据需要设立的特殊空域。

根据在航路执行飞行任务的性质和条件，航路划分为国内航路和国际航路。空中交通管制航路各段的中心线，从该航路上的一个导航设施或交叉点开始，至另一个导航设施或交叉点为止，各段中心线连接起来成为航路的中心线。

航线划分为固定航线和临时航线。临时航线通常不得与航路、固定航线交叉或者通过飞行频繁的机场上空。穿越航路和航线的飞行，应当明确穿越的地段、高度和时间，穿越时还应当保证与航路和航线飞行的航空器有规定的飞行间隔。

（2）空域规划

空域规划是指对某一给定空域（通常为终端区），通过对未来空中交通量需求的预测，根据空中交通流的流向、大小与分布，对其按高度方向和区域范围进行设计和规划，并加以实施和修正的全过程。其目的是增大空中交通容量，理顺空中交通流量，有效地利用空域资源，减轻空中交通管制员工作负荷，提高飞行安全水平。空域规划包括航路规划、进离场方法和飞行程序的制定。

起落航线如图 2-15 所示，起飞滑行路线如图 2-16 所示，离场程序如图 2-17、图 2-18 所示，进场程序如图 2-19、图 2-20 所示，着陆滑行路线如图 2-21 所示。

5. 空中交通流量管理

航空器在空中飞行的方向、速率、高度以及在单位时间、空间范围内航空器飞行的数量称为空中交通流量。

空中交通拥挤的原因有以下 5 点：节假日的交通高峰期、恶劣天气的影响、各个管制区的空管能力差异、军民航协调不够充分、缺乏可靠的流量管理方法。空域流量对航班延误的影响如图 2-22 所示。

空中交通流量管理是指当空中交通流量接近或到达空中交通管制可用能力时，适时地采取措施，保证空中交通量最佳地流入或通过相应的区域。

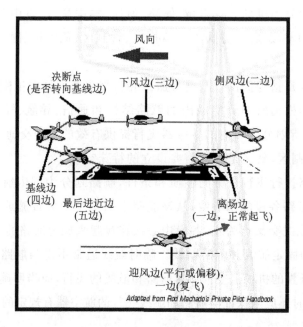

图 2 - 15　起落航线

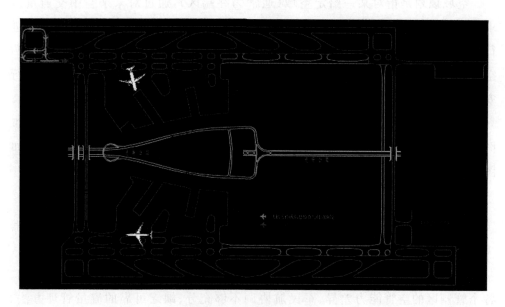

图 2 - 16　起飞滑行路线

图 2 - 17　离场程序(1)

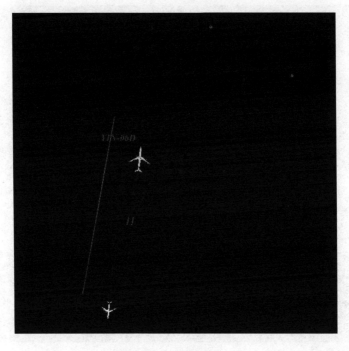

图 2 - 18　离场程序(2)

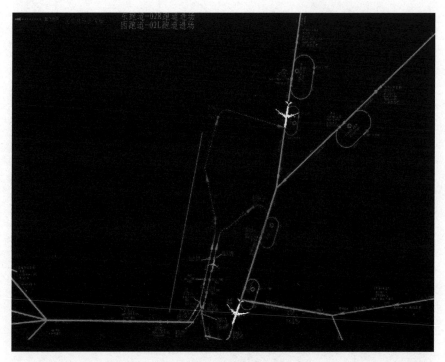

图 2 - 19　进场程序(1)

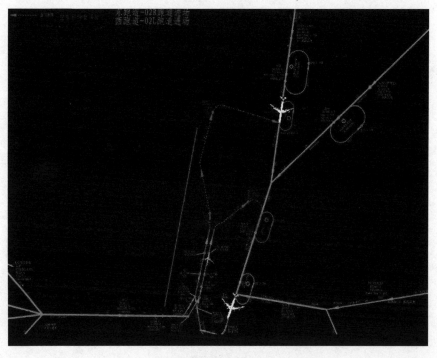

图 2 - 20　进场程序(2)

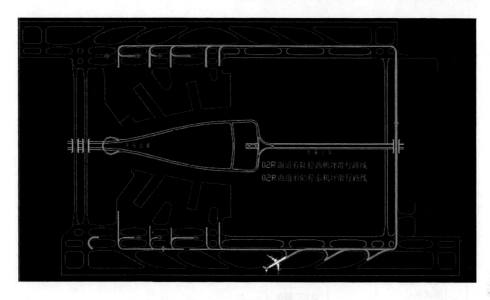

图 2-21　着陆滑行路线

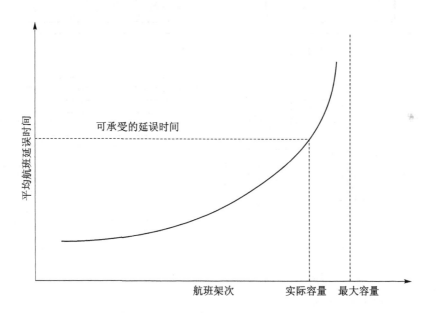

图 2-22　空域流量对航班延误的影响

　　我国飞行流量管理机构分为民航局飞行流量管理单位和地区管理局飞行流量管理单位两级。空中交通流量管理的具体实施单位：

　　① 塔台管制室：负责塔台管制地带内空中交通流量的管理；

　　② 进近管制室：负责进近管制区域内空中交通流量的管理；

　　③ 区域管制室：负责区域管制区域内空中交通流量的管理。

2.3 飞行的组织与实施

飞行的组织与实施如图 2-23 和图 2-24 所示。

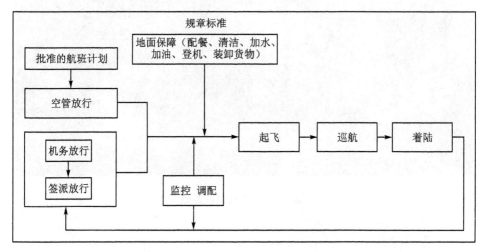

图 2-23 飞机的组织与实施——航空公司

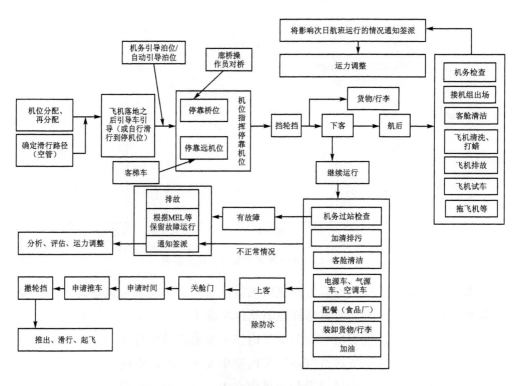

图 2-24 飞机的组织与实施——机场

2.3.1 航空器和空勤人员

1. 航空器

在大气层中飞行的飞行器称为航空器,包括任何可以从空气的反作用力(不包括空气对地面的反作用力)取得支撑力的机器。

(1) 航空器的分类

1) 按照航空器的大小分类

大型航空器:最大起飞质量为 60 t(不含)以上的航空器。

中型航空器:最大起飞质量为 20~60 t 的航空器。

小型航空器:最大起飞质量为 20 t(不含)以下的航空器。

2) 按照航空器的航程远近分类

远程航空器:航程在 4 800 km(含)以上的航空器。

中程航空器:航程在 2 400~4 800 km 的航空器。

短程航空器:航程在 2 400 km 以下的航空器。

3) 按照航空器的尾流强弱程度分类

重型航空器:最大起飞质量大于或等于 136 000 kg 的航空器,用大写字母 H 表示。

中型航空器:最大起飞质量在 7 000~136 000 kg 之间的航空器,用大写字母 M 表示。

轻型航空器:最大起飞质量在 7 000 kg 以下的航空器,用大写字母 L 表示。

4) 按照航空器的仪表进近速度分类

A 类:指示空速(IAS)小于 169 km/h(91 海里/小时)。

B 类:IAS 为 169 km/h(91 海里/小时)或以上,但小于 224 km/h(121 海里/小时)。

C 类:IAS 为 224 km/h(121 海里/小时)或以上,但小于 261 km/h(141 海里/小时)。

D 类:IAS 为 261 km/h(141 海里/小时)或以上,但小于 307 km/h(161 海里/小时)。

E 类:IAS 为 307 km/h(161 海里/小时),但小于 391 km/h(211 海里/小时)。

（2）航空器的标志

1）航空公司代码、航徽

我国部分航空公司代码及航徽如图 2-25～图 2-30 所示。

国航代码：CA　CCA

图 2-25　国航代码、航徽

南航代码：CZ　CSN

图 2-26　南航代码、航徽

东航代码：MU　CES

图 2-27　东航代码、航徽

海航代码：HU　CHH

图 2-28　海航代码、航徽

厦航代码：MF　CXA

图 2-29　厦航代码、航徽

港龙航空代码：KA　HDA

图 2-30　港龙航空代码、航徽

2）航空器国籍标志

国籍标志须从国际电联（ITU）分配给登记国的无线电呼叫信号中的国籍代号系列中选择。须将国籍标志通知国际民用航空组织（ICAO）。部分航空器国籍标志如下：

B：中国；C：加拿大；EC：西班牙；JA：日本；N：美国；G：英国；I：意大利；F：法国。

3）航空器注册标志（机尾号）

我国民用航空器注册标志为阿拉伯数字、罗马体大写字母或者二者的组合。注册标志置于国籍标志之后，国籍标志和注册标志之间加一条短横线。

取得我国国籍的民用航空器，应将规定的国籍标志和注册标志用漆喷涂在该航空器上或者用其他能够保持同等耐久性的方法附着在该航空器上，并保持清晰可见。对固定翼的航空器（飞机），国籍标记和注册标记位于机翼和尾翼之间的机身两侧或垂直尾翼两侧（如系多垂直尾翼，则应在两外侧）和右机翼的上表面、左机翼的下表面。

中华人民共和国民用航空器注册编号如表2－7所列。

表2－7 中华人民共和国民用航空器注册编号

机 型	编 号	机 型	编 号	机 型	编 号	机 型	编 号
IL86	201X	IL62	202X	L100	20XX	MD80/2	21XX
MD11	217X	TRD	22XX	FK100	223X	MD90	225X
A310	230X	A300	23XX	A320	234X	A340	238X
B707	24XX	B747	244X	B737	25XX	B767	255X
TY154	26XX	BAE146	27XX	YAK42	275X	CHY－3A	362X
B757	28XX	B737	29XX	Y－8	31XX	AN－12	315X
AN30	33XX	AN24	34XX	Y－7	345X	DCH6	35XX
空中国王	355X	SH360	36XX	Y－12	38XX	BO－105	70XX
海豚	71XX	拉玛	72XX	S－76	73XX	云雀	74XX
BELL	77XX	M－8	78XX	超美洲豹	795X	Y－5	8XXX

（3）航空器的文件

航空器的文件有：航空器注册登记证；航空器适航证；航空器无线电台使用许可证；航空器航行记录薄；航空器飞行必须的其他文件、资料，如航图、手册、执照、护照等。

（4）航空器的使用

1）航空器的使用总寿命

大型航空器的使用总寿命一般按照机身飞行总时间和起落架次计算；中、小型航空器的使用总寿命一般按照机身总飞行时间计算。

2）航空器使用手册

航空器使用手册是机组使用该航空器的基本依据，也是飞行签派员和空中交通管制员签派和管制航空器飞行的依据。除局方和所属航空公司另有规定外，一般应按照使用手册的规定执行。

3）航空器的检查维护

航空器的检查维护通常分为航行前检查、航行后维护、定期维护或分区维护、进厂大修等。各航空器的维护均有不同的规定和要求，应按照各型航空器的维护手册进行检查维护。

（5）航空器的适航管理

设计民用航空器应取得民航局颁发的型号合格证；生产民用航空器应取得民航局颁发的生产许可证和适航证；进口民用航空器应取得民航局颁发的准予进口的型号认可证书；租用外国航空器应经民航局对其原登记国颁发的适航证审查认可或另行颁发适航证；出口民用航空器由民航局签发出口适航证。

2. 空勤人员

（1）空勤人员的类别

空勤人员是在飞行的航空器上执行任务的人员，通常包括飞行人员、乘务人员、航空摄影人员和安全保卫人员。

飞行人员是指在飞行中直接操纵航空器和在航空器上操纵航行、通信等设备的人员，包括驾驶员、领航员、飞行通信员、飞行机械员。

（2）机组

机组可以分为驾驶舱机组和客舱机组。

驾驶舱机组成员由驾驶员、领航员、飞行机械员和飞行通信员组成。在飞行机组成员中要求有领航员、飞行机械员或飞行通信员时，应当有机组成员在领航员、飞行机械员或飞行通信员生病或由于其他原因而丧失工作能力时能代替其工作。这种情况下，飞行人员完成所代替的职能时，无需持有相应的执照。

客舱机组成员包括乘务人员和安全保卫人员。

机组执行飞行任务时的工作，通常按照飞行的 4 个阶段进行，如图 2 - 31 所示。

（3）机长的权利和责任

机长是机组的领导，由正驾驶担任，当机组至少配备两名驾驶员时，应当指定一名机长。

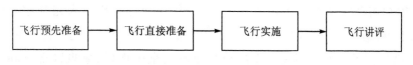

图 2 - 31 飞行任务四阶段

1) 机长的职责

① 民用航空运输机长是依据《中国民用航空规章》取得航线运输驾驶员执照,并被航空运输企业聘为机长的飞行员。机长应当具有良好的职业道德品质、高度的负责精神、强烈的安全意识、牢固的章法观念、熟练的操作技能、精细的工作作风、严谨的组织纪律以及健康的体魄。

② 机长是当班飞机的负责人,对当班飞行活动负责;

③ 机长对当班机组负有管理责任,机长在其职权范围内发布的命令,民用航空器所载人员都应当执行;

④ 民用航空器的操作由机长负责,机长应当严格履行职责;

⑤ 机长应当遵守并督促机组人员执行法律、法规、规章和标准,以及被批准或加入的国际公约;

⑥ 飞行前,机长应当对民用航空器实施必要的检查,未经检查,不得起飞;飞行中遇特殊情况时,为保证民用航空器及其所载人员和财产的安全,机长有权对民用航空器做出处置;在各个运行阶段和紧急情况中,机长应当严格遵守检查单,并确保遵守运行手册中的操作程序;

⑦ 机长发现机组人员不适宜执行飞行任务的,为保证飞行安全,有权提出调整;机长发现民用航空器、机场气象条件等不符合规定,不能保证飞行安全的,有权拒绝起飞;

⑧ 飞行中,对于任何破坏民用航空器、扰乱民用航空器内秩序、危害民用航空器所载人员或者财产安全以及其他危及飞行安全的行为,在保证安全的前提下,机长有权采取必要的、适当的措施;

⑨ 在飞行结束后,机长应当负责将所有已知或怀疑的航空器故障向经营人报告;

⑩ 机长应对飞行机组成员名单、机组成员的职责分配、离场以及到达地点、离场以及到达时间、飞行小时、飞行性质、负责人签名等各项内容的飞行记录负责;

⑪ 机长在民用航空器遇险时,有权采取一切必要措施,并指挥机组人员和航空器上其他人员采取应急措施;在必须撤离遇险民用航空器的紧急情况下,机长

应首先组织旅客安全离开民用航空器;未经机长允许或旅客未完全撤离航空器的情况下,机组成员不得擅自离开民用航空器;机长应当最后离开民用航空器;

⑫ 机长在民用航空器发生事故或严重不安全事件后,应当以现有和最迅速的方法,及时将情况如实报告给有关部门。

2.3.2 机 场

机场是在地面或水面上划定的一块区域(包括相关的各种建筑物、设施和装置),是供飞机起飞、着陆、停放、加油、维修及组织飞行保障活动所使用的场所。机场布局示意图如图 2-32 所示。

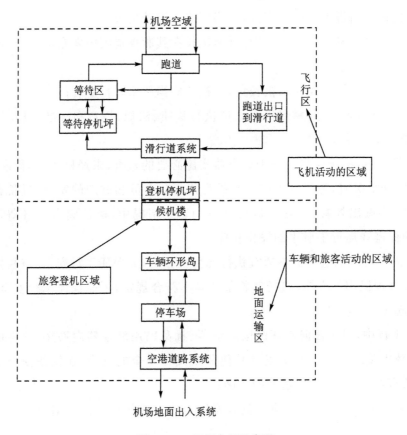

图 2-32 机场布局示意图

1. 定 义

机场基准点(ARP):用以标定机场地理位置的一个点,以主跑道中线的中点作为机场基准点,用经纬度表示,精确到"s"。

机场基准温度：机场或接近机场的气象台、气象站所记录的年最热月的日最高气温的月平均值，以"℃"计（取 5 年平均值）。

跑道：陆地机场上划定的长方形区域，供航空器着陆和起飞使用，如图 2-33 所示。

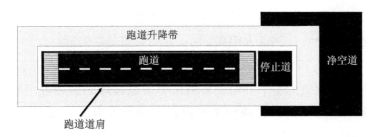

图 2-33 跑道结构示意图

滑行道：陆地机场上划设的通道，供航空器滑行使用。用于提供从跑道到航站区和机库之间的链接通道，分为主用滑行道、出口滑行道（联络道）、快速出口滑行道（60°）和辅助滑行道。

净空道（Clearway，CWY）：自跑道端向外、向上延伸的部分，飞行区等级代码 1~2 的净空道宽度为 75 m，3~4 的净空道宽度为 150 m，除了必要的灯光设施外，不允许有任何其他障碍物，以保护飞机起降安全。

停止道（Stopway，SWY）：由跑道端向外延伸的部分，用于减少飞机中断起飞时冲出跑道的危险，宽度不小于跑道宽度（一般等宽），长度不小于 60 m，强度要足以支持飞机中断起飞时的质量。

跑道入口：跑道可用于着陆部分的始端。

停机坪：陆地机场上供航空器上下旅客，装卸货物、邮件等而划定的区域，如图 2-34 所示。

图 2-34 停机坪

活动区：机场上供航空器起飞、着陆和滑行使用的部分,包括机动区和停机坪。机动区是机场上供航空器起飞、着陆和滑行使用的部分,但不包括停机坪。

决断高(DH)：在精密进近程序中规定的,当不能取得继续进近要求的目视参考而必须开始复飞的,以跑道入口平面为基准的高度(垂直距离)。

跑道视程(RVR)：在跑道中线上,航空器上的飞行员能看到跑道道面上的标志、跑道边界灯或中线灯的最大距离。

跑道公布距离：当跑道设置了停止道和(或)净空道以后,或由于各种原因使跑道内移,必须在跑道的每个方向公布适用于飞机起降的各种可用距离,即跑道的"公布距离",以便使用该机场的飞机据此正确地进行起飞和着陆。跑道公布距离示意图如图 2-35 所示。

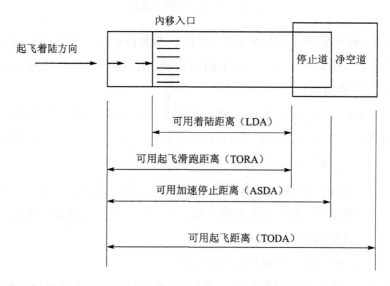

图 2-35　机场跑道公布距离示意图

计算公式：

TORA(可用起飞滑跑距离)＝RWY(跑道长度)

TODA(可用起飞距离)＝TORA＋CWY

ASDA(可用加速停止距离)＝TORA＋SWY

LDA(可用着陆距离)＝TORA－THR(跑道入口内移)

基准飞行场地长度：航空器在最大起飞质量、标准条件下(即海平面高度、气温 15 ℃、无风、跑道无坡度)起飞所需要的最小场地长度。

非标准条件的机场需要进行下列修正：海拔修正、气温修正、坡度修正。

2. 机场飞行区技术标准

为了使机场飞行区各种设施的技术要求与在这个机场上运行的航空器性能相适应,我国采用飞行区等级代码和飞行区等级代字来表征和描述民用航空运输机场飞行区对航空器的接纳能力。

(1)飞行区等级代码

根据机场飞行区使用的最大航空器的基准飞行场地长度将飞行区分为 1,2,3,4 共 4 个等级。

(2)飞行区等级代字

根据机场飞行区使用的最大航空器的翼展和主起落架外轮外侧的距离将飞行区分为 A,B,C,D,E,F 6 个等级。

机场参考代码如表 2-8 所列。

表 2-8　机场参考代码

飞行区等级代码	最大航空器的 基准飞行场地长度/m	飞行区等级代字	最大航空器 翼展/m	主起落架 外轮轮距/m
1	10～<800	A	0～<15	0～<4.5
2	800～<1 200	B	15～<24	4.5～<6
3	1 200～<1 800	C	24～<36	6～<9
4	≥1 800	D	36～<52	9～<14
		E	52～<65	9～<14
		F	65～<80	14～<16

3. 机场飞行区

(1)跑　道

1)跑道的分类

如图 2-36 所示,跑道分为非仪表跑道和仪表跑道。其中,仪表跑道根据导航精度不同分为非精密进近跑道和精密进近跑道。精密进近跑道包括Ⅰ类精密进近跑道、Ⅱ类精密进近跑道和Ⅲ类精密进近跑道,而Ⅲ类精密进近跑道又包括Ⅲa 类,Ⅲb 类,Ⅲc 类。

非精密进近:使用甚高频全向信标台(VOR)、无方向性无线电信标台(NDB)或者航向台(LLZ)(仪表着陆系统 ILS,下滑台不工作)等地面导航设施,只提供方位引导,不具备下滑引导的进近。

精密进近:使用仪表着陆系统(ILS)、微波着陆系统(MLS)或精密进近雷达

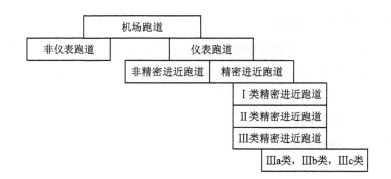

图 2 - 36　机场跑道分类

(PRA)提供方位和下滑引导的进近。

精密进近分为Ⅰ类精密进近、Ⅱ类精密进近、Ⅲ类精密进近,Ⅲ类精密进近分为Ⅲa类、Ⅲb类、Ⅲc类。

如表 2 - 9 所列,Ⅰ类精密进近,决断高 60 m,跑道视程 800 m;Ⅱ类精密进近,决断高 30 m,跑道视程 400 m;Ⅲa 类决断高 0 m,跑道视程 200 m;Ⅲb 类决断高 0 m,跑道视程50 m;Ⅲc 类决断高 0 m,跑道视程 0 m。

表 2 - 9　精密进近类别

类　别	决断高度/m	跑道视程/m
Ⅰ类	60	800
Ⅱ类	30	400
Ⅲa 类	0	200
Ⅲb 类	0	50
Ⅲc 类	0	0

2) 跑道宽度

跑道的宽度根据航空器的翼展和主起落架外轮外间距而定。飞行区等级代码为 1 的跑道宽 18~23 m,飞行区等级代码为 2 的跑道宽 23~30 m,飞行区等级代码为 3 的跑道宽 30~40 m,飞行区等级代码为 4 的跑道宽 45 m。

3) 跑道强度

对于起飞质量超过 5 700 kg 的飞机,为了准确地表示飞机轮胎对地面压强和跑道强度之间的关系,国际民用航空组织规定使用飞机等级序号(AirCraft Classfication Number,ACN)和道面等级序号(Pavement Classfication Number, PCN)方法来决定该型飞机是否可以在指定的跑道上起降。

PCN 是由道面的性质、道面基础的承载强度经过评估而得出的,每条跑道都有一个 PCN 值。

ACN 则是由飞机制造厂利用飞机的实际质量、起落架轮胎的内压力、轮胎与地面接触的面积以及主起落架机轮间距等参数计算得出的,飞机的质量不同,ACN 值不同。

飞机要在跑道上降落,要求 ACN≤PCN,否则可能损坏跑道,使道面出现裂纹。但是满足下列要求时,偶尔允许 ACN 稍大于 PCN:

① 对刚性道面,允许 ACN 超过 PCN 5%;

② 对柔性道面,允许 ACN 超过 PCN 10%;

③ 超载起降次数不超过该道面年度总起降次数的 5%。

(2) 跑道道肩

跑道道肩是紧靠铺筑面侧边,经过整备作为铺筑面与邻接面之间过渡用的区域。

飞机偶然(强侧风、一发失效、操作失误)滑出跑道时,它可以使航空器的结构不致受到损坏;还可以防止因发动机的喷气吹起地面的泥土或砂石使发动机受损。

跑道道肩一般每侧宽度为 1.5 m(根据跑道宽度而定,与飞行区等级代字有关),道肩的路面要有足够强度,以备在出现事故时飞机不致遭受结构性损坏。

(3) 滑行道

滑行道的宽度根据航空器前后轮距和主起落架外轮轮距而定,如表 2-10 所列。

表 2-10　滑行道宽度

飞行区等级代字	滑行道宽度/m
A	7.5
B	10.5
C	15～18
D	18～23
E	23
F	25

(4) 跑道选择

选择的内容:使用跑道、起降方向。

选择依据：风速、风向，航空器的性能，进离场程序、起落航线，净空条件，跑道参数（长度、宽度、坡度）、导航设施。

4. 机场标志

地面标志要求颜色明显、易于识别、没有反光。跑道标志以白色为好，滑行道和航空器停放位置标志用黄色。

（1）跑道号码标志

在跑道入口处涂绘跑道号码标志，如图 2-37 所示。

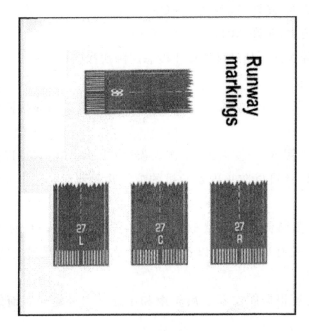

图 2-37　跑道号码位置

跑道号码由进近方向最接近跑道中心磁方位 1/10 的两位整数组成。当其为个位数时，其十位数位为"0"。

有平行跑道时，在每条跑道号码下，按从进近方向看，左为"L"，右为"R"，中央为"C"。

（2）跑道入口标志

在跑道入口处涂绘跑道入口标志。

跑道入口标志自离跑道入口 6 m 处开始向内，由一组长度相同的线段组成，线段长 30 m，宽约 1.8 m，间距约 1.8 m，横向排列至距跑道边 3 m 以内。靠近跑道中线的两条线段用双倍的间距分开。

（3）跑道中线标志

沿跑道中线，在跑道号码之间涂绘跑道中线标志。

跑道中线标志线段长 30 m，间距 20 m，形成虚线，线宽 0.45 m，Ⅱ类和Ⅲ类精密进近跑道线条宽 0.9 m。

（4）跑道中心圆标志

跑道中心圆标志设在跑道中央，标志形状为有 4 个缺口的圆环。

（5）接地地带标志

精密进近跑道的接地区应涂绘接地地带标志。该标志从跑道入口起，以 150 m 的纵向间距对称设置。飞行区等级代码为 4 的跑道设 6 对接地地带标志，飞行区等级代码为 3 的跑道设 5 对接地地带标志。

（6）跑道边线标志

跑道道面与道肩不能明显辨别的跑道应涂绘跑道边线标志。

跑道边线标志为宽 0.9 m（跑道宽 30 m 以上）或 0.45 m（跑道宽小于 30 m）的连续实线，其外侧与跑道道面边缘大致相齐。

（7）滑行道中线标志

滑行道中线标志为 0.15 m 宽的连续实线，在直线段处沿中线设置，在弯道处保持在与道面两边缘等距处设置；在滑行道与跑道相交处，滑行道中线标志应以曲线形式转向跑道中线标志，并与跑道中线（相距 0.9 m）平行延伸至超过切点至少 60 m 处。

（8）滑行等待位置标志

滑行等待位置距跑道中线的距离，飞行区等级代码为 3,4 的跑道为 75 m，精密进近跑道为 90 m，如图 2 - 38 所示。

5．机场灯光

机场的地面标志和灯光设备都是目视助航设备，其作用是引导航空器更好地安全着陆。

（1）机场灯标

机场灯标设在机场内或机场的邻近地区，用于指示机场位置。

（2）进近灯光系统

1）进近中线灯

进近中线灯是跑道中心线延长线上一行固定的可变白光灯，如图 2 - 39 所示。

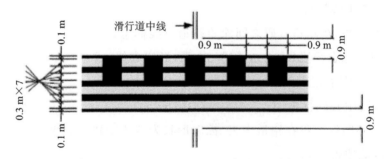

注：沿着"实线—虚线"方向行进将引导航空器或车辆进入跑道。

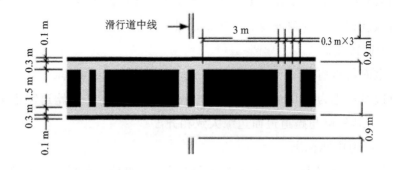

图 2-38　滑行等待位置

精密进近跑道的进近中线延伸至少 900 m,简易进近灯光系统和中光强度进近灯光系统延伸至少 420 m。

2）进近横排灯

在距跑道入口 300 m 处设置进近横排灯（Ⅱ,Ⅲ类精密进近跑道在距跑道入口 150 m 和 300 m 处各设置一排）,如图 2-40 所示。进近横排灯被跑道中心线延长线垂直平分,每边内侧灯距跑道中心线延长线 4.5 m,各向外再设 7 个灯,灯间距为 1.5 m,灯的颜色为可变白光。

3）进近旁线灯

进近旁线灯是从跑道入口延伸至距跑道入口 270 m 处的红光灯（Ⅱ,Ⅲ类精密进近跑道安装此灯）,如图 2-41 所示,灯距为 30 m。

4）进近灯光的类别

进近灯光系统根据跑道的运行类别,其结构组成并不相同,具体可分为简易进近灯光系统、Ⅰ类精密进近灯光系统及Ⅱ类精密进近灯光系统。简易进近灯光系统由进近中线灯和进近横排灯组成;Ⅰ类精密进近灯光系统由进近中线灯

图 2 - 39　进近中线灯

和进近横排灯组成；Ⅱ类精密进近灯光系统由进近中线灯、进近横排灯和进近旁
线灯组成。

图 2 - 40　进近横排灯

图 2 - 41　进近旁线灯

（3）跑道灯光系统

1）跑道边线灯

跑道边线灯沿跑道全长设在对称跑道中线、距离跑道边线外不大于 3 m 的两行平行线上，如图 2-42 所示。跑道边线灯的间距不大于 60 m。位于跑道两端 600 m 范围内（或跑道长度 1/3，取较小值）的跑道边线灯采用半白半黄发光的灯具，并使白光向外、黄光朝向跑道中部。如果跑道入口内移，从跑道端至内移跑道入口之间的边线灯向进近方向显示为红色。

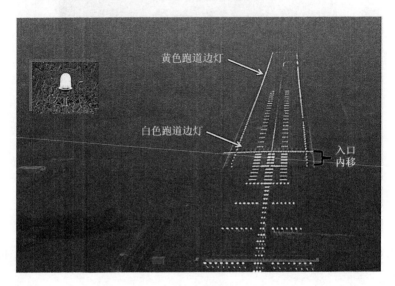

图 2-42　跑道边线灯

跑道边线灯采用轻型易折式灯具。

2）跑道入口灯

跑道入口灯均匀布置在垂直于跑道中线的直线上，从进近方向看，灯光为绿色（半红半绿）。设有跑道边线灯的跑道必须设置跑道入口灯，如果是仪表跑道或非精密进近跑道，跑道入口至少要装 6 个灯具；如为精密进近跑道，跑道入口灯以不大于 3 m 的间距在跑道边线灯间沿跑道入口等距设置。

跑道入口灯采用轻型易折式或平地式灯具。

3）跑道末端灯

跑道末端灯一般采用与跑道入口灯共用半红半绿发光的灯具，以其向跑道中部发红光部分作为跑道末端灯。灯具的布置同跑道入口灯。

跑道末端灯采用轻型易折式或平地式灯具。

4）跑道中线灯

跑道中线灯沿跑道全长设在跑道中心线上,灯距为 30 m;从跑道入口到距跑道末端 930 m 范围内全部为白光灯,从距跑道末端 900 m 处起至距跑道末端 300 m 处范围内,红光灯与白光灯相间设置;其余均为红光灯。

Ⅱ类、Ⅲ类精密进行跑道必须设置跑道中线灯。

5）接地地带灯

接地地带灯从跑道入口开始至跑道入口后 900 m,沿跑道纵向按间距 60 m (在 RVR≥300 m 时使用的跑道)或 30 m(RVR<300 m 时使用的跑道)对称地设在跑道中线的两侧。接地地带灯采用平地式单向发白光的灯具,朝向该侧跑道入口发光。

Ⅱ类或Ⅲ类精密进近跑道必须设置接地地带灯。

6）停止道灯

停止道灯沿停止道的全长等距地设在跑道边线灯的延长线上,灯距为 40~60 m,灯光颜色为红色。此外,还应横贯停止道末端设置 3 个灯,与跑道中心线垂直、距停止道端线不大于 3 m。

7）目视进近坡度指示系统(VASIS)及精密进近航道指示器(PAPI)

该灯光系统由多组成对的灯组组成,其中,目视进近坡度指示系统灯光对称地排列在跑道两侧,精密进近航道指示器排列在跑道左侧。二者都用于引导飞机在进近过程中保持正常的下滑航迹。

目视进近坡度指示系统的指示情况如图 2-43 所示。

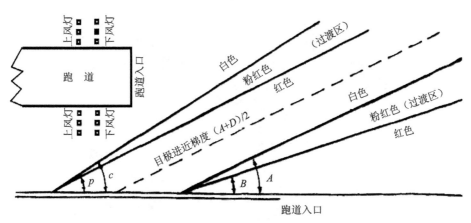

图 2-43　目视进近坡度指示系统的指示情况

当航空器高于标称下滑航径时,航空器驾驶员看到所有灯光都是白色;当航空器正在标称下滑航径上时,航空器驾驶员看到下风灯是白色,而上风灯是红色;当其低于标称下滑航径时,航空器驾驶员看到所有灯光都是红色。

精密进近航道指示器如图 2-44 所示。

图 2-44 精密进近航道指示器

精密进近航道指示器的指示情况如图 2-45 所示,当航空器高于下滑航径上时,驾驶员看到的坡度灯光为三白或四白;当航空器在下滑航径时,驾驶员看到的坡度灯光为两红两白;当航空器低于下滑航径时,驾驶员看到的坡度灯光为三红或四红。

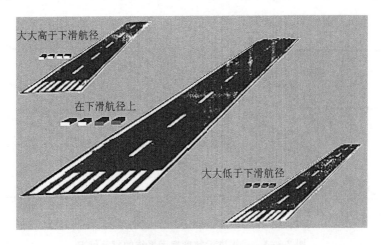

图 2-45 精密进近航道指示器的指示情况

8)"T"字灯

T字目视进近下滑指示灯(T-VASI)的设计是当飞机以正确的角度下滑时,只能看到跑道两侧与跑道垂直的白色灯号。当下滑角过高或过低时,则分别会看到一个倒T字(⊥)或一个正T字(⊤),且T字的竖边长短指示飞机下滑角的偏离程度,十分形象。下滑角严重过低时,整体灯号会转为红色以警告飞行员。但由于T字目视进近下滑指示灯在下滑角正确时的灯号容易与PAPI指示下滑角过高的灯号混淆,且T字的竖边在下滑角偏离不大时远距离难以看清,目前机场已很少采用该款灯号。

(4)滑行道灯光系统

1)滑行道边线灯

滑行道边线灯沿滑行道边缘外3 m以内设置,直线段间距不大于60 m,在短的直线段和弯道上应适当减小灯距。滑行道边线灯采用全方向发蓝光的轻型易折式灯具。滑行道边线灯如图2-46所示。

图2-46　滑行道边线灯

2)滑行道中线灯

Ⅱ类精密进近跑道必须设置滑行道中线灯。滑行道中线灯沿滑行道中线均匀布置,其直线段间距为30 m,在短的直线段和弯道上应视情况减小灯距。滑行道中线灯采用双向发绿光的平地式灯具。滑行道中线灯如图2-47所示。

(5)机场灯光使用的一般规定

目前世界上很多机场都将机场灯光的使用交由机场管制塔台管理,塔台上一般都配备有机场灯光的控制和调节面板,以便于塔台管制员根据飞行环境的

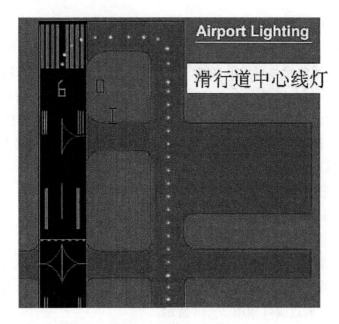

图 2 - 47   滑行道中线灯

变化和航空器驾驶员的请求,开放、关闭或调节有关机场灯光。

机场机动区内有航空器运行时,按下列规定管理灯光:

① 夜间应当开放机场保障飞行所需要的灯光;

② 昼间应当开放进近坡度指示系统的灯光;

③ 昼间且机场的能见度小于 2 km 时,应当开放跑道和滑行道及起飞和着陆方向上保障飞行所需要的灯光。

2.4   通用航空飞行管制相关法规

2.4.1   相关法规

1. 法   律

《中华人民共和国民用航空法》。

2. 法   规

《中华人民共和国飞行基本规则》《通用航空飞行管制条例》。

3. 规   章

《通用航空飞行任务审批与管理规定》《民航东北地区飞行计划管理暂行办法》。

2.4.2 通用航空飞行管制条例

《通用航空飞行管制条例》是 2003 年由国务院、中央军事委员会下发的第一部针对通用航空飞行管制的法规文件,全文共六个章节四十五条,明确了规范的范畴、调整了空域的管理办法、改进了飞行申请的方法、解决了飞行保障中的突出问题,同时也考虑了与相关法规的衔接问题。

第一章 总 则

第一条 为了促进通用航空事业的发展,规范通用航空飞行活动,保证飞行安全,根据《中华人民共和国民用航空法》和《中华人民共和国飞行基本规则》,制定本条例。

第二条 在中华人民共和国境内从事通用航空飞行活动,必须遵守本条例。

在中华人民共和国境内从事升放无人驾驶自由气球和系留气球活动,适用本条例的有关规定。

第三条 本条例所称通用航空,是指除军事、警务、海关缉私飞行和公共航空运输飞行以外的航空活动,包括从事工业、农业、林业、渔业、矿业、建筑业的作业飞行和医疗卫生、抢险救灾、气象探测、海洋监测、科学实验、遥感测绘、教育训练、文化体育、旅游观光等方面的飞行活动。

第四条 从事通用航空飞行活动的单位、个人,必须按照《中华人民共和国民用航空法》的规定取得从事通用航空活动的资格,并遵守国家有关法律、行政法规的规定。

第五条 飞行管制部门按照职责分工,负责对通用航空飞行活动实施管理,提供空中交通管制服务。相关飞行保障单位应当积极协调配合,做好有关服务保障工作,为通用航空飞行活动创造便利条件。

第二章 飞行空域的划设和使用

第六条 从事通用航空飞行活动的单位、个人使用机场飞行空域、航路、航线,应当按照国家有关规定向飞行管制部门提出申请,经批准后方可实施。

第七条 从事通用航空飞行活动的单位、个人,根据飞行活动的要求,需要划设临时飞行空域的,应当向有关飞行管制部门提出划设临时飞行空域的申请。

划设临时飞行空域的申请应当包括下列内容:

(一)临时飞行空域的水平范围、高度;

(二)飞入和飞出临时飞行空域的方法;

(三)使用临时飞行空域的时间;

（四）飞行活动性质；

（五）其他有关事项。

第八条 划设临时飞行空域，按照下列规定的权限批准：

（一）在机场区域内划设的，由负责该机场飞行管制的部门批准；

（二）超出机场区域在飞行管制分区内划设的，由负责该分区飞行管制的部门批准；

（三）超出飞行管制分区在飞行管制区内划设的，由负责该管制区飞行管制的部门批准；

（四）在飞行管制区间划设的，由中国人民解放军空军批准。

批准划设临时飞行空域的部门应当将划设的临时飞行空域报上一级飞行管制部门备案，并通报有关单位。

第九条 划设临时飞行空域的申请，应当在拟使用临时飞行空域7个工作日前向有关飞行管制部门提出；负责批准该临时飞行空域的飞行管制部门应当在拟使用临时飞行空域3个工作日前作出批准或者不予批准的决定，并通知申请人。

第十条 临时飞行空域的使用期限应当根据通用航空飞行的性质和需要确定，通常不得超过12个月。

因飞行任务的要求，需要延长临时飞行空域使用期限的，应当报经批准该临时飞行空域的飞行管制部门同意。

通用航空飞行任务完成后，从事通用航空飞行活动的单位、个人应当及时报告有关飞行管制部门，其申请划设的临时飞行空域即行撤销。

第十一条 已划设的临时飞行空域，从事通用航空飞行活动的其他单位、个人因飞行需要，经批准划设该临时飞行空域的飞行管制部门同意，也可以使用。

第三章 飞行活动的管理

第十二条 从事通用航空飞行活动的单位、个人实施飞行前，应当向当地飞行管制部门提出飞行计划申请，按照批准权限，经批准后方可实施。

第十三条 飞行计划申请应当包括下列内容：

（一）飞行单位；

（二）飞行任务性质；

（三）机长（飞行员）姓名、代号（呼号）和空勤组人数；

（四）航空器型别和架数；

（五）通信联络方法和二次雷达应答机代码；

（六）起飞、降落机场和备降场；

空管基础

（七）预计飞行开始、结束时间；

（八）飞行气象条件；

（九）航线、飞行高度和飞行范围；

（十）其他特殊保障需求。

第十四条　从事通用航空飞行活动的单位、个人有下列情形之一的，必须在提出飞行计划申请时，提交有效的任务批准文件：

（一）飞出或者飞入我国领空的（公务飞行除外）；

（二）进入空中禁区或者国（边）界线至我方一侧 10 km 之间地带上空飞行的；

（三）在我国境内进行航空物探或者航空摄影活动的；

（四）超出领海（海岸）线飞行的；

（五）外国航空器或者外国人使用我国航空器在我国境内进行通用航空飞行活动的。

第十五条　使用机场飞行空域、航路、航线进行通用航空飞行活动，其飞行计划申请由当地飞行管制部门批准或者由当地飞行管制部门报经上级飞行管制部门批准。

使用临时飞行空域、临时航线进行通用航空飞行活动，其飞行计划申请按照下列规定的权限批准：

（一）在机场区域内的，由负责该机场飞行管制的部门批准；

（二）超出机场区域在飞行管制分区内的，由负责该分区飞行管制的部门批准；

（三）超出飞行管制分区在飞行管制区内的，由负责该区域飞行管制的部门批准；

（四）超出飞行管制区的，由中国人民解放军空军批准。

第十六条　飞行计划申请应当在拟飞行前 1 天 15 时前提出；飞行管制部门应当在拟飞行前 1 天 21 时前作出批准或者不予批准的决定，并通知申请人。

执行紧急救护、抢险救灾、人工影响天气或者其他紧急任务的，可以提出临时飞行计划申请。临时飞行计划申请最迟应当在拟飞行 1 小时前提出；飞行管制部门应当在拟起飞时刻 15 分钟前作出批准或者不予批准的决定，并通知申请人。

第十七条　在划设的临时飞行空域内实施通用航空飞行活动的，可以在申请划设临时飞行空域时一并提出 15 天以内的短期飞行计划申请，不再逐日申请；但是每日飞行开始前和结束后，应当及时报告飞行管制部门。

第十八条　使用临时航线转场飞行的，其飞行计划申请应当在拟飞行 2 天前向当地飞行管制部门提出；飞行管制部门应当在拟飞行前 1 天 18 时前作出批准或者不予批准的决定,并通知申请人,同时按照规定通报有关单位。

第十九条 飞行管制部门对违反飞行管制规定的航空器,可以根据情况责令改正或者停止其飞行。

第四章 飞行保障

第二十条 通信、导航、雷达、气象、航行情报和其他飞行保障部门应当认真履行职责,密切协同,统筹兼顾,合理安排,提高飞行空域和时间的利用率,保障通用航空飞行顺利实施。

第二十一条 通信、导航、雷达、气象、航行情报和其他飞行保障部门对于紧急救护、抢险救灾、人工影响天气等突发性任务的飞行,应当优先安排。

第二十二条 从事通用航空飞行活动的单位、个人组织各类飞行活动,应当制定安全保障措施,严格按照批准的飞行计划组织实施,并按照要求报告飞行动态。

第二十三条 从事通用航空飞行活动的单位、个人,应当与有关飞行管制部门建立可靠的通信联络。

在划设的临时飞行空域内从事通用航空飞行活动时,应当保持空地联络畅通。

第二十四条 在临时飞行空域内进行通用航空飞行活动,通常由从事通用航空飞行活动的单位、个人负责组织实施,并对其安全负责。

第二十五条 飞行管制部门应当按照职责分工或者协议,为通用航空飞行活动提供空中交通管制服务。

第二十六条 从事通用航空飞行活动需要使用军用机场的,应当将使用军用机场的申请和飞行计划申请一并向有关部队司令机关提出,由有关部队司令机关作出批准或者不予批准的决定,并通知申请人。

第二十七条 从事通用航空飞行活动的航空器转场飞行,需要使用军用或者民用机场的,由该机场管理机构按照规定或者协议提供保障;使用军民合用机场的,由从事通用航空飞行活动的单位、个人与机场有关部门协商确定保障事宜。

第二十八条 在临时机场或者起降点飞行的组织指挥,通常由从事通用航空飞行活动的单位、个人负责。

第二十九条 从事通用航空飞行活动的民用航空器能否起飞、着陆和飞行,由机长(飞行员)根据适航标准和气象条件等最终确定,并对此决定负责。

第三十条 通用航空飞行保障收费标准,按照国家有关国内机场收费标准执行。

第五章 升放和系留气球的规定

第三十一条 升放无人驾驶自由气球或者系留气球,不得影响飞行安全。

本条例所称无人驾驶自由气球,是指无动力驱动、无人操纵、轻于空气、总质量大于 4 千克自由飘移的充气物体。

本条例所称系留气球,是指系留于地面物体上、直径大于 1.8 米或者体积容量大于 3.2 立方米、轻于空气的充气物体。

第三十二条　无人驾驶自由气球和系留气球的分类、识别标志和升放条件等,应当符合国家有关规定。

第三十三条　进行升放无人驾驶自由气球或者系留气球活动,必须经设区的市级以上气象主管机构会同有关部门批准。具体办法由国务院气象主管机构制定。

第三十四条　升放无人驾驶自由气球,应当在拟升放 2 天前持本条例第三十三条规定的批准文件向当地飞行管制部门提出升放申请;飞行管制部门应当在拟升放 1 天前作出批准或者不予批准的决定,并通知申请人。

第三十五条　升放无人驾驶自由气球的申请,通常应当包括下列内容:

(一)升放的单位、个人和联系方法;

(二)气球的类型、数量、用途和识别标志;

(三)升放地点和计划回收区;

(四)预计升放和回收(结束)的时间;

(五)预计飘移方向、上升的速度和最大高度。

第三十六条　升放无人驾驶自由气球,应当按照批准的申请升放,并及时向有关飞行管制部门报告升放动态;取消升放时,应当及时报告有关飞行管制部门。

第三十七条　升放系留气球,应当确保系留牢固,不得擅自释放。

系留气球升放的高度不得高于地面 150 米,但是低于距其水平距离 50 米范围内建筑物顶部的除外。

系留气球升放的高度超过地面 50 米的,必须加装快速放气装置,并设置识别标志。

第三十八条　升放的无人驾驶自由气球或者系留气球中发生下列可能危及飞行安全的情况时,升放单位、个人应当及时报告有关飞行管制部门和当地气象主管机构:

(一)无人驾驶自由气球非正常运行的;

(二)系留气球意外脱离系留的;

(三)其他可能影响飞行安全的异常情况。

加装快速放气装置的系留气球意外脱离系留时,升放系留气球的单位、个人应当在保证地面人员、财产安全的条件下,快速启动放气装置。

第三十九条　禁止在依法划设的机场范围内和机场净空保护区域内升放无人驾驶自由气球或者系留气球,但是国家另有规定的除外。

第六章　法律责任

第四十条　违反本条例规定,《中华人民共和国民用航空法》《中华人民共和国飞行基本规则》及有关行政法规对其处罚有规定的,从其规定;没有规定的,适用本章规定。

第四十一条　从事通用航空飞行活动的单位、个人违反本条例规定,有下列情形之一的,由有关部门按照职责分工责令改正,给予警告;情节严重的,处2万元以上10万元以下罚款,并可给予责令停飞1个月至3个月、暂扣甚至吊销经营许可证、飞行执照的处罚;造成重大事故或者严重后果的,依照刑法关于重大飞行事故罪或者其他罪的规定,依法追究刑事责任:

(一)未经批准擅自飞行的;

(二)未按批准的飞行计划飞行的;

(三)不及时报告或者漏报飞行动态的;

(四)未经批准飞入空中限制区、空中危险区的。

第四十二条　违反本条例规定,未经批准飞入空中禁区的,由有关部门按照国家有关规定处置。

第四十三条　违反本条例规定,升放无人驾驶自由气球或者系留气球,有下列情形之一的,由气象主管机构或者有关部门按照职责分工责令改正,给予警告;情节严重的,处1万元以上5万元以下罚款;造成重大事故或者严重后果的,依照刑法关于重大责任事故罪或者其他罪的规定,依法追究刑事责任:

(一)未经批准擅自升放的;

(二)未按照批准的申请升放的;

(三)未按照规定设置识别标志的;

(四)未及时报告升放动态或者系留气球意外脱离时未按照规定及时报告的;

(五)在规定的禁止区域内升放的。

第四十四条　按照本条例实施的罚款,应当全额上缴财政。

第七章　附　则

第四十五条　本条例自2003年5月1日起施行。

2.5　飞行组织与保障的设施

2.5.1　新航行系统的组成及特点

基于对未来商务交通量增长和应用需求的预测,为解决现行航行系统在未来航空运输中的安全、容量和效率不高等问题,提出了新航行系统。

新航行系统由通信、导航、监视和空中交通管理4部分组成,其中,通信、导航和监视系统是基础设施,空中交通管理是管理体制、配套设施和应用软件的组合。新航行系统主要是"卫星技术+数据链技术+计算机网络技术"这些新技术的应用。

新航行系统的特点:

① 具有充分的覆盖性;

② 能够充分利用信息资源;

③ 大大减少地面空管设施的数量。

新航行系统与现行航行系统的比较如表2-11所列,卫星导航如图2-48所示,卫星定位原理如图2-49所示。

表2-11　新航行系统与现行航行系统的比较

组成部分	现行航行系统	新航行系统
通　信	VHF 话音 HF 话音	VHF 话音/数据 AMSS 话音/数据 SSR S 模式数据链 ATNHF 话音/数据 RCP
导　航	NDB VOR/DME ILS INS/IRS 气压高度	RNP/RNAV GNSS DGNSS INS/IRS MLS 气压高度
监　视	PSR SSR A/C 模式 话音位置报告	ADS SSR A/C 模式 SSR S 模式 RNP
空中交通管理	ATC FTC AWS	ASM ATS ATFM A/C RATMP

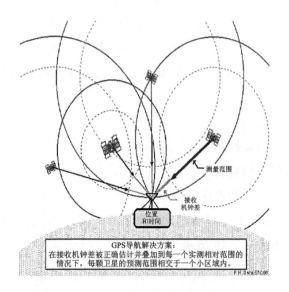

图 2 - 48 卫星导航

图 2 - 49 卫星定位原理

2.5.2 通信系统

在新航行系统中,导航和监视系统所形成的各种数据都是通过通信系统来传输的,因此,通信系统是新航行系统的基础。

现在的通信环境和未来的通信环境如图 2-50、图 2-51 所示。

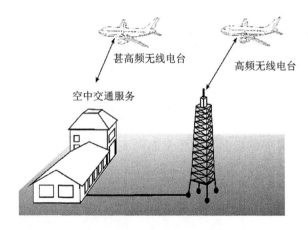

图 2-50 现在的通信环境

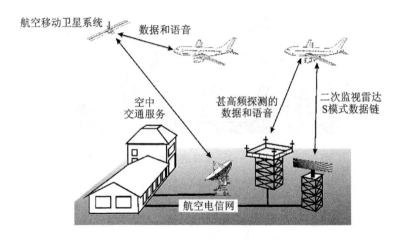

图 2-51 未来的通信环境

2.5.3 导航系统

导航系统主要涉及全球卫星导航系统、所需导航性能、广域增加系统、本地增加系统。

全球卫星导航系统如表 2-12 所列。

表 2 - 12   全球卫星导航系统

单位：m

导航星座	水平定位精度		垂直定位精度	
	95%	99.99%	95%	99.99%
GPS	100	300	156	500
GLONASS	24	140	48	585

现在的导航环境和未来的导航环境如图 2 - 52、图 2 - 53 所示。

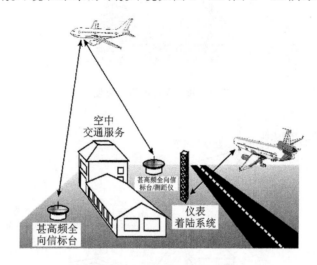

图 2 - 52   现在的导航环境

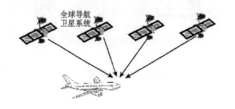

图 2 - 53   未来的导航环境

GPS 卫星星座如图 2-54 所示。

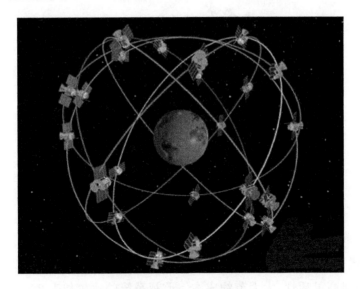

图 2-54 GPS 卫星星座

2.5.4 监视系统

现在的监视环境和未来的监视环境如图 2-55、图 2-56 所示。

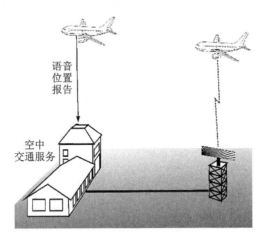

图 2-55 现在的监视环境

新航行系统中的监视系统主要包括 A/C 模式或 S 模式的二次监视雷达,自动相关监视(ADS)和广播式自动相关监视(ADS-B)。

新的监视系统具有如下特点:可以减少位置报告的误差;可对非雷达空域进

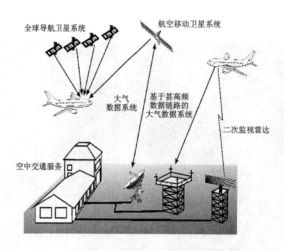

图 2 - 56 未来的监视环境

行监视,提供更为精确的位置数据;可以提供更便捷的航线,允许飞机剖面的临时改变从而提高灵活性,大大节约成本。监视系统的比较如表 2 - 13 所列。

表 2 - 13 监视系统的比较

项 目	话 音	雷 达	自动相关监视
定位手段	机载设备	地面设备	机载设备
参与者	管制员、飞行员	管制员	管制员
功 能	固定航路、利用飞行进程单跟踪	监视 CRT 显示的位置	监视数据终端显示的数据
通 信	VHF/HF/SATC OM 话音		VHF/HF/SATC OM 数据链

第 3 章　通用航空法规

3.1　通用航空法规体系的框架

3.1.1　通用航空的立法定义

我国通用航空定义的主要法律依据是《中华人民共和国民用航空法》第十章第一百四十五条规定："通用航空,是指使用民用航空器从事公共航空运输以外的民用航空活动,包括从事工业、农业、林业、渔业和建筑业的作业飞行以及医疗卫生、抢险救灾、气象探测、海洋监测、科学实验、教育训练、文化体育等方面的飞行活动。"而《通用航空飞行管理条例》作为我国颁布的第一部有关通用航空的管理条例,第三条中也规定"通用航空,是指除军事、警务、海关缉私飞行和公共航空运输飞行以外的航空活动,包括从事工业、农业、林业、渔业、矿业、建筑业的作业飞行和医疗卫生、抢险救灾、气象探测、海洋监测、科学实验、遥感测绘、教育训练、文化体育、旅游观光等方面的飞行活动"。这两个法律规定成为我国通用航空法律概念的依据,两者并无大异,前者具有更高的法律效力,而后者在列举式上更加充分具体。

然而,我国对于通用航空的立法界定与《国际民航航空公约》的规定是不一致的。《国际民航航空公约》是 1944 年由 52 个国家在美国芝加哥最终通过的国际公约,因此又称《芝加哥公约》。该公约规定"通用航空运行指除商业航空运输运行或航空作业运行以外的航空器运行"。该公约又通过附件对通用航空作业和商业航空运输进行了定义:"航空作业指使用航空器进行专业服务的航空器运行,如农业、建筑、摄影、测量、观察与巡逻、搜寻与援救、空中广告等;商业航空运输运行指为获取酬金或收费从事旅客、货物或邮件运输的航空器运行。"

将我国通用航空的立法定义和国际公约的规定进行比较不难发现,我国对通用航空的定义与《芝加哥公约》对通用航空的范围划分存在重大的差异——我国对于通用航空界定得更加广泛。在《芝加哥公约》中航空作业不属于通用航空的范畴,但是在《中华人民共和国民用航空法》对通用航空的定义里,航空作业属于通用航空。实际上,航空作业的运行与其他的通用航空运行有相同之处,但是航空作业通常是以"出租和收益"为目的,因此世界上很多国家不把航空作业作为通用航空。对于盈利目的比较强的航空作业,需要颁发"航空运营合格证",从航空作业方面体现对这部分飞行行为商业运作主体的管理,由此与普通的通用航空加以区分。

3.1.2　我国现有通用航空法律规范的立法层级

1. 第一层级——全国人民代表大会常务委员会通过的《中华人民共和国民用航空法》

《中华人民共和国民用航空法》(以下简称《民航法》)是我国整个民用航空领域的基本法律,是通用航空领域位阶最高的法律,也是我国通用航空法律体系构建的指引。《民航法》于 1995 年 10 月 30 日审议并通过(该法在 1996 年 3 月 1 日起实施),第十章"通用航空"(第一百四十五条至第一百五十条)一共六个条款,是关于通用航空的规定,条文总体比较笼统,作为指导性规定存在。

从我国《民航法》的内容来看:一方面,它确立了通用航空的法律地位,为通用航空法律体系的建立奠定了基础;另一方面,它对于通用航空的关注程度有限,在具体操作的环节上还需要相应的行政法规和规章配合。

《民航法》规定的主要内容有:

① 通用航空的定义(第一百四十五条):通用航空,是指使用民用航空器从事公共航空运输以外的民用航空活动,包括从事工业、农业、林业、渔业和建筑业的作业飞行以及医疗卫生、抢险救灾、气象探测、海洋监测、科学实验、教育训练、文化体育等方面的飞行活动;可见,我国通用航空定义采用的是一个大通航的概念,民用航空中,除了公共航空之外的内容一并归入到通用航空之中;

② 从事通用航空活动的基本条件(第一百四十六条)有三个:

a. 有与所从事的通用航空活动相适应,符合保证飞行安全要求的民用航空器,对于什么样的航空活动应该具体符合什么样的安全要求,以及航空器具体的数量和规格等都没有提及;

b. 有必须的依法取得执照的航空人员,航空人员包括哪些,执照的种类以及相关人员的数量等也并没有明确;

c. 符合法律、行政法规规定的其他条件;

从以上三个条件可以看出,在法律层面上,我国的《民航法》对通用航空活动的要求是非常笼统的,没有具体到操作层面,还有待法律和行政法规等其他规范性文件对其进行详细地规定;同时,《民航法》也要求从事经营性通用航空的仅限于企业法人,将自然人主体或者其他经济组织主体排除在外;而企业法人的提法源于《中华人民共和国民法通则》对法人的划分;新颁布的《中华人民共和国民法典》已经将法人划分为"营利性法人""非营利性法人"和"特别法人";《民航法》中所指的企业法人可以理解为"营利性法人",因此也排除了"非营利性法人"和"特别法人"从事经营性通用航空;

③ 从事非经营性通用航空的,应当向国务院民用航空主管部门办理登记,从事经营性通用航空的,应当向国务院民用航空主管部门申请领取通用航空经营许可证(第一百四十七条);取得经营许可证的要求仅限于从事经营性的通用航空,如果是从事非经营性的通用航空,则只要在主管部门办理登记即可;

④ 通用航空企业从事经营性通用航空活动,应当与用户订立书面合同,但是紧急情况下的救护或者救灾飞行除外(第一百四十八条);组织实施作业飞行时,应当采取有效措施,保证飞行安全,保护环境和生态平衡,防止对环境、居民、作物或者牲畜等造成损害(第一百四十九条);从事通用航空活动的,应当投保地面第三人责任险(第一百五十条)。

《民航法》在 2009 年、2015 年、2016 年、2017 年和 2018 年经历过五次修改,在最近的五年修改频繁,而这几次修改和通用航空领域关系密切。

2017 年 11 月 5 日的修改针对《民航法》第一百四十七条,修改前的《民航法》第一百四十七条规定:从事非经营性通用航空的,应当向国务院民用航空主管部门办理登记。

从事经营性通用航空的,应当向国务院民用航空主管部门申请领取通用航空经营许可证,并依法办理工商登记;未取得经营许可证的,工商行政管理部门不得办理工商登记。

此次修改删去第一百四十七条第二款中的"并依法办理工商登记;未取得经营许可证的,工商行政管理部门不得办理工商登记"。也就是说,相关市场主体办理工商登记不再需要前置审批。这种做法释放了企业的活力,由"先证后照"向"先照后证"的转变更有利于中小企业的诞生。

这对于通用航空企业来说是一个利好,之前营利性的通用航空企业必须先获得经营许可,然后才能到工商登记部门注册公司,这样不利于公司主体积极参与到从事通用航空运营活动中。修改后,运营主体可以将注册公司的步骤提前,具备市场运行主体资格之后再根据企业发展情况申请获得通用航空的经营许可,这种变化放宽了对通用航空企业经营许可资格的限制,也给予通用航空企业更大的自由选择和发展空间。

2018 年 12 月 29 日《民航法》最近的一次内容修改更直接体现了对通用航空需求的关注。

增加民用机场新的分类标准。根据《国务院办公厅关于促进通用航空业发展的指导意见》关于"对通用机场实施分类分级管理"的要求,修改了《民航法》第六十二条规定的民用机场开放使用许可制度:规定对公众开放的民用机场,继续实施事前许可;其他民用机场改为事后备案。这一条款的修改使通用航空机场分类分级管理成为可能,改变了原来统一事前许可制度,容纳了事后备案的管理模式。这种变化使通用航空机场的建设和使用更具有灵活性。

在 2018 年的这次修改中,也明确了无人驾驶航空器的立法授权。随着无人驾驶航空器的使用日渐普及,由此带来的安全问题越来越突出,亟需完善相关制度,加强对无人驾驶航空器的监管。考虑到《民航法》制定时无人驾驶航空器尚未广泛应用,相关管理制度缺少针对性。为了给无人驾驶航空器监管立法提供法律依据,本次修订新增了《民航法》第二百一十四条,授权国务院、中央军事委员会对无人驾驶航空器作出特别规定。

从近年针对《民航法》通用航空部分修改的频繁程度可以看出国家层面对通用航空领域的关注,通用航空作为《民航法》中的一章,在立法之初并没有引起广泛的关注,这些年来所起到的作用有限。近年来国家对通用航空大力支持,各地方政府也频频出台各种利好举措,客观上对上层级立法提出了要求,《民航法》作为我国唯一一部通用航空领域法律层级的立法规范,虽不能面面俱到,但是对行业的统领和方向的指引作用是非常明确的。近年来的频繁修改也预示着通用航空将迎来一个行业发展和法律体系完善的春天。

2. 第二层级——国务院颁布的行政法规

在这个层级中比较重要的是 1986 年国务院颁布的《国务院关于通用航空管理的暂行规定》,这个规定虽然产生于 30 多年前,但是却有着重要的历史意义。它是我国最早的关于通用航空领域的立法,开启了通用航空领域的制度化、法律化进程,而且从该规定开始以立法的形式确立了"通用航空"的提法,取代了之前的"专业航空",实现了和国际规则的接轨。该规定明确了通用航空的管理机构,航空运营者从事相关活动的申报、审批程序和要求。

但是遗憾的是,该暂行规定暂行了 30 余年,直到 2014 年进行了一次修订,却依然保持原来的十七条结构,2014 年的修改中只是明确了实施通用航空企业赴境外开展经营活动的行政许可的法律依据。30 年间,不论是国际上还是国内,通用航空事业都有了很大的变化,其他领域对通用航空产业的发展也有了新的要求,原来的审批程序和管理体制也产生了重大变革。很显然,在今天这个需要对通用航空产业大力推进的时代里,这个规定已经不能满足通用航空产业发展的要求了,无论从内容的广度还是深度上都需要有新的突破,特别是在通用航空不断向各个领域快速发展的进程中,以及现代化平台的融合中,它的局限性也逐渐凸显。

另外,比较重要的行政法规是 2000 年国务院发布的《中华人民共和国飞行基本规则》,该规则经过了 2001 年和 2007 年两次修订,这个规则非常详实具体地对飞行行为进行了规范,但是主要条款都是有关公共航空的内容,实际上,这一规则并非专门针对通用航空所制定,其中缺少对通用航空领域飞行的针对性条款。

2003 年国务院发布《通用航空飞行管制条例》,这个条例的出台,规范了通用航空飞行管制,也为相关管理部门对通用航空飞行活动制定飞行管制提供了依据,该条例第一次明确提出通用航空运营人在从事相关飞行活动前需要申报飞行计划,填写上报程序以及申报的时限。

行政法规的立法主体是国家最高行政机关——国务院,从立法效力上来看其低于法律但是高于部门规章。我国通用航空领域只有《民航法》唯一一个法律规范,行政法规的数量也非常有限,从这一点上可以看出我国通用航空法律体系的薄弱。大部分通用航空法规都是规章或者各种部门文件,显然无法形成规范性文件的权威性和全局性。这也是我国现行通用航空法律体系面临的一个问题。

3. 第三层级——民航局等部门颁布的部门规章

现大多数的民用航空部门规章是由履行航空事业管理的原中国民用航空总局制定的。2008 年 3 月国务院机构改革之后,中国民用航空总局更名为中国民用航空局(以下简称"民航局"),由交通运输部管理。现在很多规章都是由上述 3 个主体制定的。

2017 年 11 月 28 日,中国民用航空东北地区管理局公布了《通用航空现行有效的规章(规范性文件)目录》,关于通用航空,共含有 109 部(件)规章和规范性文件,其中:规章 12 部,管理程序(AP)8 件,咨询通告(AC)47 件,管理文件(MD)6 件,信息通告(IB)2 件,行业标准(MH)2 件,下发的民航局和管理局电报与文件 32 份。

这些规章的内容很广泛,包括市场准入、安全运行、适航审定、专业技术人员执照、作业标准、机场建设以及飞行管制等。这些规章为通用航空企业的发展和通用航空的成长提供了依据。

其实,在我国,通用航空的规章体系很大程度上隶属于民用航空规章体系,通用航空作为民用航空的一部分,很多民用航空的规范性文件通用航空同样适用。因此,民航局下发的规章,也就是我们常说的 CCAR 体系(见图 3-1),其明细如表 3-1 所列,某种程度上也可以作为通用航空领域可以适用的规则。

如果归纳一下,图 3-1 更能表达中国民用航空局(CAAC)的管理思路:民航安全管理就像我们的银河系,有恒星,有行星,还有卫星……CCAR-21 部是制造业的恒星规章,围绕它的是适航类规章;CCAR-93 部则是空管的恒星级规章;CCAR-61 部是飞行员的行星规章,有关模拟机、航校、训练中心的规章则是它的卫星规章;所有规章都是为了飞行运行,CCAR-91 部则是运行规章的恒星,各类运行规章都围绕着它。主宰银河系的,实际上是暗物质,就是图 3-1 中的这些黑星,它是衔接法律和规章的政法部门,既管规章的界限,又管规章的尺度,从处罚到复议直至行政诉讼,确保所有规章的公正。

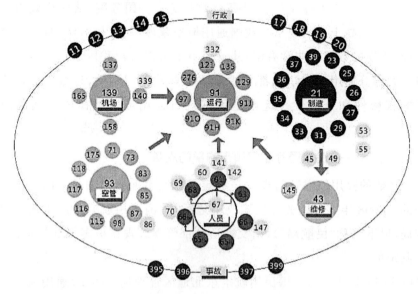

图 3-1 中国民航规章体系(CCAR)

然而,无论多么严密的管理,总避免不了出事故,那么兜底的就是那些红巨星,有搜救,有报告,有调查,还有家属援助,稳妥善后。而我们民航系统的员工,则组成强大的银河护卫队。

表 3 - 1　CCAR 明细

适用范围	规　　章
行政程序规则	11　规章制定程序规定 12　职能部门规范性文件制定程序规定 13　行政检查工作规则 14　行政处罚实施办法 15　行政许可工作规则 17　行政机关行政赔偿办法 18　航空监察员规定 19　行政复议办法 20　关于修订和废止部分民用航空规章的决定
航空器制造	21　产品和零部件合格审定规定 23　正常类、实用类、特技类和通勤类飞机适航规定 25　运输类飞机适航标准 26　运输类飞机的持续适航和安全改进规定 27　正常类旋翼航空器适航规定 29　运输类旋翼航空器适航规定 31　载人自由气球适航规定 33　航空发动机适航规定 34　涡轮发动机飞机燃油排泄和排气排出物规定 35　螺旋桨适航标准 36　航空器型号和适航合格审定噪声规定 37　材料、零部件和机载设备技术标准规定 39　民用航空器适航指令规定 45　民用航空器国籍登记规定 49　航空器权利登记条例实施办法 53　民用航空用化学产品适航规定 55　民用航空油料适航规定
航空器维修	43　维修和改装一般规则 145　民用航空器维修单位合格审定规定

适用范围	规　章
航空人员	61　驾驶员、飞行教员和地面教员合格审定规则
	63　领航员、飞行机械员、飞行通信员合格审定规则
	65　FS 飞行签派员执照管理规则
	65　TM1 电信人员执照管理规则
	65　TM2 气象人员执照管理规则
	65　TM3 情报员执照管理规则
	65　TM4 情报培训管理规则
	66　航空器维修人员执照管理规则
	66　TM 空中交通管制员执照管理规则
	68　航空安全员管理规定
	60　飞行模拟设备的鉴定和使用规则
	67　航空人员医学标准和体检合格证管理规则
	69　航空安全员合格审定规则
	70　空中交通管制培训管理规则
	141　驾驶员学校合格审定规则
	142　飞行训练中心合格审定规则
	147　维修技术人员学校合格审定规定
空　管	93　民用航空空中交通管理规则
	71　民用航空使用空域办法
	73　民用航空预先飞行计划管理办法
	83　民用航空空中交通管理运行单位安全管理规则
	85　空中交通管理设备开放、运行管理规则
	86　民用航空通信导航监视设备飞行校验管理规则
	87　空中交通通信导航监视设备使用许可管理办法
	98　平行跑道同时仪表运行管理规定
	115　通信导航雷达工作规则
	116　气象探测环境管理办法
	117　航空气象工作规则
	118　航空无线电管理规定
	175　航空情报工作规则

续表 3－1

适用范围	规　章
运　行	91　一般运行和飞行规则 91　J 私用大型 91　K 代管人 91　H 商业非运输 91　O 超轻型飞行器 97　航空器机场运行最低标准的制定与实施规定 121　大型飞机公共航空运输承运人运行合格审定规则 129　外国公共航空运输承运人运行合格审定规则 135　FS 小型航空器商业运输运营人 276　危险品运输管理规定 332　公共航空旅客运输飞行中安全保卫规则
机　场	139　CA 民用机场使用许可规定 137　民用机场专用设备使用管理规定 140　民用机场运行安全管理规定 158　民用机场建设管理规定 165　民航专业工程质量监督管理规定 339　民用航空安全检查规则
航空器搜寻救援和事故调查	395　民用航空器事故和飞行事故征候调查规定 396　民用航空安全信息管理规定 397　中国民用航空应急管理规定 399　民用航空器飞行事故应急反应和家属援助规定

3.1.3　关于推进通用航空法规体系重构工作的通知

为了贯彻《国务院办公厅关于促进通用航空业发展的指导意见》（国办发〔2016〕38 号）精神,落实"分类管理、放管结合、以放为主"的要求,更好地鼓励和推动通用航空发展,积极支持社会资本投资通用航空产业,2019 年 1 月 21 日民航局研究制定了通用航空法规体系重构路线图,形成了通用航空业务框架和通用航空法规框架(以下简称"两个框架")。"两个框架"是开展中国民航通用航空政策法规体系重构的总体性文件,明确了未来一段时间中国通用航空整体政策走向、立法思路和制度设计需要遵循的基本原则和具体要求。

1. 通用航空业务框架

通用航空业务框架的构建不是使用具体的经营业务名称来分类,而是从"经营能力"和"运行能力"两个维度对通用航空活动进行分类,并创新性地提出了通用航空业务模块化管理模式。

经营能力划分因素主要包括通用航空企业从事的经营活动是否涉及社会公众而具有较大社会影响,是否属于经营活动而需要保护消费者,是否涉及市场秩序而需要经济管制,是否涉及第三人侵权责任而需要保险要求。运行能力划分因素主要包括通用航空企业从事运行活动的载客人数是否达到国务院事故标准等级而具有较大社会影响,运行的航空器型别等级是否达到一定等级而需要严格管理,从事的飞行活动是否具有特殊性。

47个模块基本涵盖了现有的所有通用航空活动类型,并且前瞻性地考虑了未来所有可能出现的通用航空业务模式;一个模块就是一个通用航空活动的领域,对每个模块都细化了航安、机场、空防、空管等专业的具体要求,实现管理的精准化、差异化。未来通用航空业务会有新的创新,可以依据其内在特征落实到对应模块里,找到管理要求,促进其更好的发展。模块化使得对不同通用航空活动的管理和服务更加精细化、差异化,更打开了许多市场空间。

通用航空业务框架分为横轴和纵轴,横轴体现的是经营分类指标,将通用航空从经营性质上划分为经营性(A类、B类、C类)和非经营性(D类)两类。经营性行为指以取得报酬为目的而从事航空器飞行活动的行为,而非经营性行为则指不以取得报酬为目的而从事航空器飞行活动的行为。

经营性行为又分为载客、载人和非载人三大类别。载客类是指为获取酬金或者收费而从事旅客运输的行为,并且合同当事人履行的是因运送旅客而发生位移的运输合同(A类)。而载人类是指载客运输以外且航空器上搭载有机组人员以外人员的航空活动,合同当事方履行的主合同是运输合同以外的合同(B类)。

可见,载客类和载人类的经营性运输行为都是在通用航空器上存在机组人员以外的人员。载客类飞行的目的是旅客运输,又进一步划分为定期运输(A1类)和不定期运输(A2类)两类。定期运输主要是固定时间、固定航线、固定价格的短途运输,这种划分显然为短途运输的发展提供了很好的业务框架,可以预见,短途运输将从此进入一个发展的春天;不定期运输主要的模式是包机飞行。而载人类经营是不以运输为目的的经营,除了机组成员之外,通用航空器上还有其他客人,这些客人的飞行目的并非"位移",而是除运输之外的其他原因,在框架中又被细化分为面向公众的载人运输(B1 类)、面向非社会公众的载人运输(B2 类),同时将训练飞行单独列出(B3 类)。

而非载人类(C 类)的经营性活动又分为货运和除了货运之外的其他非载人类活动。值得注意的是,不能将非载人类的运输误解为就是无人机运输,非载人类是指除了机组人员之外没有其他人员的通用航空运输,其中包含无人机运输,但是其内涵远大于无人机运输。此类又分为货运(C1 类)和除了货运之外的非载人活动(C2 类)。

非经营类又被分为载人(D1)和非载人(D2)两类,划分标准与经营类一样,以是否存在机组成员之外的人员作为依据。

通用航空业务框架的横轴是对经营分类指标进行了细化,纵轴则是运行的分级指标,一共分为 6 个级别,其中 1～5 级对应的是飞机,6 级专指直升飞机。1～5 级中每一个级别针对载人、载客类按照不含机组的座位数进行划分,其中 60 座以上的为 1 级,30～59 座的为 2 级,20～29 座的为 3 级,10～19 座的为 4 级,9 座以下的是 5 级。

1～5 级中针对非载人类的是以商载吨数 3.4 t 作为分界线,1 级和 2 级(即 30 座以上机型的航空器)可以进行 3.4 t 以上的非载人类飞行活动,5 级(即 9 座以下机型的航空器)只能进行 3.4 t 以下的非载人类飞行活动。而 3～4 级则 3.4 t 之上和之下的级别都可以存在。6 级是针对直升飞机的级别划分,特别是在定期载客运输中又根据客座数量具体划分为:30 座以上 A1 - 6、20～29 座 A1 - 6 - 1、10～19 座 A1 - 6 - 2,9 座以下 A1 - 6 - 3。在直升机机型中,非载人类暂不区分机型。

横、纵轴交叉,对应地组成了 47 个业务模块,比如,使用 25 客座的航空器进行短途运输,短途运输属于 A1 类,25 客座属于 3 级,因此该业务属于 A1 - 3 模块。

业务框架的说明具体到对每一个模块的要求。首先规定了各个模块的通用要求,包括初始适航要求、生产安全一般要求、空管要求和其他要求。在此基础上又对全部的 47 个模块分别进行了差异性要求的规定,包括具体的描述、举出典型实例,从经营能力、运行能力要求,飞行计划申报要求等方面进行介绍。这种模块式的业务划分,一方面使划分标准更明确,另一方面也明确了各个模块直接的联系和差异,具体到每一个模块内部也都有明确可依的要求。

业务框架的构建为通用航空的发展制定了新的规划，经营类别将结束原有的甲、乙、丙、丁4类的划分，取而代之的将是模块的划分。这种模式更加科学和具体，也为通用航空的发展留有空间。通用航空业务框架特别体现了对短途运输和无人机的关注，这也是我们能够看到的未来将大有作为的两个方面。

2. 通用航空法规框架

（1）法规框架内容

结合业务框架，为了更清晰地展示通用航空法规体系，对原来的法规做出了具体的调整计划。其中涉及23部规章：新制定3部，修订19部，废止1部。以上所有的规章都在2019年和2020年完成修订或者送审。通用航空法规框架作为通用航空立法的指引，明确了哪些规章需要修订或制定、规章调整的方向和时间点，便于各方掌握立法的工作节奏。

（2）通用航空法规框架的特点

1）在所调整的法律内容上进行了相对完整和科学的划分

① 调整客体：包括航空器、机场建设和航空器的损赔；

② 调整主体：包括航空人员，航空企业的准入规则，学校、航空人员及其他单位的运营规则等；

③ 调整行业内容：包括一般运行规则、航空运输、航空安保等。

从框架的设立能够看出，未来我国通用航空法律体系的基本结构基本上延续原有的立法结构特点，并没有进行较大的调整，也没有从体系根本上产生变化。

2）框架的"强制性"

通用航空法规框架是民航局对通用航空经济管理和安全管理的总体政策，民航局称其执行具有强制性。当前，民航系统不同专业对通用航空的监管要求存在一定差异，制度设计缺少统筹考虑。虽然各个专业领域在通用航空方面都在大力推动"放管服"改革，但由于概念不同、管理要求不一，导致协同效应缺乏，整体联动不充分，有的政策存在一定程度的抵触。这次调整是从上至下的顶层布局的思想，而且涵盖了各个方面，也充分考虑了未来可能出现的通用航空业务模式，通盘谋划管理手段和管理要求，能够有效避免各部门、各地区通用航空政策规定不一致，有利于形成促进通用航空发展的政策合力。因此，通用航空法规框架在制度设计上必须严格遵守框架设定的政策方向。民航局称之为具有一定的"强制性"。

民航局通用航空法律体系框架的出现对于通用航空法律体系的建立无疑是一个巨大的推动,在一定程度上将通用航空体系进行了一个规制,从类别上更加清楚,框架体系中时间表的安排也保证了法律调整的时效性。民航局所称的"强制性"其实并非法律上的强制性,该框架体系并未经过立法程序、具备法律的形式,而是指其具有很强的指导效应,是下一个阶段立法调整应该予以遵循的框架体系。

3. 通用航空领域重构两个框架的意义

(1) 重新划分通用航空活动,从不同维度打开通用航空业务发展空间

从"经营能力"与"运行能力"两个维度对通用航空活动重新进行分类,有效解决了安全和经济相互混淆的问题。

从经营能力角度对通用航空活动进行分类,主要考虑的因素包括是否涉及社会公众而具有较大社会影响、是否属于经营活动而需要保护消费者、是否涉及市场秩序而需要经济监管、是否涉及第三人侵权责任而需要保险要求。

从运行能力角度,对通用航空活动进行分类,主要考虑的因素包括载客人数是否达到国务院事故标准等级而具有较大社会影响、运行的航空器型别等级是否达到一定级别而需要严格管理、飞行活动是否具有特殊性。

任何已有或新出现的通用航空活动,可以根据其在经营、运行两方面的内在特征落实到对应的模块里,查到具体管理要求,这样既不妨碍企业对业务的创新,又具有较好的稳定性和适应性。民航局通用航空法律体系还把一些模块明确为"暂不开放",这主要是考虑到时机不成熟,暂时不具备开放条件,未来根据经济社会发展需要和行业发展实际再确定是否开放。这种先明确总体思路,再逐步放开的方式使得框架具有较大的弹性,能够适应今后的变化。

(2) 通过模块化管理,为实现通用航空高质量发展提供科学路径

以"经营能力"和"运行能力"为横、纵两个维度,交叉组合,形成了47个模块,每个模块代表一个通用航空领域。每个领域可能不止一种通用航空活动,例如,在B1-3模块中就包括了空中游览、医疗救护、跳伞服务等,虽然是3种不同的活动,但是由于他们在"经营能力"和"运行能力"方面具有相同的内在特征,政府会采取一致的监管政策和要求对其进行监管。

(3) 为实现通用航空高质量发展明确了统一思路

通用航空活动要有放、有管。对涉及公众利益、消费者保护、易造成恶劣社会影响的活动,要以管为主,对其他的活动要加大放的力度。模块体系总体呈现出从右上角突出"管"到左下角突出"放"的逐步放松管制的趋势,从行业管理模

式逐步过渡到社会管理模式,让社会和行业对通用航空监管方向和政策导向一目了然,既能够了解通用航空开放的领域、程度、时间、条件和标准,也能够知晓哪些领域要严格管理、哪些领域需要暂时限制,有利于创造更加便利的市场环境;对社会资本投资通用航空具有指南导向作用,有利于社会资本进行风险和时机评估,从而引导理性投资、稳定发展预期,促进通用航空产业高质量发展。

(4)扩大了通用航空机型选择范围

在设计中调整了相关技术标准,放弃最大起飞全重等技术指标,采用座位数与商载并行的办法,让更多的航空器可以进入通用航空市场;区分了固定翼飞机和直升机的划分标准,放开了直升机市场和对机型的限制,使用直升机进行载人飞行、短途运输等不受机场限制,任何座位数的直升机都可以从事短途运输和作业活动。通过这些调整,拓宽了通用航空公司的机型选择范围,依据标准,有大约55种机型可供通用航空公司选择,其中包括新舟系列飞机、运-12系列飞机和AC313系列直升机等。

3.2 关于通用航空市场准入

原中国民用航空总局2004年12月2日发布《通用航空经营许可管理规定》,2007年出台了《通用航空经营许可管理规定(2007)》,废止了2004年的管理规定。在通用航空快速发展的背景下,该规定在2016年、2018年和2019年经过3次修订,在市场准入要求、许可程序等方面都做出了很大的修改。2020年,为贯彻《国务院办公厅关于促进通用航空业发展的指导意见》(国办发〔2016〕38号),落实国务院深化"放管服"改革、优化营商环境等要求,适应通用航空快速发展的新形势,进一步激发市场活力,促进通用航空高质量发展,并依法规范通用航空经营许可管理工作,民航局启动了《通用航空经营许可管理规定》(以下简称《规定》)全面修订,交通运输部令2020年第18号颁布新的《通用航空经营许可管理规定》,从2021年1月1日起开始实施。

3.2.1 经营性通用航空活动分类

① 载客类,是指通用航空企业使用符合民航局规定的民用航空器,从事旅客运输的经营性飞行服务活动;

② 载人类,是指通用航空企业使用符合民航局规定的民用航空器,搭载除机

组成员以及飞行活动必须人员以外的其他乘员,从事载客类以外的经营性飞行服务活动;

③ 其他类,是指通用航空企业使用符合民航局规定的民用航空器,从事载客类、载人类以外的经营性飞行服务活动。

载客类经营活动主要类型包括通用航空短途运输和通用航空包机飞行。载人类、其他类经营活动的主要类型由民航局另行规定。

这一变化是在2019年民航局作出的业务框架和法律框架基础之上,停止了原来甲类、乙类、丙类经营项目的花费类别,遵循着业务框架中对通用航空业务类别的划分,将同样的航空活动类别与此相对应。

3.2.2　经营许可条件

《规定》中明确规定了经营许可条件:

① 从事经营性通用航空活动的主体应当为企业法人,企业的法定代表人为中国籍公民;

② 有符合要求的民用航空器;

③ 有与民用航空器相适应、经过专业训练、取得相应执照的驾驶员;

④ 按规定投保地面第三人责任险;

⑤ 法律、行政法规规定的其他条件。

上面②中所提到的民用航空器应满足下列要求:

① 在中华人民共和国进行登记,符合相应的适航要求;

② 除民航局另有规定外,用于从事载客类、载人类经营活动的民用航空器应当具有标准适航证;

③ 与拟从事的经营性通用航空活动相适应;

④ 从事载客类经营活动的,至少购买或者租赁2架民用航空器;从事载人类和其他类经营活动的,至少购买或者租赁1架民用航空器。

这里所称民用航空器,包括民用有人驾驶航空器和民用无人驾驶航空器。

未取得经营许可证擅自从事经营性通用航空活动的,或者通用航空企业超出经营许可证载明的经营范围从事经营性通用航空活动的,由民航局或者民航地区管理局责令其停止违法活动,处违法所得3倍以下、最高不超过3万元的罚款,没有违法所得的,处1万元以下的罚款。

通用航空企业未按规定及时办理经营许可证变更手续的,由民航局或者民航地区管理局责令其限期改正；拒不改正的，给予警告，并处 3 万元以下的罚款。

通用航空企业涂改、倒卖、出租、出借或者以其他形式非法转让经营许可证的，由民航局或者民航地区管理局责令其限期改正；拒不改正的，给予警告，并处 3 万元以下的罚款。

通用航空企业发生经营许可证遗失、损毁、灭失等情况未按规定申请补发的，由民航局或者民航地区管理局责令其限期改正；拒不改正的，给予警告，并处 3 万元以下的罚款。

申请人隐瞒有关情况或者提供虚假材料申请通用航空经营许可的，民航地区管理局不予受理或者不予许可，并给予警告；申请人在 1 年内不得再次申请通用航空经营许可。

被许可人以欺骗、贿赂等不正当手段取得通用航空经营许可的，由民航地区管理局依法撤销其经营许可，并处 3 万元以下的罚款；被许可人在 3 年内不得再次申请通用航空经营许可。

3.2.3　通用航空企业的经营规范

通用航空企业开展经营性通用航空活动时，应当持续符合通用航空经营许可条件以及民航局规定的其他要求。

开展经营活动前，通用航空企业应当按照民航局有关信息报送规定要求，向住所地民航地区管理局备案经营活动信息；跨地区开展经营活动的，还应当向经营活动所在地区的民航地区管理局备案经营活动信息，并接受监督管理。

经营活动结束后，通用航空企业应当按照民航局有关信息报送规定要求，及时、真实、完整地报送安全生产经营情况、行业统计数据以及申领民航财政补贴所需信息等有关内容。

企业的股权结构、机队构成等基本信息发生变更的，应当按照民航局有关信息报送规定要求，自变更发生之日起 15 日内完成通用航空管理系统中相关信息的更新。

从事载客类经营活动的通用航空企业，应当按照民航局的有关规定，制定飞行事故应急反应预案和伤亡人员家属援助计划。

从事载客类经营活动的通用航空企业，应当按照要求制定运输服务标准和锂电池运输管理手册，内容至少包括客票销售、旅客服务、投诉受理、锂电池运输安全管理、培训、应急处置等方面。

通用航空企业在和通用航空用户、消费者订立合同时,应当充分履行告知义务,全面、真实、准确地向通用航空用户、消费者告知其具备的经营资质、服务标准、投保各类保险以及相应保险金额等信息,保障通用航空用户、消费者的知情权和选择权。

通用航空企业应当在每年 3 月 31 日前,通过通用航空管理系统向住所地民航地区管理局报送上一年度的年度报告。年度报告应当包括下列内容:

① 企业简介;

② 经营情况说明;

③ 股东情况;

④ 董事、监事、高级管理人员、民用航空器、民用航空器驾驶员等专业技术人员情况;

⑤ 其他重要事项。

民航局依法公开通用航空企业年度报告报送情况,涉及国家秘密、商业秘密、个人隐私的除外。

3.2.4 《通用航空经营许可管理规定》的修订

1. 全面修订的背景

《规定》(交通运输部令 2016 年第 31 号)自颁布实施以来,在促进完善中国民航通用航空法规体系,规范通用航空经营许可管理工作,改进通用航空市场监管,降低通用航空市场准入门槛,为通用航空企业减负松绑等方面发挥了积极作用。

2018 年 11 月,为固化民航局开展的多项通用航空政策试点工作取得的可复制、可推广成果,交通运输部以修改决定的形式对《规定》的六个条款做了修订,取消了经营许可与运行许可串联式审批、企业手册等要求,并以交通运输部令 2018 年第 36 号发布新的《规定》。2019 年 11 月,为进一步推进通用航空"放管服"改革,交通运输部以修改决定的形式对《规定》的三个条款做了修订,进一步简化许可条件、降低市场准入门槛,并以交通运输部令 2019 年第 30 号重新发布。

2. 修订的主要内容

2020 年对《规定》的全面修订,主要体现在以下 8 个方面:

(1) 贯彻落实民航局"放管结合、以放为主、分类管理"的通用航空发展思路

为分类培育通用航空市场,强化交通服务,扩大公益服务和生产应用等作业服务,鼓励发展驾驶员执照培训、空中游览等服务,此次修订中,关于经营性通用

航空活动分类,重新划分经营项目类别,取消原按注册资金规模划分的甲、乙、丙、丁四分法,采取按活动性质划分的"载客""载人"和"其他"3类,实现对通用航空企业的分类管理。

(2) 转变政府职能,减少行政干预

最大限度降低通用航空经营许可条件。在原《规定》大幅取消准入要求的基础上,进一步降低要求。

① 落实分类管理思路,降低了对成立非载客类企业航空器的数量要求,由两架降低为一架;

② 取消对除驾驶员之外的航空人员的要求;

③ 取消对通用航空企业设立分公司的备案要求;

④ 取消对开展经营性通用航空保障业务企业的监督管理要求,进一步厘清监察员对通用航空经营许可管理的监管边界。

(3) 推动企业由他律转变为自律,构建通用航空诚信体系

① 落实"信用中国"以及民航诚信体系建设工作要求,本次修订在《规定》中增加了通用航空诚信经营评价体系建设条款;同时,在《规定》中明确了记入民航行业严重失信行为信用记录的情形;

② 取消通用航空企业年检制度,将由民航机关实施年检改为由企业履行年报义务;民航机关通过随机抽查企业年报,对发现的问题依法核实、处理,同时,可以结合企业诚信情况,适当调整检查频次。

(4) 降低企业经营的制度性成本,真情服务通用航空企业发展

① 简化通用航空经营许可证载明事项数量,由10项减少为6项;

② 取消通用航空经营许可证3年有效期限制,改为长期有效;这样,企业将极大减少申请变更许可证载明事项的次数,许可证载明事项未变更的企业,也无须定期换证,降低了企业管理成本,同时也节约了民航机关的政府行政资源;

③ 优化通用航空企业经营活动备案方式,实行网上备案;同时大幅简化事前备案要求,由按照航空器及具体经营性飞行活动逐项逐次填报,改为"一揽子"备案作业期限、地点、航空器数量等信息,便于民航行政机关准确预判辖区内通用航空经营活动信息,落实属地监管职责,提升管理效能,同时也解决了事前备案工作量大、信息不准确的问题;

④ 明确要求报送实际生产经营数据,便于民航行政机关准确掌握行业发展态势,为后续研究优化行业发展政策等工作提供支撑。

（5）创新许可方式，实行告知承诺制

除事关人民群众生命安全的经营活动外，对绝大多数通用航空经营活动的许可实行告知承诺制审批。民航行政机关一次性告知申请人审批条件，申请人以书面形式承诺其满足通用航空经营许可条件。民航行政机关信赖申请人的承诺、诚信，无须现场审验，依据申请人的承诺直接办理许可审批手续。

（6）创新和完善事中事后监管，增强规章的可操作性

① 根据规章条款所依据的上位法的修订及调整情况，完善了相应法律责任条款内容；

② 依据上位法，调整了企业经营规范内容，并完善了相应的法律责任；

③ 明确了通用航空市场管理属地化监管原则；

④ 明确由民航局另行制定关于载客类通用航空经营活动管理办法以及通用航空经营活动中涉及的危险品管理办法，为后续制定规范性文件提供支撑。

（7）固化通用航空"过度监管"专项督查成果

为解决此前通用航空领域存在的"过度监管"问题，根据民航局党组工作安排，2017 年 10 月下旬至 11 月，民航局在全系统组织开展了通用航空监管专项督查，共发现和收集各类问题 193 项，其中有 9 项问题涉及通用航空经营许可及市场管理。经过连续 3 年对《规定》的修订，目前，通过全面修改规章的形式，从根本上解决了通用航空经营许可及市场管理领域存在的问题。

（8）扶持无人机新业态发展

近年来我国无人机产业发展迅猛，在世界范围内取得一定先发优势，但其在总结经验规律和形成规范标准上相对滞后，不利于在相关产业领域形成并输出中国标准，不利于巩固并发展我国在无人机领域的产业优势。结合国家相关立法工作，在《规定》中明确了使用民用无人机从事经营性飞行活动的许可规定，完善了市场监管要求等相关内容。同时，坚持审慎包容与分类监管原则，扶持无人机在通用航空领域的应用，促进相关产业安全、有序、健康发展。

3.2.5　非经营性通用航空管理

1. 非经营性通用航空登记管理规定

《非经营性通用航空登记管理规定》是原中国民用航空总局于 2004 年制定的，用以完善通用航空管理。非经营性通用航空活动，是指中华人民共和国境内的中国公民、法人或其他组织使用民用航空器开展的不以营利为目的的通用航

空飞行活动。非经营性通用航空活动项目包括：不以营利为目的的人工降水、医疗救护、自用公务飞行、搜索救援飞行、海洋监测、渔业飞行、气象探测、科学实验、城市消防、空中巡查、飞机播种、空中施肥、空中喷洒植物生长调节剂、空中除草、防治农林业病虫害、草原灭鼠、防治卫生害虫、航空护林、空中拍照、航空运动训练飞行、个人飞行与娱乐飞行活动。要求中华人民共和国领域内从事非经营性通用航空活动的任何单位和个人，均应按该规定进行登记。原中国民用航空总局(以下简称"民航总局")负责汇总全国非经营性通用航空登记情况。民航地区管理局负责本辖区内非经营性通用航空登记和管理工作。

2. 2020 年 10 月，根据《国务院关于取消和下放一批行政许可事项的决定》(国发〔2020〕13 号)要求，民航局制定了取消"非经营性通用航空登记核准"行政许可事项后的监管措施

(1) 建立健全非经营性通用航空备案制度

修订《非经营性通用航空登记管理规定》(民航总局令 130 号，CCAR - 285)：

① 明确备案条件，落实备案人依法投保地面第三者责任险等要求；

② 明确备案人应严格依照法律、法规和规章的要求组织开展飞行活动，履行报送飞行活动信息等法定义务条款；

③ 规范相应法律责任内容。

(2) 提高管理信息化水平

根据修订后的《非经营性通用航空登记管理规定》，开发"通用航空管理系统"非经营性通用航空备案功能模块，预留与其他行业管理系统的数据接口，跨部门共享数据。按规定在民航局官网公布备案主体清单。

(3) 实施分类、精准监管

以"双随机、一公开"监管为基础，对守法诚信备案主体，适当减少或者免于检查；对违法失信主体，适当增加检查频次；对严重违法失信主体，计入民航信用记录，实施综合管理措施。依法查处违法违规行为，规范非经营性通用航空活动秩序。

(4) 加强协同，实现闭环管理

依法严格实施航空器适航管理和国籍登记、航空器驾驶员资质管理、航空电台执照管理、飞行计划管理。加强与有关部门的协同，推进低空飞行服务保障体系建设，完善飞行过程监控管理；健全通用航空安全管理体系，联合实施低空飞行安全监管，依法查处违规飞行。

3.3 空中飞行管理

3.3.1 通用航空飞行管制条例

《通用航空飞行管制条例》是根据《中华人民共和国民用航空法》和《中华人民共和国飞行基本规则》制定的,目的是促进通用航空事业的发展,规范通用航空飞行活动,保证飞行安全。由中华人民共和国国务院、中央军事委员会于2003年1月10日联合发布,自2003年5月1日起施行。

1. 飞行管制

飞行管制也叫航空管制,是世界各国为维持飞行秩序、防止航空器互撞和航空器与地面障碍物相撞而对其领空内的航空器飞行活动实施的强制性的统一监督、管理和控制。

实际上,飞行管制可以说是所有民航行为的基本原则,所有航空行为包括航空附属的地面设施、资源的管理、使用调度都须依照飞行管制的内容进行。飞行管制机构通常是防空体系的组成部分,有序的空中管制是保证所有旅客和空域安全的必要程序。

我国对境内所有飞行实行统一的飞行管制,要求所有飞行必须预先提出申请,经批准后方可实施。否则可能产生飞行冲突等问题,影响飞行安全。获准飞出或者飞入中华人民共和国领空的航空器,实施飞出或者飞入中华人民共和国领空的飞行和各飞行管制区间的飞行,必须经中国人民解放军空军批准;飞行管制区内飞行管制分区间的飞行,必须经负责该管制区飞行管制的部门批准;飞行管制分区内的飞行,必须经负责该分区飞行管制的部门批准。对未经批准而起飞或者升空的航空器,有关单位可以采取必要措施,直至强迫其降落。

出于对既促进通用航空发展、又维护国家安全利益的考虑,我国明确了9种需要申请审批的飞行任务,主要涉及军方需要掌握控制的国境线、国家安全等问题,以免个人或企业行动对国家利益造成损害。除了这些特殊情况需要审批外,其他普通通用航空飞行任务都不需要申请审批。通用航空飞行任务的审批,视具体情况而定。国务院民用航空主管部门负责通用航空飞行任务的审批;总参谋部和军区、军兵种有关部门主要负责涉及国防安全的通用航空飞行任务的审核,以及地方申请使用军队航空器从事非商业性通用航空飞行任务的审批。医疗卫生、抢险救灾和处置突发事件等方面的紧急飞行,会得到优先保障。

2. 飞行计划

通用航空飞行任务在飞行实施前,须按照国家飞行管制规定提出飞行计划申请,或者通报飞行计划。飞行申请的内容包括:任务性质、航空器型别、飞行范围、起止时间、飞行高度和飞行条件等。各航空单位应当按照批准的飞行计划组织实施。

从事通用航空飞行活动的单位、个人使用机场飞行空域、航路、航线,应当按照国家有关规定向飞行管制部门提出申请,经批准后方可实施。

从事通用航空飞行活动的单位、个人,根据飞行活动要求,需要划设临时飞行空域的,应当向有关飞行管制部门提出划设临时飞行空域的申请。

划设临时飞行空域的申请应当包括下列内容:

① 临时飞行空域的水平范围、高度;

② 飞入和飞出临时飞行空域的方法;

③ 使用临时飞行空域的时间;

④ 飞行活动性质;

⑤ 其他有关事项。

飞行计划申请应当在拟飞行前 1 天 15 时前提出;飞行管制部门应当在拟飞行前 1 天 21 时前作出批准或者不予批准的决定,并通知申请人。

执行紧急救护、抢险救灾、人工影响天气或者其他紧急任务的,可以提出临时飞行计划申请。临时飞行计划申请最迟应当在拟飞行 1 h 前提出;飞行管制部门应当在拟起飞时刻 15 min 前作出批准或者不予批准的决定,并通知申请人。

在划设的临时飞行空域内实施通用航空飞行活动的,可以在申请划设临时飞行空域时一并提出 15 天以内的短期飞行计划申请,不再逐日申请;但是每日飞行开始前和结束后,应当及时报告飞行管制部门。使用临时航线转场飞行的,其飞行计划申请应当在拟飞行 2 天前向当地飞行管制部门提出;飞行管制部门应当在拟飞行前 1 天 18 时前作出批准或者不予批准的决定,并通知申请人,同时按照规定通报有关单位。飞行管制部门对违反飞行管制规定的航空器,可以根据情况责令改正或者停止其飞行。

3. 飞行保障

通信、导航、雷达、气象、航行情报和其他飞行保障部门应当认真履行职责,密切协同,统筹兼顾,合理安排,提高飞行空域和时间的利用率,保障通用航空飞行顺利实施,对于紧急救护、抢险救灾、人工影响天气等突发性任务的飞行,应当优先安排。从事通用航空飞行活动的单位、个人组织各类飞行活动,应当制定安全保障措施,严格按照批准的飞行计划组织实施,并按照要求向有关部门报告其飞行动态。从事通用航空飞行活动的单位、个人,应当与有关飞行管制部门建立可靠的通信联络。在留设的临时飞行空域内从事通用航空飞行活动时,应当保持空地联络畅通。在临时飞行空域内进行通用航空飞行活动,通常由从事通用航空飞行活动的单位、个人负责组织实施,并对其安全负责。飞行管制部门应当按照职责分工或者协议,为通用航空飞行活动提供空中交通管制服务。

从事通用航空飞行活动需要使用军用机场的,应当将使用军用机场的申请和飞行计划申请一并向有关部队司令机关提出,由有关部队司令机关作出批准或者不予批准的决定,并通知申请人。从事通用航空飞行活动的航空器转场飞行,需要使用军用或者民用机场的,由该机场管理机构按照规定或者协议提供保障;使用军民合用机场的,由从事通用航空飞行活动的单位、个人与机场有关部门协商确定保障事宜。在临时机场或者起降点飞行的组织指挥,通常由从事通用航空飞行活动的单位、个人负责。从事通用航空飞行活动的民用航空器能否起飞、着陆和飞行,由机长(飞行员)根据适航标准和气象条件等最终确定,并对此决定负责。通用航空飞行保障收费标准,按照国家有关国内机场收费标准执行。

3.3.2　无人驾驶飞行管理

无人机的迅速发展,在客观上要求无人驾驶航空器飞行管理有章可循。近年来,航空局出台了多份相关规定:

① 2016 年 9 月 21 日,中国民用航空局发布了《民用无人驾驶航空器系统空中交通管理办法》;

② 2017 年 5 月 16 日,中国民用航空局发布了《民用无人驾驶航空器实名制登记管理规定》;

③ 2018 年 3 月 21 日,中国民用航空局发布了《民用无人驾驶航空器经营性飞行活动管理办法(暂行)》。

1. 民用无人驾驶航空器经营性飞行活动管理办法(暂行)

该办法仅用于在中华人民共和国境内(港澳台地区除外)使用最大空机质量为 250 g 以上(含 250 g)的无人驾驶航空器开展航空喷洒(撒)、航空摄影、空中拍照、表演飞行等作业类和无人机驾驶员培训类的经营活动。无人驾驶航空器开展载客类和载货类经营性飞行活动不适用该办法。经营性飞行活动应当取得经营许可证,未取得经营许可证的,不得开展经营性飞行活动。民航局是经营许可证颁发及监督管理机关。

取得无人驾驶航空器经营许可证,应当具备下列基本条件:

① 从事经营活动的主体应当为企业法人,法定代表人为中国籍公民;

② 企业应至少拥有一架无人驾驶航空器,且以该企业名称在中国民用航空局"民用无人驾驶航空器实名登记信息系统"中完成实名登记;

③ 具有行业主管部门或经其授权机构认可的培训能力(此款仅适用于培训类经营活动);

④ 投保无人驾驶航空器地面第三人责任险。

具有下列情形之一的,不予受理无人驾驶航空器经营许可证的申请:

① 申请人提供虚假材料被驳回,1 年内再次申请的;

② 申请人以欺骗、贿赂等不正当手段取得经营许可证后被撤销,3 年内再次申请的;

③ 因严重失信行为被列入民航行业信用管理"黑名单"的企业;

④ 法律、法规规定不予受理的其他情形。

申请人应当通过"民用无人驾驶航空器经营许可证管理系统"(https://uas.ga.caac.gov.cn)在线申请无人驾驶航空器经营许可证,申请人须在线填报以下信息,并确保申请材料及信息真实、合法、有效:

① 企业法人基本信息;

② 无人驾驶航空器实名登记号;

③ 无人机驾驶员培训机构认证编号(此款仅适用于培训类经营活动);

④ 投保地面第三人责任险承诺;

⑤ 企业拟开展的无人驾驶航空器经营项目。

中国民用航空地区管理局应当自申请人在线成功提交申请材料之日起 20 日内作出是否准予许可的决定。准予许可的,申请人可在线获取电子经营许可证,不予许可的,申请人可在线查询原因。无人驾驶航空器经营许可证所载事项需变更的,许可证持有人应当通过系统提出变更申请。

2. 无人机的立法动态

目前,我国无人机的研制、销售、使用与出口相关管理部门主要包括中国民用航空局、工业和信息化部(以下简称"工信部")、商务部及海关总署、中国无人机产业联盟和深圳无人机协会等。

我国民航局规定无人机只能在低空且专门分配给无人机系统运行的隔离空域飞行,不能在有人驾驶航空器运行的融合空域飞行,飞行前还要向空管部门申请飞行空域和计划,得到批准后才能行动。在此背景下,各部门和地方政府加紧出台无人机行业相关监管政策,从不同角度和多个环节对无人机的发展进行规范引导。

近年来民航局和工信部等部门陆续发布了关于无人机生产制造、驾驶证登记注册和空中飞行管理等的相关政策,如 2019 年中国民用航空局飞行标准司修订了咨询通告《轻小无人机运行规定》,以进一步规范轻小无人机运行;2020 年 3 月 20 日,工信部装备二司公开征求对《民用无人机生产制造管理办法(征求意见稿)》的意见,以规范民用无人机生产制造相关活动,维护国家安全、公共安全、飞行安全,促进民用无人机产业健康有序发展。

与此同时,无人机行业相关立法工作也取得重大进展。2020 年 7 月,国务院办公厅正式印发《国务院 2020 年立法工作计划》,明确将《无人驾驶航空器飞行管理暂行条例》的制定纳入国务院 2020 年立法工作计划。该条例指出,民用无人机制造的行业管理部门由国务院工业主管部门负责,运行和运营管理部门由民用航空主管部门即民航局负责,产品认证与监督由市场监督管理部分负责。

在政策监管重点上,如表 3-2 所列,2019 年的政策重点在于无人机运行和空中飞行方面的管理,2020 年政策主要聚焦在无人机的产品和配套设施管理上。这些重大监管政策的出台和相关立法工作的开展完善了无人机行业的运行体制机制,进一步促进了无人机行业的合法化运行,并推动民用无人机行业步入强监管阶段。

表 3-2 2019—2020 年上半年中国无人机相关政策汇总

时 间	发布机构	政策名称	具体内容
2019.01	民航局	《轻小无人机运行规定(征求意见稿)》	调整无人机运行管理分类,明确无人机云交换系统定义及功能定位,增加无人机云系统应具备的功能要求,细化提供飞行经历记录服务的条件,更新取消无人机云提供商试运行资质的政策

续表 3-2

时　间	发布机构	政策名称	具体内容
2019.05	民航局	《促进民用无人驾驶航空发展的指导意见(征求意见稿)》	促进无人驾驶航空健康发展,提升民用无人驾驶航空管理与服务质量
2019.11	民航局	《轻小型民用无人机飞行动态数据管理规定》	从事轻、小型民用无人机及植保无人机飞行活动的单位、个人应当通过 UTMISS(无人驾驶航空器空中交通管理信息服务系统)线上数据收发接口实时报送飞行动态数据
2020.03	工信部	《民用无人机生产制造管理办法(征求意见稿)》	对民用无人机进行了具体规定,提出相应的生产制造管理办法,包括民用无人机应该具备唯一产品识别码,应具有电子围栏,能在飞行中使用 Wi-Fi 和蓝牙,生产企业应做好信息安全防护,产品投放市场前企业应对其安全性能进行合格检测,产品外包装应标注产品类别和风险提示等
2020.05	民航局	《民用无人驾驶航空试验基地(试验区)建设工作指引》	强调试验区建设的意义、建设原则、基本条件、布局选址、目标定位、重点任务、建设程序和保障措施等
2020.06	国家市场监督管理总局	《无人机用氢燃料电池发电系统》	规范无人机用氢燃料电池发电系统及其配套使用的氢气储存和供应系统的技术和安全要求

3. 地方政府出台相关政策加强对无人机行业的管理

与国家相关发展战略和监管政策相呼应,各地地方政府和立法部门也积极开展相关监管政策的研究,督促相关企业合规、合法生产经营,确保无人机行业安全、有序、可持续发展,控制好"黑飞"现象蔓延的趋势,加强对无人机行业的监管,推动行业健康有序发展。

2018 年,深圳市公布了《深圳地区无人机飞行管理试点工作实施方案》和《深圳地区无人机飞行管理实施办法(暂行)》,并配套推出了无人机综合监管平台,这是我国首个无人机综合监管平台,标志着空地联合、管放结合、多部门协同管理无人机的试点工作进入了试运行阶段。2019 年 1 月 2 日,深圳市人民政府审议通过了《深圳市民用微轻型无人机管理暂行办法》,该办法从生产和销售管理、飞行管理及法律责任三方面出发,明确了企业与飞手责任、禁飞区域、飞行审批管理以及法律责任等,通过规范生产、销售和使用,预防事故、明确责任,有效引导合法飞行、合理应用。

2019年3月,浙江省人民代表大会常务委员会通过了《浙江省无人驾驶航空器公共安全管理规定》,从实名、设限、严管3个角度出发,首次从立法层面对无人机安全问题作出了相应的规定。

2019年4月,西安市人民政府发布了《关于2019"低慢小"航空器飞行管理的公告》,从管理对象、管理区域、违规行为、违规处罚等角度出发,对"低慢小"航空器的飞行管理作出了详细的规定。

2020年4月,海南省人民政府通过《海南省民用无人机管理办法(暂行)》,该办法从法律层面对民用无人机进行严格监管和控制。

2020年5月,上海市人民政府通过《加强民用无人机等"低慢小"航空器安全管理通告》,其内容包括:"低慢小"航空器的类型,民用无人机拥有者应该按照民用航空管理相关规定予以实名登记,民用无人机等"低慢小"航空器在上海市的管控区域等。

无人机行业的迅速发展推动了无人机管理的相关立法工作。无论从国家层面还是从地方政府层面都对此非常重视,只有完备相关的管理体系,保障行业安全发展,才能使无人机在正确的轨道上有长久、稳定的发展,从而满足通用航空产业的需求。

第4章 航空情报与气象

4.1 航行通告

4.1.1 航行通告基础知识

1. 相关定义

航行通告（Notice to Airmen，NOTAM）是为飞行资料或航图在未修改之前发布的临时性文字公告。航行通告是飞行人员和与飞行有关的人员必须及时了解的有关航行的设施、服务、程序的建立情况或者变化，以及对航行有危险情况的出现和变化的通知。

航行通告是飞行机组及相关人员必备的飞行文件之一。

任何时候，当遇到下列情况时应签发航行通告并立即发出：需发布的情报为临时性资料；短期有效资料或用短小通告形式发出的长期存在的临时性变动；对飞行有重要意义的永久性变动（有大量文字和/或图表的情况除外）。

2. 发布单位

航行通告的收集、发布和处理工作，分别由中国民用航空局航行情报中心国际航行通告室、地区航行情报中心航行通告室和机场航行情报室负责实施。

3. 分 类

常用的航行通告一般有一级航行通告、二级航行通告（包括定期制航行通告）、雪情航行通告（Snow Notice to Airmen，SNOWTAM）和火山灰航行通告（Ash Ntice to Airmen，ASHTAM）。

4. 发布形式

一级航行通告、雪情航行通告和火山灰航行通告用电信方式发布，二级航行通告（包括定期制航行通告）用电信以外的方式发布。

4.1.2 航行通告的一般规范

① 每一种系列航行通告中的每一份航行通告都必须由签发人编一个顺序

号,该顺序号必须是以日历年为基础的连续号,如航行通告用一个以上的系列分发,每一系列分别用字母标名;

② 每一份航行通告必须尽量简要并且意义清楚,不需参阅其他文件;

③ 每一份航行通告都必须作为一份单独的通信电报发出;

④ 对包含长期存在的永久性或临时性变动情况的航行通告,必须注明所参见的有关航行资料的页码;

⑤ 如发布的航行通告系取消或代替以前的航行通告,必须注明以前的航行通告顺序号;

⑥ 如航行通告有误,必须发布其所代替的正确的航行通告;

⑦ 航行通告正文内所使用的地面代码,必须符合国际民用航空组织的正式地名代码表;

⑧ 现行航行通告的校核,通过航行通告校核单来进行,必须每月至少校核一次,我国一般在每月 1 日发布航行通告校核单;航行通告校核单,由航空固定电信网发出;航行通告校核单必须参考最新的航行资料汇编(AIP)的修订或补充资料,发往国际的航行通告校核单必须参考最新的 AIP 修订、AIP 补充资料,至少要参考国际间分发的航行通告;航行通告校核单必须按所涉及的实际电报系列分发,并须注明为校核单;必须尽早地印制包括表明最新一期 AIP 修订、AIP 补充资料校核单,及 AIC(航行资料通报)校核单在内的每月有效航行通告明语摘要,并以最迅速的方式分发给一体化航行情报系列服务的使用人。

4.1.3 航行通告的分发

① 航行通告必须分发给那些直接对飞行有重要意义的人员,该类人员必须至少在 7 天前得到预先通知;

② 每份航行通告都必须依据规范的格式顺序;

③ 必须按照国际民用航空组织通信程序的有关规定编写航行通告;

④ 必须尽可能地利用航空固定电信网分发航行通告,用航空固定电信网以外的方法发出者,必须在正文前使用发报单位识别标志与 6 位数字的日期和时间组合,以表示签发航行通告的日期、时间;

⑤ 经国际电信业务部门传递的航行通告,应使用国际民用航空组织航行通告代码代表的统一简略语句,并以国际民用航空组织的简缩字、地名代码、识别标志、代号、呼号、频率、数字和明语加以补充;

⑥ 签发航行通告的国家必须选出供国际间分发的航行通告；

⑦ 国际间交换航行通告只限于在双方同意的有关国际航行通告室之间进行；在国际间交换火山灰航行通告和有些国家继续使用航行通告发布火山活动情报时，应包括火山灰咨询中心，并且应考虑远程飞行的需要；机场之间可安排直接交换雪情航行通告；

⑧ 国际航行通告室之间交换航行通告，应尽可能限于有关收报国家的需要，可使用不同的系列编号，至少分为供国际、国内飞行之用；

⑨ 只要有可能并符合第⑥条规定，必须根据航行通告预定分发制使用航空固定通信网传递的航行通告预定分发制。

4.1.4　航行通告要求

1. 一级航行通告系列编号

① 每年公历 1 月 1 日零时开始自 0001 编号；

② 国际报由总局空管局国际通告室发布；

③ 国内报由地区空管局航行通告室发布。

2. 2015 年 8 月 29 日起各系列发布的航行通告

① 航行通告分为 A,B,C,D 4 个系列；

② 航行通告的识别标志为 NOTAM。

A 系列：发布内容包括法规、标准、服务和程序，仅与航路飞行有关的空域、导航设施和航空警告，航路、航线以及其他系列(E,F,G,L,U,W 和 Y)航行通告未包含的其他航空情报。E 系列为 ZBPE,F 系列为 ZSHA,G 系列为 ZGZU,ZHWH,ZJSA,L 系列为 ZLHW,U 系列为 ZPKM,W 系列为 ZWUQ,Y 系列为 ZYSH。

C 系列：国内系列航行通告，用于国内发布。由全国民用航空情报中心地区民航情报中心负责填写和拍发，仅限于发送到国内航空情报服务机构。

3. 重要航行通告

需要发布重要航行通告的情况包括机场关闭、跑道关闭、夜航关闭，不接受备降，盲降关闭，下滑台关闭，危险区、禁区、限制区，炮射、演习、火山活动，航路关闭、限制，航线调整及新增。

4.1.5　航行通告的填发规则

航行通告(NOTAM)是一种固定格式的电报。

1. NOTAM 的电报等级

通常把 NOTAM 的电报分为 6 个等级,用两个字母表示,"SS"表示遇险报,"DD"表示特急报,"FF"表示加急报,"GG"表示急报,"JJ"表示快报,"LL"表示平报。

NOTAM 通常使用急报,用"GG"表示,但是当 NOTAM 内容十分紧急,需特殊处理时,可以使用"DD"等级。

2. NOTAM 的收电地址

NOTAM 的收电地址由地名代码和部门代号组成。地名代码采用国际民用航空组织规定的四字地名代码;部门代号采用民航局规定的部门代号(原民航总局 73 号令《中国民用航空部门代号》),部门代号一般由 2 个字母或 3 个字母组成,不足 4 位的部门代号,各代码后以"X"补位。

3. NOTAM 的签发日期和时间

NOTAM 的签发日期和时间以两位数的日期和四位数的时间表示,如"220909",表示 22 日 9 时 9 分。国际分发的 NOTAM(A 系列)采用世界协调时间(UTC),国内分发的 NOTAM(C,D 系列)采用北京时间。

4. NOTAM 的发电地址

NOTAM 的发电地址构成同收电地址,发电地址只能有一个。

5. NOTAM 的系列和编号

(1)构　成

NOTAM 系列和编号由 A,B,C,D 中的一个字母紧随 4 位阿拉伯数字及斜线和表示年份的 2 位阿拉伯数字组成,如 C0237/98。

(2)系　列

国际分发采用 A,B 系列。A 系列由民航局空管局航行情报中心国际航行通告室(NOF)发布,发至同我国建立 NOTAM 交换关系的外国国际航行通告室。B 系列发往相邻国家,我国暂不使用。

C 系列是国内分发。由民航局空管局航行情报中心国际航行通告室和地区空管局航行情报中心航行通告室发布,发至各主要机场、民航飞行学院以上的航行通告室和航行情报室。地区空管局航行情报中心航行通告室根据飞行情况,负责向需要本系列航行通告的所属其他机场转发。

D 系列是地区分发。由省(市、区)局、机场、飞行学院和航行情报室发布,通常发至所在地区的航行情报中心航行通告室;遇有紧急情况时,可以直接发至有关的机场航行情报室。D 系列 NOTAM 由所在地区航行情报中心航行通告室负责用 C 系列转发;如果适合国际分发,则由民航局空管局航行情报中心国际航行通告室用 A 系列向国际转发。

例如,昆明巫家坝国际机场的跑道中线灯关闭,为了通知相关单位,该机场航行情报室向西南空管局航行情报中心航行通告室发布了一个 D 系列的航行通告,西南空管局负责将此通告再以 C 系列向全国(包括总局国际航行通告室)转发,因该机场是国际机场,所以总局国际航行通告室又须将西南局发来的该 C 系列航行通告以 A 系列向国际转发。

(3) 编　号

每个发布单位从每年公历 1 月 1 日零时开始,自 0001 号起连续编号。

(4) 多部分 NOTAM 的子序号(欧洲某些国家使用)

由于有时发布的 NOTAM 超过了国际民航组织航空固定业务通信网(AFTN)胜任的信息长度(包括非输出字符在内通常为 1 800 个字符,有些国家则少至 1 200 个字符),由此便产生了多部分的 NOTAM。

多部分 NOTAM 的每一部分,是有着从 Q 项到 D 项和连续的 E 项的独立的 NOTAM 信息。每一部分应该有着相同的 NOTAM 类型并有一个子序号,F 项和 G 项在最后一部分中表述。

子序号以 1 个字母(如 A 表示第一部分,B 表示第二部分等)和 1 个序号(通常由 2 个数字组成,如 05 表示第 5 段)组成。多部分 NOTAM 最多可容纳 26 个部分。

子序号置于系列号的年份后面。例如,"A1234/97A04"表示 1997 年发布的第 1234 号 NOTAM 的第一部分的第四段;"A1234/97B06"表示 1997 年发布的第 1234 号 NOTAM 的第二部分的第六段。

6. NOTAM 的标志

NOTAM 有 3 种标志,即"NOTAMN""NOTAMR""NOTAMC"。

① "NOTAMN"表示新发布的航行通告,如"C0121/98 NOTAMN"表示"C0121/98"号 NOTAM 为新的 NOTAM;

② "NOTAMR"表示该电报代替以前的某个电报,如"C0101/98 NOTAMR C0081/98"表示现在发布的"C0101/98"号电报代替以前发布的"C0081/98"号电

报,"C0081/98"失效；

③ "NOTAMC"表示取消以前的航行通告,如"C0101/98 NOTAMC C0081/98"表示现在发布的"C0101/98"号电报用以取消以前发布过的"C0081/98"号电报,两个电报同时失效。

发布 NOTAMR 或 NOTAMC 时,在"NOTAMR"或"NOTAMC"后面必须有相应的参考系列号。

7. NOTAM 的 Q 行(限定行)

(1) 意　义

为了适应航行情报服务自动化的要求,使飞行人员和有关部门有效提取,我国继 A 系列 NOTAM 增加了一个 Q 行后,于 1997 年 3 月 15 日,在全国范围内所有的 NOTAM 中增加了一个 Q 行,也叫限定行。Q 行包括 8 个子项,在一行中表示。每一个子项用一个斜线隔开。如果某一个子项无资料填写,则不必拍发斜线之间的空格。

(2) 飞行情报区(FIR)

填写该 NOTAM 影响的飞行情报区时必须用国际民用航空组织(ICAO)规定的四字地名代码填写。如果涉及 1 个以上飞行情报区,应在国家代码后加"XX",然后在下面的 A)项中逐一列出。我国的国家代码现为"ZX"。

如：Q)ZXXX/QWELW/…

A)ZBPE ZSHA ZGZU

(3) NOTAM 代码(Q－Code)

NOTAM 代码用五字码表示,其中第 1 个字母"Q"为识别码,第 2 个、第 3 个字母为 NOTAM 报告的主题,第 4 个、第 5 个字母为 NOTAM 报告主题的情况或状态。NOTAM 的含义和使用参照航行通告代码选择标准。

(4) 飞行种类(Traffic)

飞行种类表示对哪些相关的飞行活动的影响。填入"I"表示对 IFR 的飞行有影响;填入"V"表示对 VFR 的飞行有影响;填入"IV"表示对 IFR 和 VFR 的飞行都有影响;以上可按航行通告代码选择标准中的规定执行。填入"K"表示该 NO-TAM 为 NOTAM 校核单。

(5) 目的(Purpose)

表示签发本 NOTAM 的目的。填入"N"表示供选择为需即刻引起飞行员注意的 NOTAM;填入"B"表示供选入飞行前资料公告(PIB)的 NOTAM;填入"O"

表示对 IFR 飞行在运行上有重要意义;填入"M"表示其他 NOTAM,此项不包括在 PIB 中,但可按申请提供;以上可按航行通告代码选择标准中的规定执行,也可为上述情况的一种或多种的组合。填入"K"为 NOTAM 校核单。

(6) 影响范围(Scope)

表示该 NOTAM 的影响范围。填入"A"表示机场区域;填入"E"表示航路;填入"W"表示航行通告;有些无线电导航设施既用于航路飞行又用于机场区域飞行,在确定范围为"A""E"或"AE"时,应根据具体情况而定。如果选定"A"或"AE"时,则须在 A)项中填写机场地名代码。以上可按航行通告代码选择标准中的规定执行。NOTAM 校核单须填入"K"。

(7) 上下限(Upper/Lower)

如果 NOTAM 的主题涉及空域结构(如管制地带、终端管制区、高空飞行情报区等),必须填入适当的下限和上限。上下限均以飞行高度层(FL)表示,填写时应注意公制单位米与高度层的换算,如下限 600 m、上限 11 000 m 应填写为"020/361";当高度无限制或高度限制不明确时应填写为"000/999"。

(8) 坐标/半径(Coordinates/Radius)

坐标表示 NOTAM 所影响的区域中心,以经纬度表示,精确到分,分以下四舍五入,纬度用四位数加"N"或"S"表示,经度用五位数加"E"或"W"表示;半径表示 NOTAM 所影响区域的半径,用三位数表示,单位为"海里"。如"2600N08246E005",表示影响范围是以北纬 26°00′、东经 82°46′为中心,以5 n mile 为半径的区域。

8. NOTAM 的 A)项(发生地)

A)项只应填写设施、空域、报告情况所在机场或情报区的四字地名代码。

9. NOTAM 的 B)项(开始生效日期和时间)

B)项填写该 NOTAM 开始生效的日期和时间。由 10 位阿拉伯数字组成,按年、月、日、时、分的顺序,每项占 2 位来表示。

10. NOTAM 的 C)项(结束日期和时间)

C)项填写该 NOTAM 的结束日期和时间。如果 NOTAM 资料是永久性的,则 C)项填写"PERM",带有"PERM"的 NOTAM,当修订资料生效时,应将 NOTAMC 取消。如果 NOTAM 资料是非永久性的,则 C)项的填写方法同 B)项。如果 NOTAM 资料的结束时间为估计时间,则必须在时间后面加"EST",如

"9803300001EST"表示预计结束时间是 1998 年 3 月 30 日零时。任何 C)项中只要是含有"EST"的 NOTAM,都应发布 NOTAM 予以取消或代替,不能自行失效。C)项中不允许使用"APPX(大约)""DUR(持续期)"和"UFN(直到进一步通知)"等不规范简字,该项中零时整不得用"0000"或"2400"表示,如遇此情况须减1 min,如 1998 年 4 月 6 日 24 时整,应表示为"9804062359"。

11. NOTAM 的 D)项(有效时间段)

如果所报险情、工作状态或设备情况在规定生效日期内间断有效时,应在 D)项中填写时间段。应不超过 200 个字符,如果太长则须另发一个 NOTAM。如果分段生效时间比较复杂或超过 3 行时,应在 E)项中说明。两个连续的时间段一般不应超过 7 天。D)项的时间段应包括在 B)项和 C)项的时间范围内。

12. NOTAM 的 E)项(正文)

E)项为 NOTAM 正文,填写时应注意以下事项:

① 一份 NOTAM 应当只说明一项事宜,内容应简明扼要且意义准确清楚,其内容的表示方法应适合直接用于 PIB(Per – flight Information Bulletin);

② 如果 A)项中使用"ZXXX"等,应在正文开头对地名进行说明;

③ 如遇超长电报,可分几部分填发,但第一行应为部分说明,如 PART1 of 3PARTS(表示该超长电报为 3 部分,此为 3 部分中的第一部分);

④ 取消类 NOTAMC 应包括参考情况和状态说明航行通告正文在内,以便能够进行准确合理的检查;

⑤ A 类 NOTAM 可使用航行通告代码的全文,必要时用指示码、呼号、频率或明语等详加说明,适用时应使用 ICAO 简缩语、英语明语等来说明;

⑥ C,D 类 NOTAM 使用航行通告代码全文的中文译文,必要时用指示码、呼号、频率或明语等详加说明,适用时使用 ICAO 简缩语或国内规定的简缩语。

13. NOTAM 的 F)项和 G)项(下限和上限)

NOTAM 的 F)项和 G)项(下限和上限)如表 4 – 1 所列。

表 4 – 1   航行通告限定行中上下限填发方法

F)项	G)项
SFC	UNL
GND	XXXXXXM AGL
GND	XXXXXXM AMSL

续表 4 - 1

F)项	G)项
XXXXXXM AGL	XXXXXXM AGL
XXXXXXM AMSL	XXXXXXM AMSL
FLXXX	FLXXX

14. 填发 NOTAM 校核单的注意事项

航行通告校核单应以航行通告代替报（NOTAMR）的形式拍发；C)项时间预计有效期为 1 个月（EST）；限定行中的 Q - Code 必须为"QKKKK"，Traffic，Purpose 和 Scope 都必须为"K"。E)项中的正文以"CHECKLIST"在第一行表示，有效航行通告按公历年分组列出，年份以四位数表示，前面加识别标志"YEAR＝"，并在一个空格后列出一年的有效航行通告编号，该编号不加系列代码，下一年须另起一行表示，列出年航行通告后，不得以"."表示结束。如：

(C9998/98 NOTAMR C9996/98

Q)ZXXX/QKKKK/K/K/K/000/999

A)ZGZU ZHWH

B)9809010900 C)9810010859EST

E)CHECKLIST

YEAR＝1997 9001 9002

YEAR＝1998 9000 9003 9004)

如发生错误，W 应发布一份新的航行通告校核单代替，不得使用更正电报修改错误。

4.1.6 雪情航行通告

雪情航行通告（Snow Notice to Airmen，SNOWTAM）是航行通告的一个专门系列，是以特定格式拍发的，是针对机场活动区内有雪、冰、雪浆及其相关的积水而导致危险的出现和排除情况的通告。

雪情航行通告发至民航局国际航行通告室、与当日飞行有关的地区管理局航行通告室和各有关机场的航行情报室。我国对外开放机场的雪情航行通告，有民航局国际航行通告室向国外转发。

雪情航行通告必须在第一架进出机场或者备降的航空器预计起飞 1.5 h 前发出。从飞行开始至结束,应该根据雪情变化或者扫雪情况每小时发布一次。

(1) 要求及规则

① 雪情航行通告的编号由 4 位数字组成,年份省略;

② 对国外发布的雪情航行通告使用世界协调时间(UTC),对国内发布的雪情航行通告使用北京时间;

③ 雪情航行通告的最长有效时间为 24 h,在任何时候,若雪情有重大变化,则须发布新的雪情航行通告;

④ 雪情航行通告采用米制单位;

⑤ 一份雪情航行通告发布两条以上跑道的雪情时,应在报文中分别说明每条跑道的雪情;

⑥ 雪情重要变化(必须重新发布):

a. 摩擦系数变化约 5%;

b. 堆积物深度变化>干雪 20 mm、湿雪 10 mm、雪浆 3 mm;

c. 跑道可用长度和宽度变化大于 10%(含);

d. 堆积物类别或覆盖范围有任何变化(此种变化应重新填写 F 项或 T 项);

e. 当跑道一侧或两侧有临界雪堆时,雪堆的高度或离跑道中心线的距离有任何变化;

f. 跑道灯被遮盖,灯光亮度有明显变化;

g. 根据经验或当地环境,任何其他已知重要变化。

(2) 雪情航行通告各项的含义

雪情航行通告的电报等级、收电地址、签发日期和签发时间等参见 NOTAM 相关部分。

为了便于计算机自动处理数据库内的雪情航行通告,采用此简化报头。简化报头的组成为:TTAAiiii CCCC MMYYGGgg(BBB)。

简化报头各项的含义如下:

① 雪情航行通告的识别标志,填写为"SW";

② AA:国家或地区地理位置识别代码;对外发布雪情航行通告,填写我国国家代码"ZX";向国内发布的雪情航行通告填写各管理局、省局、航站及飞行学院所在管理局地理位置的识别代码,如 ZG 代表中南管理局,ZY 代表东北管理局等;

③ iiii：雪情航行通告编号，由四位数组成，年份省略；每年自 7 月 1 日起自
"0001"开始编号，第一次发布雪情航行通告的编号为 0001，顺序编号直至第二年
的 6 月 30 日"2359"止；

④ CCCC：雪情航行通告所涉及的机场四字地名代码；

⑤ MMYYGGgg：观测的日期和时间，MM 代表月份，YY 代表日期，GG 代
表小时，gg 代表分钟。

雪情航行通告各项含义如下：

A)项——机场名称（ICAO 规定的四字地名代码）；

B)项——观测日期和时间（由 8 位数字组成，观测的月、日、时、分）；

C)项——跑道代号（跑道代号数字小的一端的代号）；

D)项——扫清的跑道长度（m）；

E)项——扫清的跑道宽度（m）；

F)项——跑道堆积物（自跑道代号小的一端着陆入口开始观测的跑道的每
1/3 地段的堆积物情况，用"/"分开）；

G)项——平均跑道雪深（自跑道代号数字小的一端着陆入口开始观测，跑道
的 1/3 地段的平均雪深（mm），用"/"分开）；

H)项——跑道摩擦系数；

J)项——临界雪堆（临界雪堆高度的单位为"cm"）；

K)项——跑道灯（如跑道灯被遮盖，填入"YES"，后面应加注"左"（L）或"右"
（R）或"左右"（LR），自跑道代号数字小的一端着陆入口观测）；

L)项——进一步清除计划（计划进一步扫除跑道的长度和宽度（m），"TO-
TAL"表示跑道全长）；

M)项——预期完成扫雪的时间；

N)项——滑行道；

P)项——滑行道雪堆；

R)项——停机坪（如停机坪不能使用，标示"NO"）；

S)项——下次观测时间；

T)项——说明（用明语说明在运行上具有重要意义的资料，但应经常报告未
清除的跑道长度及跑道每 1/3 地段的污染范围）。

雪情航行通告格式如表 4-2 所列。

表 4-2　雪情通告格式

COM	电报等级		收报单位			
报头	签发日期和时间		发电单位(代号)			
简化	(SWAA * 顺序号)		(地名代码)	(观测日期时间)		(任选项)
表头	S	W	*	*				

SNOWTAM——(顺序号)	
机场名称(四字地名代码)	A)
观测日期和时间(测定结束时间,世界协调时间)	B)
跑道代号	C)
扫清跑道长度/m	D)
扫清跑道宽度/m	E)
全部跑道上堆积物(自跑道代号数字小的一端着陆入口开始观测跑道上每 1/3 地段的堆积物情况): NIL—没有积雪,跑道干燥; 1—潮湿; 2—湿或小块积水; 3—雾凇或霜覆盖(深度一般不超过 1 mm); 4—干雪; 5—湿雪; 6—雪浆; 7—冰; 8—压实或滚压的雪; 9—冰冻的轮辙或冰脊	F)
跑道总长度每 1/3 地段的平均深度/mm	G)
跑道每 1/3 地段的摩擦系数和测量设备测定或计算的系数或估计的表面摩擦力: 0.4 及以上　　好　　—5 0.39~0.36　　中/好　—4 0.35~0.30　　中好　—3 0.29~0.26　　中/差　—2 0.25 及以下　　差　　—1 9 不可靠　　不可靠　—9 (引用测定系数时,采用观察的两位数字,后随所用摩擦力测量设备的简称;引用估计值时用一位数字)	H)

续表 4-2

临界雪堆	J)
跑道灯	K)
进一步清扫计划	L)
预期完成扫雪的时间	M)
滑行道	N)
滑行道雪堆	P)
停机坪	R)
下次计划观测时间	S)
明语注	T)

其中,各类雪的定义:

① 雪浆指含水量达到饱和的雪;

② 干雪指松的雪能被风吹动或可用手压实但松手后会重新散开掉下;

③ 湿雪指用手压实时雪会沾在一起易形成雪球;

④ 压实的雪指已被缩成一团牢固的雪而不能再被压缩时,会被保持在一起或被拾起来时,裂开成小块。

跑道污染范围如表 4-3 所列。

表 4-3　跑道污染范围

表述方法	代表含义
跑道污染 10%	表示被污染的跑道小于 10%
跑道污染 25%	表示被污染的跑道为 11%～25%
跑道污染 50%	表示被污染的跑道为 26%～50%
跑道污染 100%	表示被污染的跑道为 51%～100%

(3) 雪情航行通告举例

GG ZBBBYNYX ZGGGOFXX ZSSSOFXX

100123　ZHLYOIXX

SWZG0015 ZHLY 01101530

SNOWTAM 0015

A)ZHLY B)01101530

C)18L F)4/4/4 G)30/30/30 H)3/3/3

C)18R F)1/1/1 G)20/20/20 H)5/5/5

L）TOTAL S）01101730

T）RWY CONT 100 PERCENT）

电报等级：GG

收电地址：北京、广州、上海情报室

签发日期：10 日 1 时 23 分

签发单位：洛阳情报室

简化报头：SWZG0015 ZHLY 01101530

编号：SNOWTAM0015（第 15 号雪情航行通告）

　　洛阳机场第 15 号雪情航行通告，1 月 10 日 15 时 30 分观测，从 18L 跑道入口观测：跑道的每 1/3 地段为干雪，跑道的每 1/3 地段的积雪深度为 30 mm，跑道的每 1/3 地方摩擦系数为中好；从 18R 跑道入口观测：跑道的每 1/3 地段为潮湿，跑道的每 1/3 地段的积雪深度为 20 mm，跑道的每 1/3 地方摩擦系数为好；计划清除跑道上的所有积雪，计划下一次观测的时间为 17 时 30 分。被污染的跑道为 51%～100%。

4.1.7　火山灰航行通告

　　火山灰航行通告（Ash Notice to Airmen，ASHTAM）是航行通告的一个专门系列，是以特定格式拍发的，针对可能影响航空器运行的火山活动变化、火山爆发和火山烟云的通告。当火山活跃状态有所改变，或可能对航运有重要影响时，发布 ASHTAM 提供关于火山活动的资料。

　　火山灰航行通告各项含义如下：

　　A）受影响的飞行情报区；

　　B）火山爆发日期和时间（UTC）；

　　C）火山名称和编号；

　　D）火山位置的经纬度或距导航设备的距离；

　　E）火山告警色码等级，包括先前色码等级；

　　F）现状及火山灰云的水平和垂直范围；

　　G）火山灰云的移动方向；

　　H）受影响的航路、航段和飞行高度层；

　　I）关闭的空域、航路或航段和适当的备用航路；

　　J）资料来源；

　　K）明语备注。

例子：

VAZW0001 ZYSH 04181200

ASHTAM 0001

A) ZYSH

B) NIL

C) CHANGBAISHAN 1252－2

D) N42026 E128333

E) GREEN

F) NIL

G) NIL

H) ROUTE W18 W65 B111

I) ROUTE W12 W45

J) MTSAT－1R,CVGHM

K) THE VOLCANO WILL ERUPT

中国第1号火山通告

观测时间：4月18日12时整

受影响情报区：沈阳情报区

火山第一次爆发时间：无（没有爆发过）

火山名称：长白山

火山编号：1252-2

火山位置经纬度：位于 42026"N　128333"E

告警等级色码：绿色

受影响航路：W18,W65,B111

关闭航路：W12,W45

资料来源：气象观测卫星 MTSAT-1R,CVGHM 卫星地面观测站

火山情况：火山尚未爆发

4.2　目视航图含义、分类与应用及典型案例分析

4.2.1　目视航图的重要性

目视航图是飞行员在目视飞行准则下，以地面环境作为主要导航手段实施

飞行时的重要参考资料,主要为通用航空的低空目视飞行使用,是小型飞机能够安全低空飞行的重要条件。作为通用航空飞行的安全保障,目视航图是不可缺少的,是有关民用航空管理部门必须提供的。

随着我国经济不断发展,抗震救灾等通用航空活动逐渐得到认可。制作目视航图是通用航空发展的必然要求。目视航图不仅可以为空中紧急救援提供飞行参考,而且还可以为紧急救援决策节省宝贵时间。

4.2.2　美国目视航图相关信息

美国航图的制作是从目视航图开始的,至今已有70多年的历史。今天,虽然许多执行通用航空任务的航空器都安装了先进电子设备,但目视航图仍然是驾驶舱中不可缺少的文件之一。

1929年,为了提供最精确的地形数据,根据空中航图委员会的提议,美国海岸和地理测绘局开始研发一套区域图(共92张),1932年,出版了前31张,对航图的补充航行资料公布在当时的《国内空中新闻》上,后来《空中交通公告》取代了《国内空中新闻》,它就是今天使用的《机场设施手册和航行通告》(AFD/NOTAM)的前身。

从20世纪40年代中期开始,美国空军陆续出版了自己的仪表着陆图,并由美国海岸警卫队汇编成册。随着无线电导航设施的应用及发展,1947—1949年之间,美国海岸和地理测绘局也出版了一套覆盖全美的无线电设施图(共59张),20世纪40年代,杰普逊机长首次出版了关于民用仪表进近程序的书。此前民用航空仪表程序都是由营运人自己设计,在获得美国民用航空管理局(CAA,即后来的美国联邦航空管理局(FAA))批准后自己使用的。

1947年,杰普逊机长与美国民用航空管理局一起合作制定了许多标准进近程序,并授权给营运人使用,从而开创了航图出版业。1948年公布了第一张仪表着陆系统进近程序图,1949年末公布了第一个甚高频全向信标台(VOR)进近程序。

4.2.3　航图的分类

国际民用航空组织(ICAO)在《国际民用航空公约》附件4《航图》部分规定了17种航图的制图规范和要求。

1. 按重要程度分类

(1) 必须提供的航图(6种)

凡是对国际民用航空开放的机场,都必须制作与提供,包括机场障碍物图、机场图、世界航图、精密进近地形图、仪表进近图和航路图。

世界航图比例尺为 1∶1 000 000。飞行前规划图,用于目视领航,其作为基本航图,以一种不变的比例尺和统一显示的平面测量资料提供一套完整的世界范围的航图。

(2) 非强制性制作的航图

只有当有关部门觉得这类航图有助于航空器运行的安全、正常和效益时,才应制作与提供,包括机场障碍物图、机场地面运行图、航空器停放/停靠图、航空地图、航路领航图、作业图。

(3) 根据条件需要而制作的航图

在某种情况出现或某种条件下,才制作与提供,包括机场障碍物图、区域图、标准仪表离场图、标准仪表进场图、目视进近图。

2. 按航图的用途分类

① 仅用于作计划的航图,包括机场障碍物图、精密进近地形图;

② 起飞至着陆之间飞行时使用的航图,包括航路图、区域图、标准仪表离场图(SID)、标准仪表进场图(STAR)、仪表进近图、目视进近图;

③ 飞机在机场道面上运行时使用的航图,包括机场图、机场地面运行图、航空器停放/停靠图;

④ 目视领航、作业和计划时使用的航图,包括世界航图、航空地图(比例尺为 1∶500 000)、航空领航图、作业图。

4.2.4 航图的分发和修订

所有航图和有关航行情报出版物由一个中心统一分发。修订方法有手改、利用修订版、出版新版航图。

4.2.5 我国主要出版的航图

① 航空地图(比例尺为 1∶500 000);

② 世界航图(比例尺为 1∶1 000 000);

③ 航空图(比例尺为 1∶50 000);

④ 小比例尺航空领航图(比例尺为 1∶2 000 000~1∶5 000 000);

⑤ 特种航图;

⑥ 机场障碍物——A 型(运行限制)图;

⑦ 航路图、区域图、精密进近地形图;

⑧ 标准仪表进场图、标准仪表离场图;

⑨ 仪表进近图、目视进近图;

⑩ 机场/直升机场图、停机位置图;

⑪ 空中走廊图、放油区图。

4.2.6　中国国内航空资料汇编(NAIP)

中国国内航空资料汇编(NAIP)如图 4 - 1 所示,NAIP 航图编号如图 4 - 2 所示。

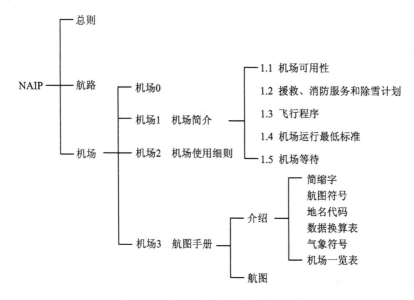

图 4 - 1　中国国内航空资料汇编结构

```
          ┌── ZXXX-1  区域图、空中走廊图、放油区图
          │   ZXXX-2  机场图、停机位置图
          │   ZXXX-3  标准仪表离场图
          │   ZXXX-4  标准仪表进场图
    航图 ──┤   ZXXX-5  仪表进近图（ILS）
          │   ZXXX-6  仪表进近图（VOR）
          │   ZXXX-7  仪表进近图（NDB）
          │   ZXXX-8  目视进近图
          └── ZXXX-9  进近图（RADAR，RNAV，RNP，GPS，GNSS）
```

图 4 - 2　NAIP 航图编号

4.2.7　航图符号

1. 航路图和区域图

机场/直升机场符号如表 4 - 4 所列。

表 4 - 4　机场/直升机场符号

符　号	含　义	符　号	含　义
⊕	民用机场	●	军用机场
 ◉	军民合用机场	○	军用备降机场
 Ⓗ	民用直升机场	**广州/白云** **15**	城市名/机场名 机场标高(m)

无线电导航设施符号如表 4 - 5 所列。

表 4 - 5　无线电导航设施符号

符　号	含　义	符　号	含　义
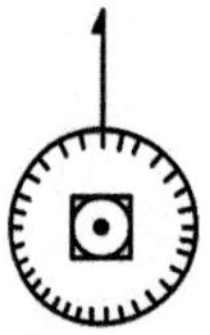 ⊙	甚高频全向信标台(VOR)和测距仪(DME)合装	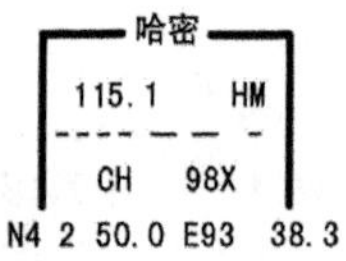 ┌─哈密─┐ 115.1　　HM - - - - - - CH　98X N42 50.0 E93 38.3	VOR/DME 数据框 台名 频率(MHz)、识别 莫尔斯电码 地理坐标

符 号	含 义	符 号	含 义
	甚高频全向信标台(VOR)	九州 117.2　ZAO N22　14.8 E113 36.7	VOR 数据框 台名 频率(MHz)、识别 莫尔斯电码 测距频道 地理坐标
	无方向性无线电信标台 (NDB)	奇合 300　HJ N44　01.0 E89 39.0	NDB 数据框 台名 频率(kHz)、识别 莫尔斯电码 地理坐标
	VOR/ DME 与 NDB 在同一 位置	宁陕 116.3　NSH CH　110X N33 19.2E10.0　18.8 402　RO N33　19.4E10.8　8.7	VOR/DME/NDB 数据框 VOR/DME 数据(蓝色) NDB 数据(绿色)

边界线符号如表4－6所列。

表 4 - 6　边界线符号

符 号	含 义	符 号	含 义
├━•━┤━•━┤━•━┤	国界	▬▬▬▬▬▬	进近管制区、终端管制区 边界
├──┼──┼──┤	飞行情报区边界	〜〜〜〜〜	管制扇区边界
├ ─ ─ ┼ ─ ┤	飞行情报区边界(未定界)	────────	区域管制区边界

航路和航线符号如表4－7所列。

表 4 - 7　航路和航线符号

符 号	含 义	符 号	含 义
─◇G212─	航路、航线(双向)	J527	航路(双向)
─◆W64◆─	航路、航线(单向)	B458 ▶	航路(单向)
─ ─ ─ ─ ─	脱离航线	──▲──	该航路不适用此报告点

符 号	含 义	符 号	含 义
············· ·············►	目视航线(双向) 目视航线(双向)(单向)	▲ ▲	强制报告点
(等待航线符号)	等待航线	△	非强制报告点
航段距离210千米, 113海里 113 210 航路代号 271° G212 091° 2200 磁航线角 最低飞行高度/m 航路		航线代号 航段距离 (75) (60) 096° J304 138 112 276° 2151 1659 最低飞行高度/m 磁航线角	

其他符号如表 4-8 所列。

表 4-8　其他符号

符 号	含 义	符 号	含 义
188	网格最低安全高度(单位：10 m)	南宁管制区 132.7+120.55 6616　08-20 5481　20-08 +11306	管制通信频率数据框
—— 1°W ——	等磁差线(西磁差1°)		
㉔	注记编号		
④ ↕	走向及其编号和宽度	(限制空域符号)	限制空域
(区域图范围符号)	区域图范围	ZP(R)418 1400CN CND H24	限制空域数据 编号(P 禁区、D 危险区、R 限制区) 限制高度(上限 下限) 限制时间

2. 进场图、离场图和进近图

机场符号如表 4-9 所列。

表 4 - 9　机场符号

符　　号	含　　义	符　　号	含　　义
▭	起降机场	▬	非起降机场

无线电导航设施符号如表 4 - 10 所列。

表 4 - 10　无线电导航设施符号

符　　号	含　　义	符　　号	含　　义
平面图　剖面图	甚高频全向信标台（VOR）	平面图　剖面图	无方向性无线电信标台（NDB）
平面图　剖面图	测距仪（DME）	平面图　剖面图	VOR/DME 合装
平面图　剖面图	指点标	平面图　剖面图	指点标和 NDB 在同一位置
平面图　剖面图	指点标和 VOR/DME 在同一位置	尹家溪 319　JX N29　10.8E110 23.9	NDB 数据框 台名 频率（kHz）、识别 莫尔斯电码 地理坐标
		DME (109.7) ISM CH　34X N22 47.1E100 57.5	DME 数据框 频率（MHz）、识别 莫尔斯电码 测距频道 地理坐标

符　号	含　义	符　号	含　义
平面图　剖面图	航向信标	ILS 187°　108.5 IPA	ILS 数据框 磁航向 187°、频率 108.5MHz ILS 识别码 IPA、莫尔斯电码
张家界 114.4　DYG CH　91X N29 06.4E110　26.3	VOR/DME 数据框 台名 频率(MHz)、识别 莫尔斯电码 测距频道 地理坐标	南康 117.1　BHY CH　118X N21 53.1E109　26.0 341　YI N21 35.5E109　26.2	VOR/DME/NDB 数据框

航线符号如表 4 - 11 所列。

表 4 - 11　航线符号

符　号	含　义	符　号	含　义
———————	航线	✦	航路点　飞越点 旁切点
- - - ➤	复飞航线	✧	
▲	强制报告点	△	非强制报告点
R208°	VOR 径向线	WF028°	NDB 方位线
×　平面图　剖面图	定位点	270° ① 1200/3937' 090°	等待航线 磁航线角、出航时间、最低等待高度(m)

地形、地物和水系符号如表 4 - 12 所列。

表 4 - 12　地形、地物和水系符号

符　号	含　义	符　号	含　义
	窗状水系		季节性河流和湖泊
			线状水系

符　号	含　义	符　号	含　义
	地形等高线	·300	城墙 高程点
南京	城镇		障碍物(无灯、有灯) 障碍物海拔高度：500 m 场压高：350 m

其他符号如表 4 - 13 所列。

表 4 - 13　其他符号

符　号	含　义	符　号	含　义
	最低扇区高度 中心点：导航设施 BHY 半径：46 km 最低扇区高度： 1 050 m(3 445 ft) 500 m(1 640 ft)		限制空域
		ZP(R)418 1400CN CND H24	限制空域数据 编号(P 禁区、D 危险区、R 限制区) 限制高度(上限 下限) 限制时间

3. 机场/直升机场和机场停机位置图

跑道、滑行道、停机坪符号如表 4 - 14 所列。

表 4 - 14　跑道、滑行道、停机坪符号

符　号	含　义	符　号	含　义
	有铺筑面的跑道	(H)	机场内直升机停机点
	无铺筑面的跑道	SWY 60×40ASPH	停止道长、宽及铺筑面性质
Strip　3200×300	升降带长、宽	CWY 200×150	净空道长、宽
U/S	关闭的跑道、滑行道或其部分不能使用		滑行道

符 号	含 义	符 号	含 义
	跑道入口内移		跑道等待位置标志
	建筑物		停机位置编号和滑行路线
ARP	机场基准点		

灯光符号如表 4 - 15 所列。

表 4 - 15 灯光符号

符 号	含 义	符 号	含 义
	跑道接地带灯		I 类精密进近灯光系统（PALS CAT I ）
PAPI	精密进近航道指示器（PAPI）		
	简易进近灯光系统（SALS）		II 类精密进近灯光系统（PALS CAT II ）
	I 类精密进近灯光系统（有顺序闪光灯 PALS CAT I ）		II 类精密进近灯光系统（有顺序闪光灯 PALS CAT II ）

其他符号如表 4 - 16 所列。

表 4 - 16 其他符号

符 号	含 义	符 号	含 义
	VOR 校准点	有灯	着陆方向标（无灯、有灯）
	跑道视程观测点	无灯	
	风向标		

4. 机场障碍物图

机场障碍物符号如表 4 - 17 所列。

表 4 - 17　机场障碍物符号

符　号	含　义	符　号	含　义
⊙	天线杆、高压线线塔	-T-T-T-T-T-T-	电话线
—X—X—X—	铁丝网	~T~T~T~T~	电力线
城墙符号	城墙	■	建筑物
✳	树木	▲	山
悬崖符号	悬崖	——+——+——	铁路
▮①	剖面图上的障碍物及障碍物编号	剖面图	穿透障碍物限制面地形
⑨ 山 方位025° ▲ 标高408.2 距离10812	远方障碍物数据	平面图	

4.3　气象要素及常见天气现象

4.3.1　气象要素

表示大气状态的物理量和物理现象通称为气象要素。气温、气压、湿度等物理量是气象要素,风、云、降水等天气现象也是气象要素。

(1) 气　温

气温是表示空气冷热程度的物理量,它实质上是空气分子平均动能大小的宏观表现。日常天气预报中所说的气温是指位于气象观测场中 1.5 m 高度百叶箱内测得的空气温度。在我国,气温用摄氏度(℃)表示。气温有日最高、日最低、日平均气温等。日最高气温一般出现在午后 14 时、15 时左右,日最低气温一般出现在凌晨日出前。

气温变化的基本方式分为非绝热变化和绝热变化。

非绝热变化指空气块通过与外界的热量交换而产生的温度变化,主要有辐射、乱流、水相变化、传导。辐射指物体以电磁波的形式向外放射热量。乱流指空气无规则的小范围涡旋运动,乱流使空气微团产生混合,气块间热量也随之得到交换。水相变化指水的状态变化,水通过相变释放热量或吸收热量,引起气温变化。传导指依靠分子的热运动将热量从高温物体直接传递给低温物体的现象。

绝热变化指空气块与外界没有热量交换,仅由其自身内能增减而引起的温度变化。绝热变化过程有两种情况:干绝热过程和湿绝热过程。干绝热过程指在绝热过程中,气块内部没有水相的变化,即干空气或未饱和空气的绝热过程。干绝热直减率 $r_d \approx 1$ ℃/100 m。湿绝热过程指在绝热过程中,气块内部存在水相交化。湿绝热直减率用 r_m 表示,$r_m = 0.4 \sim 0.7$ ℃/100 m。

当气块做水平运动或静止不动时,非绝热变化是主要的;当气块做垂直运动时,绝热变化是主要的。

(2) 气　压

气压即大气压强,是指与大气相接触的面上,空气分子作用在每单位面积上的力。气压总是随高度而降低,高度越高,气压随高度降低得越慢。

航空上常用的气压有本站气压、修正海平面气压(QNH)、场面气压(QFE)、标准海平面气压(QNE)。本站气压是指气象台气压表直接测得的气压;修正海平面气压是由本站气压推算到同一地点海平面高度上的气压值,海拔高度大于 1 500 m 的测站不推算修正海平面气压;场面气压指着陆区(跑道入口端)最高点的气压,场面气压是由本站气压推算出来的;标准海平面气压指大气处于标准状态下的海平面气压,标准海平面气压值为 1 013.25 hPa 或 760 mmHg。

(3) 空气湿度

空气湿度就是用来度量空气中水汽含量多少或空气干燥潮湿程度的物理量。

常用的湿度表示方法有相对湿度(f)、露点(t_d)、气温露点差($t-t_d$)。相对湿度为空气中的实际水汽压与同温度下的饱和水汽压的百分比,相对湿度的大小直接反映了空气距离饱和状态的程度(空气的潮湿程度);当空气中水汽含量不变且气压一定时,气温降低到使空气达到饱和时的温度,称为露点温度,简称露点;气温露点差是气温减去露点,气温露点差表示空气的干燥潮湿程度,气温露点差越小,空气越潮湿。

(4) 降　水

降水是指从云中降落至地面的水滴、冰晶、雪等的现象。降水常使能见度恶化,降低飞机的空气动力学性能,改变跑道状态,给飞行、起飞和着陆造成困难和危险。降水量以在水平面上积累的深度来表示,单位为毫米(mm),最后取一位小数。

按降水物形态和下降时的特征分类：

① 雨（Rain）：滴状液态降水，下降时清晰可见，过冷却雨滴降落至温度低于 0 ℃ 的地表面时，可在地面或地物上形成透明粗糙的冰层，称为雨凇（Glaze）；

② 毛毛雨（Drizzle）：细小粒液体降水（直径小于 0.5 mm）纷密飘降，落速慢，常不可见，与人脸接触会让人有潮湿感；

③ 雪（Snow）：片状、针状、辅枝状或柱状的结晶形固态降水，具有六角晶体结构，由水汽凝华而成，白色不透明；

④ 霰（Graupel）云：在冰晶下落时俘获大量过冷却水滴，碰冻成类球状或锥状的白色不透明固态降水物，也称为软雹（SoftHail），直径为 2～5 mm，在降雪前出现或与雪同降，具有阵性，着硬地会反跳，易碎，常为冰雹的核心；

⑤ 冰雹（Hail）：坚硬的球状、锥状或形状不规则的固态降水，常由透明、不透明的固态冰交替分层组成，直径大于 5 mm，降自积雨云中；

⑥ 冰粒（Ice Particle）：透明的丸状或不规则固态降水，直径为 2～5 mm，由雨滴在空中冻结而成，坚硬着地反跳，常降自高层云或雨层云，可作为冰雹的核心，亦称小雹（Small Hail）、冰丸（Ice Pellet）；

⑦ 米雪（Granular Snow，Snow Grains）：白色不透明的比较扁或长的小颗粒固态降水，直径一般小于 1 mm，着地不反跳，常降自含过冷水滴的层云或雾中。

按降水的特性可分为连续性降水、间歇性降水和阵性降水。

① 连续性降水持续时间长，降水强度变化不大，通常由层状云产生，水平范围较大，卷层云一般不降水，在纬度较高的地区有时可降小雪，雨层云、高层云可产生连续性降水；

② 间歇性降水强度变化也不大，但时降时停，多由波状云产生，其中层云可降毛毛雨或米雪，层积云、高积云可降不大的雨或雪；

③ 阵性降水强度变化很大，持续时间短，影响范围小，多由积状云产生，其中淡积云一般不产生降水；浓积云有时产生降水，低纬度地区可降大雨；积雨云可降暴雨，有时会产生冰雹和阵雪。

（5）风

空气运动产生的气流，称为风。风向是指风吹来的方向，如果风是从北方吹来就称为北风。在天气预报中常用"级"表示风速，8 级大风空气的流动速度相当于时速 60～70 km，10 级风相当于时速 90 多千米，如表 4-18 所列。

表 4-18　风力等级表

等　级	名　称	速度/(m·s⁻¹)	现　象
0 级	无风	0.0～0.2	烟直上
1 级	软风	0.3～1.5	烟能表示风向
2 级	轻风	1.6～3.3	人面感觉有风,树叶有微响
3 级	微风	3.4～5.4	树的微枝摇动不息,旗子展开
4 级	和风	5.5～7.9	能吹起地面灰尘和纸张,树的小枝摇动
5 级	轻劲风	8.0～10.7	有枝的小树摇摆,内陆水面有小波
6 级	强风	10.8～13.8	大树枝摇动,电线呼呼有声,举伞困难
7 级	疾风	13.9～17.1	全树摇动,大树枝弯下,迎风步行不便
8 级	大风	17.2～20.7	折毁树枝,人向前行走感觉阻力很大
9 级	烈风	20.8～24.4	烟囱及平房顶受到损失,小屋遭受破坏
10 级	狂风	24.5～28.4	陆上少见,可使树木拔起或使建筑物摧毁
11 级	暴风	28.5～32.6	陆上很少,有则重大毁坏
12 级	飓风	32.7 以上	陆上绝少,其摧毁力极大

（6）云

云(Cloud)是悬浮在空气中的大量水滴和(或)冰晶共同组成的可见聚合体,其底不接触地面。常规气象观测中要测定云状、云高和云量。气象上按云的外形特征、结构特点和云底高度,将云分成高云、中云、低云三大类。云是天气的相貌,一般天上挂什么云,就指示地面上有与其相对应的天气,云的形状可以表现短时间内天气变化的动态。云的分类如表 4-19 所列。

表 4-19　云的分类

类别	云　名	云高/m	主要特征	对飞行的影响
高　云	卷　云	7 000～10 000	白色,可看出纤维状结构,呈丝状片状或钩状	冰晶耀眼,有时有轻微颠簸,个别情况有强烈颠簸
	卷层云	6 000～9 000	乳白色的云幕,透过它看日月,轮廓分明,并经常有晕	冰晶耀眼,气流较平稳
	卷积云	6 000～8 000	由白色鳞片状的小云块组成,像微风吹过水面所引起的小波纹	冰晶耀眼,偶有轻微颠簸

类　别	云　名	云高/m	主要特征	对飞行的影响
中云	高层云	2 000～5 000	浅灰色的云幕,透过它看日月,轮廓模糊,厚的则完全遮蔽日月,并可降连续性雨雪	有轻微或中度积冰,能见度恶劣
	高积云	3 000～5 000	由白色或灰白色的云块组成,像波浪或瓦房顶,厚的可降间断小雨	有积冰和轻微颠簸,能见度恶劣
低云	层积云	500～2 000	由灰色或灰白色的云块或云条组成,像波浪,云块比高积云厚大,能下雨雪	有积冰和轻微颠簸,能见度恶劣
	雨层云	500～1 200	低而阴暗的云幕,云底模糊不清,能下连续性雨雪	有中度和严重积冰,能见度恶劣
	碎雨云	50～500	云块支离破碎,高度很低,云量变化大,生成在降水性的云层	影响着陆
	层　云	50～500	低而较均匀的灰色云幕,云底模糊;有时可下毛毛雨	影响着陆
	碎层云	50～500	和碎雨云相似,常由层云分裂或雾抬升或海上平移而来	影响着陆
	淡积云	500～1 200	个体不大,底部平坦,顶部呈圆弧形,样子像馒头,孤立分散	有轻微颠
	浓积云	500～1 200	云体高大,底部平坦,顶部呈圆弧形重叠,边缘明亮,轮廓清晰;向阳面呈白色,背阳面和底部阴暗呈黑色,有时可下阵雨	有强烈的颠簸和积冰,能见度恶劣,不能飞入其中
	积雨云	300～1 500	云体十分庞大,顶部多呈白色,边缘轮廓模糊,呈砧状,底部阴暗;可下阵雨阵雪,常伴有雷暴和大风,有时能下冰雹	有很强烈的颠簸和积冰,能见度恶劣,不能飞入其中

4.3.2　常见天气现象

天气现象是指在大气中发生的各种自然现象,即某瞬时内大气中各种气象要素(如风、云、雾、雨、雪、霜、雷、雹等)空间分布的综合表现。一般可分为降水、地面凝结、视程障碍、雷暴、低空风切变、积冰现象等。

（1）降水现象

降水从形态上分为液态和固态两种。液态降水主要指雨、阵雨、毛毛雨;固态降水主要有雪、阵雪、霰、米雪、冰粒、冰雹等。液态降水和固态降水同时出现时,我们称之为混合型降水,主要有雨夹雪、阵性雨夹雪等。雨量等级表如表 4 – 20 所列。

表 4 – 20　雨量等级表

雨量等级	12 h 降雨量/mm	24 h 降雨量/mm
小　雨	0.1～4.9	0.1～9.9
小到中雨	3.0～9.9	5.0～16.9
中　雨	5.0～14.9	10.0～24.9
中到大雨	10.0～22.9	17.0～37.9
大雨	15.0～29.9	25.0～49.9
大到暴雨	23.0～49.9	38.0～74.9
暴　雨	30.0～69.9	50.0～99.9
大暴雨	70.0～139.9	100.0～249.9
特大暴雨	≥140.0	≥250.0

降水对飞行的影响:降水中过冷却水滴易造成飞机积冰;降水影响跑道的使用性能;可使发动机熄火,特别是处于着陆的低速飞行阶段时;强降水下方易出现强下沉气流,伴有风切变,可造成飞机操纵困难甚至发生事故。

(2) 地面凝结现象

地面凝结现象包括露、霜、雨凇、雾凇 4 类。露指水汽在地面及近地面物体上凝结而成的水珠(霜融化成的水珠,不记为露)。霜指水汽在地面和近地面物体上凝华而成的白色松脆的冰晶,或由露冻结而成的冰珠,易在晴朗风小的夜间生成。雨凇指过冷却液态降水碰到地面物体后直接冻结而成的坚硬冰层,呈透明或毛玻璃状,外表光滑或略有隆突,也称冻雨。雾凇指空气中水汽直接凝华,或过冷却雾滴直接冻结在物体上的乳白色冰晶物,常呈毛茸茸的针状或表面起伏不平的粒状,多附在细长的物体或物体的迎风面上,有时结构较松脆,受震易塌落。

(3) 视程障碍现象

视程障碍现象主要有雾、吹雪、雪暴、烟雾、霾、浮尘、扬沙、沙尘暴 8 类。雾指大量微小水滴浮游空中,常呈乳白色,使水平能见度小于 10 000 m。一般所说的能见度有两种含义:具有正常视力的人在当时的天气条件下能够看清楚目标轮廓的最大距离;指一定距离内观察目标物的清晰程度。

雾指悬浮于近地面气层中的水滴或冰晶,使地面能见度小于 1 000 m 的现象,能见度在 1 000～5 000 m 之间时叫轻雾。雾的厚度变化范围较大,一般在几十到几百米,厚的可到 1 000 m 以上,厚度不到 2 m 的雾,叫浅雾。

吹雪指由于强风将地面积雪卷起,使水平能见度小于 10 000 m 的现象。雪暴指大量的雪被强风卷着随风运行,并且不能判定当时天空是否有降雪。水平能见度一般小于 1 000 m。

烟粒主要来源于工业区和城市居民区,在适宜的风速和有逆温层的情况下,大量的烟粒聚集在空中,使水平能见度等于或小于 5 000 m 的现象叫烟幕。如果风速过大,或逆温层被破,烟幕就会向空中扩散而消失。烟幕在一日中以早晨为多,常和辐射秀混合而成为烟雾,一年中则以冬季最常见。

霾指大量极细微的干尘粒等均匀地浮游在空中,使水平能见度小于 10 000 m 的空气普遍混浊的现象。霾使远处光亮物体微带黄色、红色,使黑暗物体微带蓝色。

浮尘指尘土、细沙均匀地浮游在空中,使水平能见度小于 10 000 m 的现象。浮尘多为远处尘沙经上层气流传播而来,或为沙尘暴、扬沙出现后尚未下沉的细粒浮游空中而形成。

扬沙指由于风大将地面尘沙吹起,使空气相当混浊,水平能见度大于等于 1 000 m 但小于 10 000 m 的现象。

沙尘暴指由于强风将地面大量尘沙吹起,使空气相当混浊,水平能见度小于 1 000 m 的现象。根据能见度的大小,沙尘暴的强度还可分为沙尘暴、强沙尘暴、特强沙尘暴 3 个等级。

(4) 雷暴现象

雷暴(Thunderstorm)是夏季常见的天气现象,指由对流旺盛的积雨云组成的,伴有闪电、雷鸣、阵雨、大风,有时还出现冰雹、龙卷的中小尺度对流天气系统。它是飞机航行所遇到的最恶劣、最危险的天气。

雷暴分为一般雷暴和强雷暴。通常,在天气预报和对外气象服务中,人们习惯把只伴有雷声、闪电或(和)阵雨的雷暴称为“一般雷暴”或“弱雷暴”;把伴有暴雨、大风、冰雹、龙卷风等严重的灾害性天气现象的雷暴叫做“强雷暴”。“一般雷暴”强度弱,维持时间较短,多为几分钟到一小时,但出现次数较多;“强雷暴”强度大,维持时间长,一般为几十分钟到几小时,个别的可间歇维持数小时到几天。“一般雷暴”和“强雷暴”都是对流旺盛的天气系统,因此它们所产生的天气现象被人们统称为“对流性天气”。

（5）低空风切变现象

所谓风切变是指短距离内风向、风速的突然变化。它包括垂直风切变、水平风切变和侧风切变。600 m以下的叫低空风切变，对起飞和着陆的飞机影响很大。低空风切变是目前国际航空和气象界公认的飞机起飞和着陆进近阶段的一个危险因素。

（6）积冰现象

飞机积冰是指飞机机身表面某些部位聚集冰层的现象。积冰主要是由过冷水滴或降水中的过冷雨滴冻结形成的。飞机一旦发生积冰，它的动力性能就会变坏，使正面阻力加大、升力和推力减小，使飞机质量增加、操纵困难。

4.3.3　其他天气现象

其他天气现象还有大风、飑线、龙卷、积雪等。

大风指瞬时风速达到或超过17.0 m/s（或目测估计风力达到或超过8级）的风。

飑线指突然发作的强风，持续时间短促。出现时瞬时风速突增，风向突变，气象要素随之亦有剧烈变化，常伴随雷雨出现。

龙卷指一种小范围的强烈旋风，从外观看，是从积雨云底盘旋下垂的一个漏斗状云体。有时稍伸即隐或悬挂空中；有时触及地面或水面，旋风过境，对树木、建筑物、船舶等均可能造成严重破坏。

积雪指雪（包括霰、米雪、冰粒）覆盖地面达到气象站四周能见面积一半以上。

4.4　常用天气现象对航空技术装备和飞行活动的影响

4.4.1　飞机积冰对飞行的影响

飞行中，比较容易出现积冰的部位主要有：机翼、尾翼、风挡、发动机、桨叶、空速管、天线等。

飞机积冰对飞行的影响主要包括以下3方面。

（1）破坏飞机的空气动力性能

飞机积冰，增加了飞机的质量，改变了重心和气动外形，从而破坏了原有的气动性能，影响飞机的稳定性。机翼和尾翼积冰，使升力系数下降，阻力系数增加,并会引起飞机抖动,使操纵发生困难。如果部分冰层脱落,表面也会变得凹凸不平,不仅造成气流紊乱,而且会使积冰进一步加剧。高速飞行时机翼积冰的机会虽然不多,但一旦积了槽状冰,这种影响就更大,所以一定要注意。

（2）降低动力装置效率,甚至产生故障

螺旋桨飞机的桨叶积冰,会减少拉力,使飞机推力减小。同时,脱落的冰块还会打坏发动机和机身。对长途飞行的喷气式飞机来说,燃油积冰是一个重要问题。长途高空飞行、机翼油箱里燃油的温度可能降至与外界大气温度一致,约为-30℃。油箱里的水在燃油系统里传输的过程中很可能变成冰粒,这样就会阻塞滤油器、油泵和油路控制部件,引起发动机内燃油系统的故障。

（3）影响仪表和通信,甚至使之失灵

空气压力受感部位积冰,可影响空速表、高度表等的正常工作,若进气口被冰堵塞,则会使这些仪表失效。天线积冰,影响无线电的接收与发射,甚至中断通信。另外,风挡积冰可影响目视,特别在进场着陆时,对飞行安全威胁很大。

4.4.2 颠簸对飞行的影响

飞机产生颠簸,特别是产生强颠簸时,对飞机结构、操纵飞机、仪表指示、旅客安全都有很大的影响。

（1）对飞机结构的影响

飞行中产生颠簸,飞机的各部分都经受着忽大忽小的负荷,颠簸越强,载荷变化就越大,如果飞机长时间受到强烈变化载荷的作用,或受到超过飞机所能承受的最大载荷,飞机的某些部位（例如机翼或尾翼）就可能变形甚至因疲劳而损坏。强颠簸可以使飞机部件受到损害,酿成事故,飞机的某些部分（如机翼）就可能变形甚至折毁。

（2）对操纵飞机的影响

飞机发生颠簸时,飞行高度、速度以及飞行的姿态都会不断地发生不规则的变化,从而失去稳定性。颠簸强烈时,飞机忽上忽下的高度变化通常可达几十米至几百米,使飞机操纵困难,甚至失去操纵,难以保持正确的飞行状态。由于飞行状态时时变动,飞行员往往不得不费更多的精力来使飞机保待在正常状态,因而体力消耗较大,易于疲劳。

（3）对仪表指示的影响

飞机颠簸时，仪表受到不规则震动，其指示常会发生一些误差，特别是在颠簸幅度变动较大、飞机忽上忽下变动频繁的时候，升降速度表、高度表、空速表和罗盘等飞行仪表就会产生比较明显的误差，不能十分准确地反映出瞬间的飞行状态；如果完全据之以修正飞行状态，就可能带来不良后果。此外，颠簸还使进入发动机的空气量显著减少而自动停车。这种在高空飞行时最可能会遇到。颠簸还会使旅客感到不适，增加旅途疲劳甚至呕吐，强颠簸时，还可能会对旅客的人体造成伤害。因此，当飞机发生颠簸时，应尽快脱离颠簸区，可采取的方法是改变高度或暂时偏离航线。

4.4.3　基本的气象要素

气温、气压和空气湿度，它们也称为三大气象要素。这些因素影响飞机起飞和着陆时的滑跑距离，影响飞机的升限和载重以及燃料的消耗。飞机的准确落地和高空飞行离不开场面气压和标准大气压，而气温对飞机的载重和起飞、降落过程的滑跑距离影响较大。随着气温的升高，空气密度变小，产生的升力变小，飞机载重减小，同时起飞滑跑距离变长。

4.4.4　云区飞行

在云区飞行时，一般常见的是低能见度和飞机颠簸，云状不同，影响的程度也不同。对飞行影响最大的是积雨云和浓积云，无论在航线上还是在起落过程中都应避开。对飞机起降和低空飞行影响最大的云主要是低云。在低云和有限能见度条件下，飞机的起飞、着陆及低空、超低空飞行，都会变得相当困难。

4.4.5　能见度影响

能见度对飞机的起降有着最直接的影响，所谓的"机场关闭、机场开放，简单气象飞行，复杂气象飞行"，指的就是云和能见度的条件。影响能见度的天气现象有云、雾、降水和风沙等天气。

4.4.6　风的影响

风影响着飞机起飞和着陆时的滑跑距离和时间。一般飞机都是逆风起降，侧风不能过大，否则无法起降。航线飞行，顺风可以减少油耗，缩短飞行时间，顶风则相反。易造成飞行事故的是风切变,它占航空事故的 20% 左右,风切变是由风的不连续性造成的,具有时间短、尺度小、强度大的特点。

4.4.7　雷暴活动区

在雷暴活动区飞行时,除了云中飞行的一般困难外,还会遇到强烈的湍流、积冰、电击、阵雨和恶劣的能见度,有时还会遇到冰雹、下击暴流、低空风切变和龙卷。停放在地面的飞机也会遭到大风和冰雹的袭击。

第5章 通用航空安全管理

近年来,我国低空空域逐步放开,通用航空也迎来蓬勃发展的新局面,这将带来巨大的经济效益。同时,在大力建设民航强国的当下,通用航空与运输航空作为民航发展的两翼,其安全管理问题也是民航安全管理的重要组成部分。然而,通用航空的航空器种类多、飞行时间不定、使用空域随意且作业项目多样,加之我国通用航空保障作业环境还需加强和完善,安全保障体系尚未健全,通用航空飞行事故和事故征候高于运输航空的局面急需得到改变。通用航空是一种高投入、高风险的行业,通用航空的飞行关乎人命,越来越多地受到人们的普遍关注。加强通用航空安全管理,能够保证通用航空飞行安全,对中国通用航空事业的发展、维护国家和人民群众的切身利益也具有十分重要的意义。

5.1 通用航空安全管理基础

安全管理(Safety Management),是管理者对安全生产进行的计划、组织、监督、协调和控制的一系列活动。安全管理工作的核心是控制事故。安全管理的目的是保护职工在生产过程中的安全与健康,保护国家和集体的财产不受损失,促进企业改善管理、提高效益,保障事业的顺利发展。本节主要从民航安全管理体系、民航安全风险管理、民航安全绩效管理、通用航空诚信管理体系 4 个方面论述民航业的安全管理。

5.1.1 民航安全管理体系

安全管理体系(Safety Management System,SMS)是国际民用航空组织倡导的管理安全的系统化方法,它要求组织建立安全政策和安全目标。通过对组织内部的组织结构、责任制度、程序等一系列要素进行系统管理,形成以风险管理为核心的体系,并实现既定的安全政策和安全目标。民用航空安全管理应当坚持安全第一、预防为主、综合治理的工作方针。

1. 安全管理体系概述

国际民用航空组织(International Civil Aviation Organization,ICAO)对安全管理体系的定义,即安全管理体系是有组织的管理安全的方法,包括必要的组织结构、问责办法、政策和程序。安全管理体系由安全、管理、系统 3 个部分组成,是一个系统的、清晰的和全面的安全风险管理方法,它综合了运行、技术系统、财务和人力资源管理,融入到公司的整个组织机构和管理活动中,包括目标设定、计划和绩效评估等,最终实现安全运行并符合局方的规章要求。安全管理体系最基本的理论是 Reason 理论,前提是人是会犯错误的,事故是由多种因素组合产生的。通过风险控制的方法可以阻止事故链的形成,从而避免事故的发生。风险的控制是安全生产的全程控制,包括事前的主动控制、事中的持续监督控制和事后的被动控制。

安全管理体系(SMS)具有以下特点:

① 安全成为核心价值;

② 面向全员,特别强调员工是安全管理体系的关键;

③ 被动式(事后)管理与主动式(事前)管理兼备,采用安全评估和风险管理等手段,积极预防事故;

④ 能与现有的工作流程及其他业务活动计划兼容。

安全管理体系的构成:安全管理计划、文件记录体系、安全监督机制、培训系统、质量保证系统、应急预案。安全管理体系的四大支柱为安全政策和目标、安全风险管理、安全保证和安全促进,这四大支柱是安全管理体系的基础。安全管理体系结构图如图 5-1 所示。

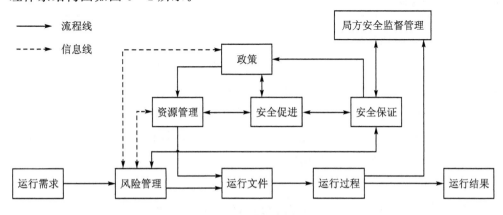

图 5-1 安全管理体系结构图

在《中国民用航空安全管理体系建设总体实施方案》中，明确提出了中国民航安全管理体系的目标有 5 个部分共 18 个要素。

① 管理承诺与策划：包括安全政策与策划、组织与职责权限、安全策划和规章符合性 4 个要素；

② 风险管理：包括危险源辨识、风险评价与风险缓解、内部时间调查 3 个要素；

③ 安全信息：包括信息管理和安全报告系统 2 个要素；

④ 实施与控制、监督：包括资源管理、能力和培训、应急响应、文件管理、安全宣传与教育 5 个要素；

⑤ 监督、测评与改进：包括安全监督、安全绩效监控、纠正措施程序和管理评审 4 个要素。

2. 通用航空安全管理体系框架和模块

通用航空是民航建设和民航发展的重要基础，更是民用航空中非常关键的部分。通用航空安全管理体系的建立是落实民航安全方针的基本保障。结合民航安全管理体系，通用航空安全管理体系基本框架如表 5-1 所列。

表 5-1　通用航空安全管理体系框架

序　号	框　架	要　素
1	安全政策与目标	安全管理承诺与责任；安全问责制；任命关键的安全人员；应急预案的协调；安全管理体系文件
2	安全风险管理	危险源识别；安全风险评估与缓解措施
3	安全保证	安全绩效监测与评估；变更管理；持续改进
4	安全促进	培训与教育；安全交流

近年来，我国通用航空产业高速发展，长期、稳定、持续的安全运营也就成了通用航空产业发展面临的首要问题。根据通用航空运行环境复杂、保障设施薄弱和航空器品种繁杂等特点，基于安全目标管理、PDCA、系统原理和风险管理理论，参考《ICAO SMS 手册》，结合我国通用航空安全管理模式，我国通用航空安全管理体系（SMS）可分为四大模块，即基础模块、运行模块、监督模块、改进模块。通用航空安全管理体系结构图如图 5-2 所示。

（1）基础模块

安全政策：安全管理体系构建的行动准则和基本理念，其中，中国民用航空局以及国家所颁布的相关法律法规是最主要的标准；构建全员安全生产责任制

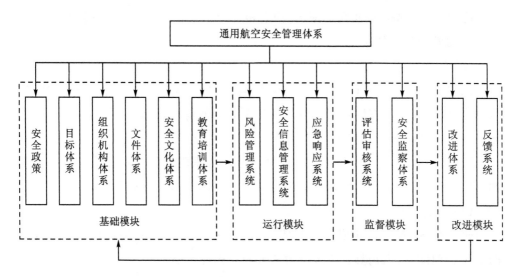

图5-2　通用航空安全管理体系结构图

和问责政策。

目标体系：制定安全目标,其中应当包括年度目标和远景目标,尽可能将目标量化和细化,使其能够形成符合国家、行业主管部门相关要求及自身特点和定位的安全目标体系,要求具有明确的责任界定、可操作性和激励导向作用。

组织机构体系：根据生产发展以及规模的需要,按民航以及国家的相关要求实现权责分明,完善安全运行的问责办法,落实全员安全生产责任制。

文件体系：便于查阅和追溯,确保文件的一致性并与运行环境相符合。

安全文化体系：安全管理者在安全执行的过程中所概括出的一种安全行为文化。

教育培训体系：主要用于加强员工的安全素质和安全意识。教育培训要注意教育形式多样化、教育内容规范化,教育要有针对性、要充分调动职工的积极性。

(2)运行模块

风险管理系统：包括3个基本要素。风险识别——对危险因素或安全隐患进行有效的识别;风险评估——对风险出现的可能性以及后果进行分析;风险控制——最佳的风险控制方案。

安全信息管理系统：通过对安全信息进行收集整理、分析挖掘、处理、发布、信息储存和反馈,积极构建起信息渠道,为安全监督、审核与评估、风险管理和安全目标的制定等安全活动提供决策依据。

应急响应系统：由预防性减灾、应急准备、快速反应和事故现场恢复组成的综合应急救援保障体系。

（3）监督模块

评估审核系统：对通用航空生产系统运行过程中存在的危险性进行定性、定量的客观评价分析，查明通用航空系统安全方面的薄弱环节和潜在的风险，评估通用航空公司系统安全状态。

安全监察体系：通过此系统有针对性地对各职能部门的安全状况进行定期和不定期监督，保证安全管理工作满足安全管理体系和规章制度的要求。

（4）改进模块

改进体系：持续改进安全水平是一个组织永恒的目标，应周期性地审核现有的安全管理体系，识别具有改进潜力的方面。内容主要包括：

① 分析和评价现有安全管理体系现状，以识别改进的区域；

② 确定改进的目标；

③ 寻找可能的解决办法和途径，实现这些目标；

④ 评价这些解决办法并作出决策；

⑤ 实施选定的解决办法；

⑥ 验证、分析和评价改进的结果，以确定这些目标已经实现；

⑦ 正式采纳变革。

反馈系统：确保安全管理有效落实的重要环节，同时也决定了控制系统能够及时并且较为准确地处理、接受和利用各种反馈信息，形成对安全管理体系的闭环管理，改进安全管理体系系统。

3. 通用航空安全管理体系实施

通用航空安全管理体系实施可以从以下两个方面着手：

（1）安全文化教育：安全文化、安全制度和安全教育培训

① 保证通用航空公司所有者及高层管理者有安全管理理念；

② 通过安全教育知识的普及提高安全管理人员的监管理念；

③ 将安全管理理念形成企业文化。

（2）安全信息管理系统：航空安全信息的收集、安全信息的处理、安全风险管理系统、通用航空公司风险管理程序

① 设备安全管理保障是安全信息管理系统的前提，设备主要包括通用航空机场、通用航空器以及一些分析/处理系统等，只有保障设备安全管理，才能有效

地保障航空安全信息收集以及处理；

② 安全管理制度和执行保障是安全信息管理系统的保障，只有建立完善的安全管理制度并严格执行，才能保障安全信息管理系统的正常运行；

③ 员工培训和安全管理考核机制保障是安全信息管理系统的关键。

基于上述理论，联系通用航空运行机制缺陷等实际状况，按照现行民航标准的通用航空安全管理体系，制定了通用航空安全管理体系实施的流程图，如图5-3所示。

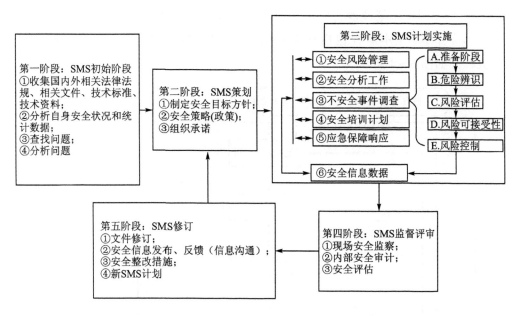

图5-3　通用航空安全管理体系实施的流程图

5.1.2　民航安全风险管理

风险管理是一种从系统角度研究安全问题，在系统或组织运行前或过程中利用条理清晰的方式，对系统或组织的软、硬件和人为因素等隐患进行分析，确定风险的优先级别，从而更好地管理风险的工具。

1. 风险管理概述

航空业每天都面临着大大小小的风险。事实上作为航空运营过程中的副产品——风险，其存在会危及经营人的生存状况，如果风险得不到有效控制而任其发展甚至会对整个航空业构成威胁。

按照国际民用航空组织(ICAO)的定义，风险管理是对危险及威胁到组织生存的后续风险进行识别、分析和排除(和/或将之降低到可接受或可承受的程度)的过程。风险不符合预先确定的可接受标准时,应当采取必要措施,尝试将该风险降低至可接受水平。或者,如果风险不能降低至可接受水平或可接受水平之下,但在同时满足以下 3 个条件时,该风险也可以被认为是可容忍的,这 3 个条件是:

① 风险低于预先确定的不可接受的极限;

② 风险已经被降低至尽可能低(ALARP)的水平;

③ 拟使用的系统或改变所带来的效益足以证明接受该风险是值得的。

风险管理的基本流程包括危险源识别、风险分析、风险评价和风险控制,风险流程图如图 5-4 所示。

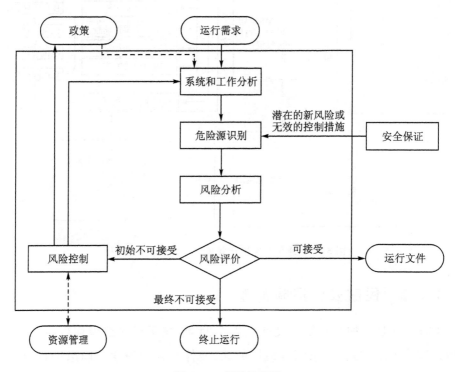

图 5-4　风险流程图

2. 危险源识别

危险源识别是查找和挖掘可能导致下列情况发生的任何现有的或潜在的状况:

① 导致人员受到伤害、疾病或死亡;

② 导致系统、设备或财产遭到破坏或受损;

③ 导致环境受到破坏；

④ 导致维修单位安全能力下降或无法实现安全目标。

（1）危险源识别的方法

1）目标推导法

将流程与其目标偏离的状况作为"危险源后果"，分析原因，并将原因作为"危险源"再次分析，逐层向前查找危险源。

2）要素推导法

针对具体流程，将流程要素（SHEL）自身不稳定及不匹配的状况作为"危险源"，分析"危险源"的原因及后果，并将原因及后果作为"危险源"再次分析，逐层向前、向后分析查找危险源。

3）事件推导法

对不安全事件进行分析，根据"事件发生链"，依次分析明确事件发生的直接原因、其他相关动因以及和它们有关的流程要素造成的不安全状态，以此来查找危险源。

（2）危险源识别的要求

危险源识别的要求包括：

① 应根据系统和工作分析的结果，在整个系统范围内进行危险源识别；

② 对危险源的描述要能清晰地表明所处的流程和相关要素（SHEL）信息；

③ 在确保能够识别出容易产生严重后果的重大危险源的同时，应尽可能地深入分析，挖掘出根源性的危险源；

④ 识别危险源时应注重危险源之间的关联；

⑤ 危险源应具有可追溯性；

⑥ 应对识别出的所有有效危险源实施风险管理，并纳入危险源信息库，所有有效危险源在整个风险管理过程中应始终被管理。

3. 风险分析

风险分析是对识别出的有效危险源进行全面、系统的分析和了解，确定其风险等级，为风险评价和风险控制措施的制定提供支持。风险分析通过对危险源的现有控制措施及其启动机制进行分析，确定危险源的可能性、严重性。危险源可能性等级分为频繁、偶尔、极少、不太可能、极不可能5个等级，如表5-2所列。

表 5－2　危险源可能性等级分析标准

可能性等级	定　义	参考值
频　繁	可能会发生许多次(经常发生)	5
偶　尔	可能会发生几次(有时发生)	4
极　少	很少,但会发生(很少发生)	3
不太可能	目前没有发生过	2
极不可能	几乎无法想象会发生	1

危险源可能性分析方法:

① 经验分析法:根据风险管理专家组成员的经验,结合危险源所处的环境、条件、控制措施及其启动机制来分析确定;

② 趋势分析法:根据危险源发生的历史统计数据分析确定;

③ 目标分析法:根据危险源与其安全管理目标的符合程度(基本满足、优于、劣于),结合历史数据、专家意见、运行环境和条件、控制措施及其启动机制分析确定。

危险源的严重性分为灾难性的、特别严重的、严重的、轻微的、可忽略的 5 个等级,如表 5－3 所列。

危险源严重性分析方法有经验分析法和条件概率推导法。危险源的动因和后果也是危险源,条件概率推导法根据后果危险源的严重性,结合条件概率推导动因危险源的严重性等级。

表 5－3　危险源严重性等级分析标准

项　目	危险源严重性等级				
	1	2	3	4	5
	可忽略的	轻微的	严重的	特别严重的	灾难性的
特定行为和状态	事件等级小于一般差错标准的行为或状态	凡构成《中国东方航空股份有限公司航空安全一般差错标准》的行为或状态	凡构成《中国东方航空股份有限公司航空安全严重差错标准》的行为或状态	凡构成《新版民航航空器飞行事故征候标准》中"运输航空事故征候""航空器地面事故征候"的行为或状态	凡构成《民用航空器事故征候标准》《民用航空器飞行事故等级》《民用航空器地面事故等级》《民用航空器维修事故等级》中严重事故征候及以上的行为或状态

续表 5 - 3

项 目	危险源严重性等级				
	1	2	3	4	5
	可忽略的	轻微的	严重的	特别严重的	灾难性的
安全管理能力	对安全能力造成一定影响,对生产运行系统安全系数有一定影响但很有限	对安全能力造成一定影响,导致生产运行系统安全系数一定幅度下降	对安全能力造成一定影响,导致生产运行系统安全系数较大幅度下降	对安全能力造成一定影响,导致生产运行系统安全系数大幅度下降	对安全能力造成极为严重的影响,导致生产运行系统安全系数极大幅度下降
人员伤亡	人员未受到人身伤害,不需要住院观察	人员轻微伤,造成人体局部组织器官结构的轻微损伤或短暂的功能障碍	造成 40 人轻伤或 9 人以下严重受伤	造成 39 人以下死亡或 10 人以上严重受伤	造成 40 人(含)以上死亡
财产损失	经济损失 1 万元以下	设备损坏或经济损失 1 万~5 万元	主要设备损坏或经济损失 5 万~100 万元	航空器损坏或经济损失 100 万~1 000 万元	航空器损毁或经济损失在 1 000 万元以上

4. 风险评价

风险评价是根据风险分析的结论,对风险等级进行衡量和评价,以判断已实施风险控制措施的有效性,明确风险控制的责任。

制定风险评价工作程序,应明确:

① 风险评价的标准、方法和要求;

② 各安全管理层对风险的可接受标准、决策权限、责任和流程;

③ 风险控制的优先等级。

根据危险源的可能性和严重性数值,判断危险源位于风险矩阵的位置以确认其风险等级,如图 5-5 所示。

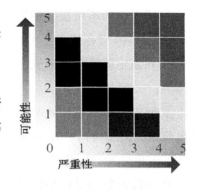

图 5-5 风险矩阵

根据风险矩阵图,将风险分为 5 个等级:

① 绿色区域危险源:稍有危险,可以接受;

② 蓝色区域危险源:一般危险,需要注意;

③ 黄色区域危险源：显著危险，需要整改；

④ 紫色区域危险源：高度危险，需立即整改；

⑤ 红色区域危险源：极其危险，需停止作业。

根据风险矩阵图，对处于不同区域的危险源，处理原则如下：

① 对于绿色区域危险源，不须立即处理，但须进行常态监控；

② 对于蓝色区域危险源，识别危险源的单位应自行完成风险控制，并进行常态监控；

③ 对于黄色区域危险源，识别危险源的单位应自行完成风险控制，向上级安全管理部门备案，并进行常态监控；

④ 对于紫色、红色区域危险源，识别危险源的单位应立即开展风险控制，如果在实施风险控制措施的条件下风险等级仍处于紫色、红色区域，须立即提交至总公司进行进一步处理。

5. 风险控制

风险控制是在前期风险管理工作的基础上，针对危险源产生的风险，制定措施进行控制，将风险控制在可接受的范围内。可以通过以下途径制定风险控制措施：

① 规避：取消造成风险的作业或活动；

② 减少：降低造成风险的作业或活动的频率，或采取措施降低风险后果的严重程度；

③ 风险隔离：采取措施隔离风险的影响或建立余度预防风险。

制定风险控制措施的要求：

① 应对每个不可接受的风险制定风险控制措施，对处于风险矩阵绿色区域的可接受风险，应在技术上可行、成本上合理的条件下，进一步降低其风险等级；

② 在制定风险控制措施及实施计划时，应为危险源明确短期内存在的可接受风险；

③ 制定风险控制措施时应综合考虑时间、成本、措施的效果、措施的难度，确保风险控制措施与运行环境相适宜且实施的相关条件已经具备，在有限的资源条件下实现最大的风险控制效果；

④ 风险控制措施应描述准确、明了、有针对性，内容通常包括风险控制目标、相关部门及人员的职责和权限、所涉及的工作流程、所需的资源、实现该风险控制目标的具体技术措施和原则、时间进度等。

在完成风险控制措施之后,应结合风险控制措施再次进行系统和工作分析、危险源识别、风险分析和风险评价,判断是否存在衍生危险源,并分析、制定风险控制措施后的危险源风险等级。若风险仍不可接受,应再次进行风险管理;若存在衍生危险源,应对衍生危险源实施风险管理。

5.1.3　民航安全绩效管理

安全绩效管理是安全管理体系的重要组成部分,是确保体系按设计预期运行的重要手段,是安全管理体系中重要的安全保证措施。建立适合民航系统的安全绩效管理办法,是建立和有效实施安全管理体系的要求。

1. 民航安全绩效管理推进方案

2017 年 4 月 7 日,为了贯彻落实党中央国务院领导对民航提出的"安全隐患零容忍"的指示精神,全面提升安全管理体系(SMS)效能,持续完善安全绩效管理机制,中国民用航空局特制定了《民用航空安全绩效管理推进方案》。该方案从总体目标、工作原则、工作职责和推进路线 4 个方面系统地介绍了民用航空的安全绩效管理。

坚守航空安全的底线,以落实安全责任为主线,以风险管控为抓手,持续推进《中国民航航空安全方案》实施,不断强化安全管理体系实施效能、完善安全绩效管理机制,建立以数据为驱动、以风险管理为核心的安全隐患排查治理长效机制,提升安全管理和安全监管效能,实现规章符合性基础上的安全绩效管理和基于安全绩效的安全监管。

安全绩效管理推进工作应本着"积极稳妥、统筹兼顾、全面推进、持续完善"的原则,有计划、有步骤、有层次地在全行业开展。

安全绩效管理是安全管理体系的重要组成部分,是验证和检验安全管理体系实施效能的重要手段。安全绩效管理推进工作应与安全管理体系建设实施相互关联,通过推进安全绩效管理工作,更好地发挥安全管理体系效能。

各地区管理局应制定安全绩效管理推进工作的分阶段实施计划和工作目标,明确工作职责、工作内容和落实单位,并做好资源保障工作。

民航生产经营单位应建立适用的安全绩效管理机制。已建立安全管理体系的单位,应建立安全绩效指标;建立等效安全管理机制的单位,应建立安全生产状态监控指标。

各单位应定期总结工作中遇到的问题和困难,评估工作进度和质量,不断改进安全绩效管理和基于安全绩效监管工作的方式方法,持续完善安全绩效管理机制和基于安全绩效的监管机制。

民航局负责安全绩效管理推进工作的总体规划、建立工作标准和程序、研究解决工作过程中集中存在的问题和困难。因此,明确各部分的管理职责有着十分重要的意义。

管理局负责辖区内整体的推进工作,包括制定工作计划、组织辖区内单位开展安全绩效管理工作,并进行日常监督检查和指导,每半年将工作相关材料报民航局备案;监管局具体负责指导辖区推进工作,与民航生产经营单位协商制定安全绩效指标并开展基于安全绩效的监管,定期向管理局报送工作相关材料;民航生产经营单位应按照局方安全绩效管理推进工作要求,制定工作计划并实施,建立本单位安全绩效管理机制,定期向监管局报送工作相关材料。

安全绩效管理推进路线分为 3 个阶段,从第一阶段到第三阶段,民航生产经营单位的安全绩效管理效能和局方基于安全绩效的监管效能逐步提升,同时,局方的安全监管工作量将逐步减少。2017 年为初级阶段,本阶段要建立民航生产经营单位适用的安全绩效管理机制,试行基于安全绩效的监管工作;2018 年为中级阶段,本阶段要建立适用的基于安全绩效的监管机制;2019—2020 年为高级阶段,本阶段要持续完善安全绩效管理机制和基于安全绩效的监管机制。安全绩效管理推进路线图如图 5-6 所示。

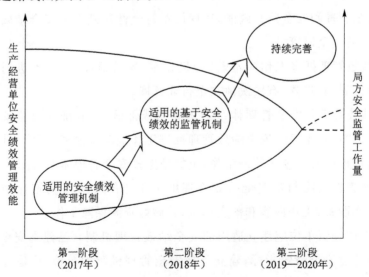

图 5-6　安全绩效管理推进路线图

2. 民航安全绩效管理现存问题及改进建议

（1）民航安全绩效管理现存问题

1）监管运行体系不足

目前，我国民航安全监管实行的是"两级政府、三层管理"的行政化管理模式。这种管理模式存在条块分割、专业壁垒等诸多诟病。

2）监管责任落实不到位

纵观全国各类安全事故，大都存在着"安全责任制落实不到位""严不起来、落实不下去"等方面的问题，究其根源，都与责任的落实制度建设有关系。

3）安全监察全过程未形成"闭环"管理

在安全管理过程中，必须坚持"执行、监督、反馈、奖惩"配套措施，缺一不可。在民航安全监察系统中，虽然在形式上有提高系统反馈的环节，但实际工作中并未做到。存在"轻视事前管理，注重事后处理"的问题。

（2）安全绩效管理体系改进建议

1）建立三级审核机制

成立航空企业航空安全管理部（常设），负责组织企业的安全审核、风险控制、绩效管理等工作。航空安全管理部应在公司总体绩效管理框架下，运用科学方法，设计和改进安全绩效管理机制，确保各部门理解和明确安全绩效管理的目标、标准和方法；同时，负责收集和分析各类安全绩效考核结果，编制安全绩效管理报告，提出改进计划和管理决策。员工要掌握公司的安全绩效管理制度及考核方向、积极响应公司制定的安全绩效指标、配合上级的检查与监督管理、接受考核结果并承担责任。

2）加强关键环节建设、完善内部流程机制

提高协调沟通能力，保持与各相关主体畅通的交流沟通是保证安全监管工作正常进行的前提。具体表现为：建立完善的多渠道沟通协调机制，保证民航监管局各种事务信息都能及时、准确、快速的传达，实现民航安全管理的社会化；同时，对上级主管部门的监管指示也应给予重视，并及时采取相应措施，保证民航安全监管三级体系的畅通。

航空安全管理部负责建立和维护安全绩效指标，确认指标完成情况，对各单位执行情况进行反馈和评价，提出奖惩意见，使安全考核指标真正体现安全管理重点，并使安全绩效管理真正保证安全目标的实现。

各单位安全绩效考核小组,利用绩效管理工具,督促下属机构和员工完成好各项安全工作,定期公布安全绩效考核情况,进行有效的绩效沟通,以改进本单位的安全管理水平。

5.1.4 通用航空诚信管理体系

民航发展,安全至上。民航的安全与发展,需要大力推进诚信文化建设。诚信文化建设,需要规章制度的支持。民航业长期以来十分重视完善诚信体系,大力推进诚信文化建设。2012 年 6 月 4 日,中国民用航空局审议通过了《关于加强民航文化建设的实施意见》,大力倡导诚信从业、诚信经营、诚信行政,塑造诚信团队、诚信企业和诚信机关,建设诚信行业,使诚信成为全体员工的基本行为准则和自觉行动,成为促进持续安全、提升服务品质的重要引擎。2017 年 11 月 6 日,中国民用航空局印发了《民航行业信用管理办法(试行)》的通知,目的是加强民航行业信用文化建设,维护民用航空活动秩序,促进民航行业的健康发展。

通用航空作为民航业的一部分,一直以来都十分重视诚信体系建设。2016 年 4 月 7 日,中国民用航空局颁布了《通用航空经营许可管理规定》,该规定在最大限度地降低通用航空经营许可条件的同时,明确提出要建立健全通用航空诚信经营评价体系并增加了诚信经营评价体系建设条款。2019 年 9 月 2 日,中国民用航空局发布了《关于推进通用航空法规体系重构工作的通知》,该通知强调企业以自我管理为主,认真开展通用航空企业法定自查工作。目前,在通用航空放开政策的前提下,通用航空企业正在积极制定法定自查实施方案及开展相关工作。

1. 民航行业信用管理办法

为贯彻落实《社会信用体系建设规划纲要(2014—2020 年)》和《国务院关于建立完善守信联合激励和失信联合惩戒制度加快推进社会诚信建设的指导意见》的精神,加强民航行业信用文化建设,维护民用航空活动秩序,促进民航行业健康发展,2017 年 11 月 6 日,民航局正式印发了《民航行业信用管理办法(试行)》(以下简称《管理办法》)。《管理办法》按照信用管理工作的流程对相关事项进行了具体规定,即"采集两种信息、管控三个环节、使用四种惩戒措施、允许两种移除方式",概括起来就是"二三四二"。

信用信息的采集是重点管控的第一个环节,共有两条渠道:第一条渠道是由民航局、民航地区管理局、民航监管局等信用信息管理部门(以下简称"信用管理部门")以属地采集为原则对信用信息实施采集。信用管理部门在执法过程中发现信用信息即采集上报,记入相对人的信用记录,形成灰名单和黑名单,由民航局统一公布。信用管理部门对所采集信息的真实性负责,发现信息有错误或者发生变更时,应当及时更正或者变更。另一条渠道是由其他社会主体提供。对社会主体提供的其自行收集记录的民航行业信用信息,在保证独立、公正、客观的前提下,信用管理部门予以参考使用。

信用记录的使用是重点管控的第二个环节,共分为两种类型:对列入灰名单的视情况从严管理,对列入黑名单的运用多种手段联合惩戒。根据《国务院关于建立完善守信联合激励和失信联合惩戒制度加快推进社会诚信建设的指导意见》的要求,信用惩戒方式包括行政性约束、市场性约束、行业性约束和社会性约束4种。

① 行政性约束由行政机关实施,在资源分配、许可审批、评优评先、检查处罚等多方面对相关主体进行限制;行业内由各级民航行政机关实施,行业外由其他部委实施;

② 市场性约束由市场主体实施,鼓励其对相关主体采取风险性定价、停止提供增值服务等措施;

③ 行业性约束由行业协会实施,由其对相关会员实行警告、行业内通报批评、公开谴责、限制会员权利直至勒令退会等措施;

④ 社会性约束主要是通过社会的道德谴责形成社会震慑力;民航局将通过广泛公示、定向推送等多种方式确保上述4类实施主体掌握黑名单信息。

信用记录的移除是重点管控的第三个环节,以期满移除为常态,以审核移除为补充。

灰名单信息采用期满移除方式,自记入信用记录之日起1年后自动失效。

黑名单信息实行审核移除方式:

① 相对人在信用记录有效期内未发生新的失信行为的,可以向原信用管理部门提出申请,经原信用管理部门审核同意后移除;信用记录有效期为1年,但因"被民航行政机关处以3万元(含)以上罚款行政处罚的、处以吊销行政许可处罚的、处以责令停产停业行政处罚的或者处以撤销行政许可的"原因记入信用记录的,信用记录有效期为3年;

② 相对人实施信用修复行为后,可以向信用管理部门提交相关材料,经信用管理部门确认同意后移除,不受有效期限制。

2. 通用航空企业法定自查

企业法定自查本质上是要求企事业单位在主动承担本单位规章符合性检查责任的基础上,进一步实现法定自查与局方检查两种检查方式的紧密结合,持续满足合法性。2014年8月,十二届全国人民代表大会常务委员会第十次会议通过关于修改《中华人民共和国安全生产法》的决定,明确规定"强化和落实生产经营单位的主体责任",标志着将企业负安全主体责任上升到法律高度;2014年10月,党的十八届四中全会通过了《中共中央关于全面推进依法治国若干重大问题的决定》,对全面依法治国作出总体部署;2015年5月,为贯彻落实党中央全面推进依法治国的战略部署,民航局党组出台了《加强民航法治建设若干意见》,提出了推进民航法治建设的具体工作措施;2015年8月,民航局成立系统建设领导小组,确立了"先调整监管模式,再建设执法系统"的工作思路,同时在华东局开展试点工作;2017年1月,民航局下发《民航行业监管执法模式优化调整试点成果试用方案》,于2017年5—12月,在每个管理局选取一个监管局开展试点经验试用工作。2018年1月,民航局下发《关于在全行业推广行业监管模式调整改革的通知》,在民航全行业部署推广新监管模式,推广内容为经过两年半时间的试点和试用工作的5项制度成果:

① 基于监管事项库的行政检查制度;

② 年度检查计划和临时检查任务的融合调整制度;

③ 发现问题后的新整改模式制度;

④ 远程检查制度;

⑤ 企业法定自查制度。

在民航企事业单位开展法定自查的意义主要有以下3个方面:

(1) 推动民航治理体系与治理能力现代化建设

党的十八大以来,我国民航事业处于高速发展阶段,旅客运输量的增长率接近我国GDP增速的2倍,行政主体的监管资源不足与高资源消耗型监管方式之间的矛盾日益突出,原有的"保姆型"监管模式已经不能满足不断提升的监管需求,而监管的缺失导致民航企事业单位在安全主体责任落实过程中缺乏主动性和积极性。

(2) 落实民航企事业单位的主体责任和责任边界

法定自查帮助民航企事业单位厘清了空管单位、航空公司、机场公司等参与民航运行的单位各自的责任边界,能够有效解决安全管理过程中的管理缺失和越界管理问题,进一步突出民航企事业单位的生产经营主体地位。

(3) 帮助民航企事业单位规避安全风险和信用风险

法定自查通过将民航企事业单位在实际运行中的制度、业务、工作流程等与法律文件、行业规章中的检查标准、责任人、处罚手段、检查周期逐一对应,明确了可能带来信用风险的责任人和责任区域,有效推动了民航企事业单位由"他律"向"自律"的过渡,由被动整改到主动治理的转变。

通用航空企业法定自查工作是指通用航空企业依据民航法规规定,建立符合本单位实际情况的自查体系、制度和组织结构,通过开展自查工作,实现对自身安全隐患"自查、自改、自报"的管理方式,包括安全生产自查和经营运行自查。其主要目的是要求通用航空企业承担起本单位规章符合性检查的主体责任,实现法定自查与民航行政机关行政检查两种检查方式的紧密结合。

通用航空企业法定自查工作的具体要求分为一般要求和特殊要求。一般要求主要有 3 个方面的内容:

① 通用航空企业应当明确自查负责人、负责部门和具体人员;

② 自查人员应当熟悉相关法规、民航行业监管事项库、FSOP 检查单和公司手册,经过有关自查工作要求的培训;

③ 建立符合本单位实际情况的自查体系,明确自查责任和自查事项,自查事项的内容应当至少覆盖民航行业监管事项库、FSOP 检查单中适用于本单位的所有要求,自查标准不得低于任何法律、行政法规、规章、国家标准、行业标准、规范性文件的要求。

通用航空企业法定自查相关的工作程序:

① 制定自查制度,建立自查工作组织机构,明确本单位自查负责人、负责部门和具体人员及其职责,落实好自查责任制;

② 根据相关法规、民航行业监管事项库、FSOP 检查单和公司手册等内容,建立本单位自查清单和工作程序;

③ 要制定年度自查计划并实施法定自查;

④ 具有一套完整的制度体系,其核心是要求通用航空企业对标局方的监管事项库、FSOP 检查单建立自查事项清单等,对本公司的安全运行和生产经营活动开展自行检查,对发现的问题自行整改,及时消除安全隐患。

5.2　事故调查和信息报告系统

事故调查和信息报告系统（Accident Investigation and Information Reporting System），是对发生事故的原因进行调查和信息采集报告的系统。事故调查主要是为查清发生生产事故的原因，明确责任，以便吸取教训、采取措施、改进工作，并达到教育行业内从业人员的目的。本节主要从事故调查方法、事故调查程序、强制事故信息报告、通用航空典型事故案例分析、民航自愿报告系统的建立 5 个方面论述事故调查和信息报告系统。

5.2.1　事故调查方法

事故调查可以对已发生事故的原因和经过做出全面的分析，并就此提出相关的事故处理措施和预防机制。下面从事故及事故征候调查的法规文件依据、基本概念、事故调查的目的及原则、调查的组织分工及调查组的职责与权力 5 个方面进行论述。

1. 法规文件依据

依据《中华人民共和国民用航空法》、国务院《生产安全事故报告和调查处理条例》《民用航空器事故和飞行事故征候调查规定》（CCAR - 395）、《民用航空器飞行事故调查程序》（MD - AS - 2001 - 001）、《民用航空器飞行事故等级标准》（GB - 14648 - 93）、《民用航空安全信息管理规定》（CCAR - 396）、国际民用航空公约附件 13《航空器事故和事故征候调查》及国际民用航空组织《航空器事故和事故征候调查手册》（DOC - 9756），可以为组织与实施事故和事故征候调查（从获取事故和事故征候初始信息直至最终完成调查报告）的相关人员提供必要的技术指导。

2. 基本概念

民用航空器事故是指民用航空器飞行事故和民用航空地面事故。民用航空器飞行事故是指民用航空器在运行过程中发生的人员伤亡、航空器损坏的事件；民用航空地面事故是指在机场活动区内发生航空器、车辆、设备、设施损坏，造成直接经济损失 30 万元（含）以上，或导致人员重伤、死亡的事件。

民用航空器飞行事故征候是指航空器在飞行实施过程中发生的未构成飞行事故或航空地面事故但与航空器运行有关，影响或可能影响飞行安全的事件。

民用航空器飞行事故等级可划分为特别重大飞行事故、重大飞行事故和一般飞行事故。

凡属下列情况之一者为特别重大飞行事故：

① 人员死亡,死亡人数在 40 人及以上者；

② 航空器失踪,机上人员在 40 人及以上者。

凡属下列情况之一者为重大飞行事故：

① 人员死亡,死亡人数在 39 人及以下者；

② 航空器严重损坏或迫降在无法运出的地方(最大起飞质量为 5.7 t 及以下的航空器除外)；

③ 航空器失踪,机上人员在 39 人及以下者。

凡属下列情况之一者为一般飞行事故：

① 人员重伤,重伤人数在 10 人及以上者；

② 最大起飞质量为 5.7 t(含)以下的航空器严重损坏,或迫降在无法运出的地方；

③ 最大起飞质量为 5.7～50 t(含)的航空器一般损坏,其修复费用超过事故当时同型或同类可比新航空器价格的 10%(含)者；

④ 最大起飞质量为 50 t 以上的航空器一般损坏,其修复费用超过事故当时同型或同类可比新航空器价格的 5%(含)者。

3. 事故调查的目的及原则

(1) 事故调查的目的

民用航空器事故和事故征候调查的目的是查明事发原因、提出安全建议、预防事故和事故征候再次发生,而不是为了分摊过失或责任。事故调查可以为司法机关的正确执法提供相应的材料,可以为事故的统计分析、安全管理等提供信息,还可以为航空公司或政府部门安全工作的宏观决策提供依据。

(2) 事故调查的原则

1) 独立调查原则

调查应当由事故调查组织独立进行,任何其他单位和个人不得干扰、阻碍调查工作。

2) 客观原则

调查应当实事求是、客观公正、科学严谨,不得带有主观倾向性。

3）深入调查原则

调查应当查明事故或事故征候发生的各种原因,并深入分析这些因素,包括航空器设计、制造、运行、维修和人员训练,以及政府行政规章和企业管理制度及其实施方面的缺陷等。

4）全面原则

调查不仅应当查明和研究与本次事故发生有关的各种原因和产生因素,还应当查明和研究与本次事故或事故征候发生无关,但在事故或事故征候中暴露出来的或者在调查中发现的可能影响飞行安全的问题。

4. 调查的组织分工

民用航空器事故和事故征候的调查应当根据事故等级、事故征候类别和属地化管理原则,分别由国务院、民航局、事发所在地地区管理局、事发所在地监管局组织实施,具体分工如下:

① 特别重大事故由国务院或者国务院授权的部门组织调查;

② 由民航局负责组织的调查包括:

a. 国务院授权组织调查的特别重大事故;

b. 运输飞行重大、较大事故;

c. 外国航空器在我国境内发生的事故;

③ 由地区管理局负责组织的调查包括:

a. 运输飞行一般事故;

b. 通用航空重大、较大和一般事故;

c. 航空地面事故;

d. 民航局授权地区管理局组织调查的事故;

④ 由地区管理局负责组织的调查,民航局认为必要时可以直接组织调查;

⑤ 由监管局负责组织的调查包括:

a. 事故征候和严重事故征候;

b. 地区管理局授权监管局组织调查的事故;

⑥ 由监管局负责组织的调查,地区管理局或者民航局认为必要时可以直接组织调查;

⑦ 由民航局组织的调查,事发所在地和事发相关单位所在地的地区管理局,应当根据民航局的要求参与调查;

⑧ 由地区管理局组织的调查,事发相关单位所在地地区管理局应当根据组

织调查的地区管理局的要求参与调查；

⑨ 由监管局组织的调查，需要事发相关单位所在地地区管理局和监管局参与的，应当通过本地区管理局进行协调；

⑩ 由地区管理局或者监管局负责组织的调查，民航局可以根据需要指派调查员或者技术专家予以协助；

⑪ 涉及军、民双方的航空器事故和事故征候的调查由负责组织调查的部门与军方协商进行；

⑫ 涉外事故和事故征候的调查包括：

a. 在我国境内发生的民用航空器事故或事故征候由我国负责组织调查，负责组织调查的部门应当允许航空器的登记国、运营人所在国、设计国、制造国各派出一名授权代表和若干名顾问参加调查；事故中有外国公民死亡或重伤的，负责组织调查的部门应当根据死亡或重伤公民所在国的要求，允许其指派一名专家参加调查；如有关国家无意派遣国家授权代表，负责组织调查的部门可以允许航空器运营人，设计、制造单位的专家或其推荐的专家参与调查；

b. 在我国登记、运营或由我国设计、制造的民用航空器在境外某一国家或地区发生事故或事故征候，我国可以委派一名授权代表及其顾问参加他国或地区组织的调查工作；

c. 在我国登记的民用航空器在境外发生事故或事故征候，但事发地点不在某一国家或地区境内的，由我国负责组织调查，也可以部分或者全部委托他国进行调查；

d. 运营人所在国为我国或由我国设计、制造的航空器在境外发生事故或事故征候，但事发地点不在某一国家或地区境内的，如果登记国无意组织调查的，可以由我国负责组织调查。

5. 调查组的职责与权力

（1）明确调查组的职责

调查组的职责包括：

① 查明事实情况；

② 分析事故、事故征候原因；

③ 作出事故、事故征候结论；

④ 确定事故、事故征候等级；

⑤ 提出安全建议；

⑥ 完成调查报告。

（2）确定调查组的权力

调查组的权力包括：

① 决定封存、启封和使用与发生事故或事故征候的航空器运行和保障有关的文件、资料、记录、物品、设备和设施；

② 要求发生事故或事故征候的航空器的运行、保障、设计、制造、维修等单位提供情况和资料；

③ 决定实施和解除对事发现场的监管；

④ 对发生事故或事故征候的航空器及其残骸的移动、保存、检查、拆卸、组装、取样、验证等有决定权；

⑤ 对事故或事故征候有关人员及目击者进行询问、录音，并可以要求其写出书面材料；

⑥ 要求对现场进行过拍照和录像的单位和个人提供照片、胶卷、磁带等影像资料。

调查组在履行职责和行使权力时，有关单位、个人应当予以协助配合，如实反映情况，无正当理由，不得拒绝。

5.2.2 事故调查程序

1. 准备阶段

① 接报事故：中国民用航空局（简称"民航局"）事故调查职能部门应详细记录事故发生的时间、地点，航空器运营人、类别、型号，事故简要经过，伤亡人数，航空器损坏程度等基本信息；

② 通知相关部门：通知民航局各职能部门；通知国务院各部委；通知与发生事故的航空器运行及保障有关的飞行、维修、空管、油料、运输、机场等单位，收到事故信息后，应当立即封存并妥善保管与此次飞行有关的文件、样品、工具、设备等；

③ 组建事故调查组：事故调查组应由委任或聘任的事故调查员和临时聘请的专家组成，调查人员应当事实求是、客观公正、尊重科学、恪尽职守，正确地履行其职责和权力，不得随意对外泄露事故调查情况；

④ 赶赴现场：任何情况下，参加事故调查的人员都应利用各种有效的交通工具和方式尽快到达事故现场，以获得尽可能完整的事故现场原貌；有关部门应

当为事故调查人员尽快到达事故现场提供帮助。

2. 调查阶段

① 现场调查：包括事故基本情况的了解、事故现场的接管、事故现场的安全防护以及事故现场的调查（现场照相、摄像，调查航空器和发动机状态，机上乘员调查，残骸的处置，证人调查，航空医学调查等）；

② 专项验证及实验调查：各专业调查小组在整理、分析现场获得的信息、资料、证词、证据的基础上，为解决疑难问题，需要进行专项试验、验证工作，为事故原因综合分析提供依据。

3. 分析阶段

① 原因分析：分别从直接原因（包括人的不安全行为和物的不安全状态）和间接原因（包括技术原因、培训原因、安全管理）两方面对事故进行分析；

② 事故结论：对事故调查结果和在调查中确定的各种原因进行陈述；

③ 安全建议：为了预防同类事故再次发生，应当对调查中确定的各种事故原因和影响飞行安全的所有因素，向相关部门提出改进建议。

4. 审查阶段

① 形成调查报告草案：事故调查报告草案应当由事故调查组组长负责组织完成；

② 调查报告草案的审查：组织事故调查部门的航空安全委员会负责对事故调查报告草案进行最终审查；

③ 调查报告的批准及发布：由国务院或者国务院授权部门组织的事故调查，事故调查报告由国务院有关部门批准和发布，民航局转发；由民航局或者地区管理机构组织的事故调查，事故调查报告由民航局批准，并负责统一发布。

5. 结束阶段

事故调查结束后，组织事故调查的部门应当对事故调查工作进行及时总结，对事故调查的文件、资料、证据等清理归档并永久保存。

5.2.3　强制事故信息报告

事故信息报告是对发生的事故做出一个全面详细的调查分析。完善安全事故信息的报告和处理工作，能建立快速反应、运行有序的信息处理工作机制，并根据法律法规和有关规定，结合通用航空生产安全管理实际，制定相关制度。下面从事故的报告、严重事故征候的报告、一般事故征候的报告、事故和事故征候信息的记录与证实 4 个方面进行论述。

1. 事故的报告

事故发生后,事发相关单位应当立即向事发地监管局报告事故信息;事发地监管局收到事故信息后,应当立即报告事发地地区管理局,同时通报当地人民政府;事发地地区管理局收到事故信息后,应当立即报告民航局航空安全办公室和空中交通管理局运行管理中心,并且在 2 h 内以文字形式上报有关事故情况。文字报告内容应当包括:

① 事发的时间、地点和航空器运营人;

② 航空器类别、型别、国籍和登记标志;

③ 机长姓名,机组、旅客和机上其他人员人数及国籍;

④ 任务性质,最后一个起飞点和预计着陆点;

⑤ 事故简要经过;

⑥ 机上和地面伤亡人数,航空器损坏情况;

⑦ 事故发生地点的地形、地貌、天气、环境等物理特征;

⑧ 事故发生后采取的应急处置措施;

⑨ 危险品的载运情况及对危险品的说明;

⑩ 报告单位的联系人及联系方式;

⑪ 与事故有关的其他情况。

在事故发生后 12 h 内,事发相关单位应当向事发地监管局填报《民用航空安全信息管理规定》(CCAR - 396)要求的民用航空安全信息初始报告表,并且抄报事发地地区管理局、事发相关单位所在地地区管理局以及民航局航空安全办公室;事发地监管局应当立即将审核后的民用航空安全信息初始报告表上报事发地地区管理局;事发地地区管理局应当在事发后 24 h 内将审核后的民用航空安全信息初始报告表上报民航局航空安全办公室。

事故信息的上报应遵照逐级上报原则,必要时允许越级上报。事发相关单位不能因为信息不全而推迟上报文字报告和民用航空安全信息初始报告表;在上报后如果获得新的信息,应当及时补充报告。空中交通管理局运行管理中心收到事故信息后,应当立即报告民航局领导并通知民航局其他有关部门。涉及军、民航的事故,民航局航空安全办公室应当向空军安全局通报。

2. 严重事故征候的报告

严重事故征候发生后,事发相关单位应当立即向事发地监管局报告严重事故征候信息;事发地监管局收到严重事故征候信息后,应当立即报告事发地地区管理局;事发地地区管理局收到严重事故征候信息后,应当立即报告民航局航空安全办公室。

事发相关单位应当在事发后 12 h 内向事发地监管局填报民用航空安全信息初始报告表,并且抄报事发地地区管理局、事发相关单位所在地地区管理局以及民航局航空安全办公室;事发地监管局应当立即将审核后的民用航空安全信息初始报告表上报事发地地区管理局;事发地地区管理局在事发后 24 h 内将审核后的民用航空安全信息初始报告表上报民航局航空安全办公室。

严重事故征候信息的上报应遵照逐级上报原则,必要时允许越级上报。事发相关单位上报民用航空安全信息初始报告表后如果获得新的信息,应当及时补充报告。

3. 一般事故征候的报告

一般事故征候发生后,事发相关单位应当立即向事发地监管局报告。事发地监管局收到一般事故征候信息后,应立即向事发地地区管理局报告。事发相关单位应当在事发后 24 h 内向事发地监管局填报民用航空安全信息初始报告表;事发地监管局应当及时将审核后的民用航空安全信息初始报告表上报事发地地区管理局;事发地民航地区管理局应当在事发后 48 h 内将审核后的民用航空安全信息初始报告表上报民航局航空安全办公室。如果事实简单、责任清楚,也可以直接填报最终报告表。

一般事故征候信息的上报应遵照逐级上报原则。事发相关单位上报民用航空安全信息初始报告表后如果获得新的信息,应当及时补充报告。

4. 事故和事故征候信息的记录与证实

收到事故和事故征候通知的人员应当按照图 5-7 事故和事故征候报告记录单准确记录报告的内容,根据民用航空安全信息初始报告表的项目收集或者向报告人查询未报事项,并获得报告人的信息和联系方式。记录时可以采用文字记录和电话录音相结合的方式,如实记录全部内容,记录后请报告人予以证实;同时,向可能得到信息的其他部门进一步证实信息的可靠性和准确性。

事故和事故征候报告记录单

报告人：

报告人所在单位：

报告人联系方式：

报告时间：

报告方式：

报告内容：

记录人：

图 5 - 7　事故和事故征候报告记录单

5.2.4　通用航空典型事故案例分析

随着通用航空的快速发展，国内通用航空事故时有发生，安全问题一直敲响着警钟。在通用航空发展过程中，事故不能完全避免。下面通过对两起通用航空典型事故案例的分析，总结出相应的安全建议。

1. Y5B(D)/B-50AA 飞机坠田事故

2018 年 8 月 3 日，某通用航空企业机长、副驾驶驾驶该公司 Y5B(D)/B-50AA 号飞机在佳木斯市同江市青龙山农场执行农化喷洒作业。凌晨 3 时 30 分左右，机务人员进场检查飞机并试车，飞机各系统正常。4 时零8 分左右，飞行机组进场开始农化作业飞行，后续完成 9 架次农化作业任务。到了 7 时 10 分，飞机落地后机务人员向两侧油箱加油共 400 L，总油量大约 780 L，补充药液 900 kg；期间地面机务人员发现农化喷洒设备冷气手柄处漏冷气，冷气压力不足，机组人员检查拆解了冷气手柄，清洗后，其工作正常。9 时零 1 分，机组开始第 10 架次作业,飞机正常工作。9时33分,机组开始第11架次作业。起飞时,地面机务人员观察飞机起飞姿态正常;机长操纵飞机起飞后爬升到高度10 m左右后感觉发动机功率不足,越过第一树带之后,听到发动机有"放炮"的声音,螺旋桨转动变慢;机长感觉发动机动力不足,不能使飞机保持高度,于是他操纵飞机迫降,坠落于距青龙山机场跑道中心方位184°、约2 km处的水田中,坠机地点坐标为北纬47°40′14″、东经133°02′20″。此次事故造成机上副驾驶头部被玻璃碎片划破,受轻微伤。而且Y5B(D)/B-50AA飞机虽然整体完整,但损毁严重。螺旋桨的4片桨叶严重变形,其中3号桨叶完全陷入泥中,4号桨叶部分陷入泥中。发动机严重损毁,迫降时因冲击地面而进入大量植被和泥浆,后经厂家判断报废。飞机发动机与机身结合处下部挤压变形明显。左下翼损毁,左上翼基本完好,左两翼间张线撕断。右下翼损毁,右上翼基本完好。飞机驾驶舱左侧风挡破碎,碎片导致副驾驶头部划伤。飞机现场残骸图如图5-8所示。

图5-8　飞机现场残骸图

对于该起事故的分析如下:

(1)飞机坠落过程分析

Y5B(D)/B-50AA飞机执行当天第11架次农化作业时,地面机务人员观察其正常,机长起飞离地正常。当飞机上升高度10 m左右后机长发现其马力不足,于是让飞机保持飞行姿态,小角度上升,但速度保持在110 km/h,无法加速。此时,机长发现发动机声音不正常,他柔和踩油门后发现动力有减少的趋势,之后感觉发动机已经停止工作,机长向后抱住操纵杆,飞机以正仰角姿态大角度接地。

（2）事故原因分析

根据机场监控等物证,排除了飞机由于油量耗尽停车的可能,结合 Y5 飞机空中停车的其他案例,调查人员将调查重点转移到排气管加温管上。在拆检中,调查人员发现左侧主排气管内加温管断裂并在飞行中脱落,但在事发现场未找到丢失的加温管。

根据发动机排气管拆检情况判断,该机起飞后由于发动机排气管内加温管脱落,导致排出的高温废气通过排气管进入汽化器使发动机进气混合比严重失调,从而引起发动机功率下降,进而造成空中停车。

（3）加温管脱落分析

加温管整体脱落表明其缝隙存在时间已经很长,调查人员开始对日常维修情况进行深入调查。调查结果表明,维修人员对适航指令要求掌握、落实不到位,存在未执行的适航指令。适航指令 CAD87 - Y005 - 04R1（"运-5"型飞机汽化器加温管和进气门的检查和修理）中对于排气总管的检查时限有明确要求:加温管在使用 500 h 内,结合飞机 200 h 定检,可仅用煤油检查加温管有无渗漏（此处"飞机 200 h 定检"指发动机而非机体）。然而该机在 2017 年 8 月 18 日进行的发动机 200 h 定检、事发 20 天前（2018 年 7 月 14 日）进行的发动机 300 h 定检中,维修人员只是采取"目视检查方法",使用放大镜对加温管进行了检查。在两次定检中,均没有按照适航指令 CAD87 - Y005 - 04R1 用煤油检查加温管有无渗漏（如有裂纹会出现煤油浸渍）,因此未能及时发现加温管裂纹,在后续的飞行中由于震动等原因导致事发时加温管整体脱落。

因此,此次事件发生的直接原因是 Y5B(D)/B - 50AA 飞机发动机左排气管内加温管脱落,导致排出的高温废气通过排气管进入汽化器使发动机进气混合比严重失调,从而引起发动机功率下降,进而造成空中停车。其主要原因是机务维修人员对发动机排气加温管拆解检查不到位,未执行适航指令要求而导致事故发生。

依据中华人民共和国《生产安全事故报告和调查处理条例》（国务院第 493 号令）第三条第（四）款"一般事故,是指造成 3 人以下死亡,或者 10 人以下重伤,或者 1 000 万元人民币以下直接经济损失的事故"的规定,该事件构成一起因维修原因导致的通用航空一般事故。针对这起事故提出相应的安全建议如下:

① 企业应当加强飞机发动机等关键部位检查,熟悉检查方法、步骤、技术标准和程序要求,确保飞机适航检查质量;

② 企业应当以"三基"建设为契机,加强机务人员维修作风建设,提高执行规章、严格执行适航指令的严肃性和严谨性;

③ 企业应当严格落实工作单检查制度,做到熟悉规章和指令要求,提高适航放行质量;

④ 企业应当加强飞行前的准备,确保机组熟悉作业环境,完善不正常程序处置预案,提高发动机失效处置能力。

2. "6.16"某通用航空直升机飞行中撞山事故

2018 年 6 月 16 日,某通用航空 AS350B3/B‐7460 号直升机计划 8 时—19 时执行昆明市第一人民医院(甘美医院)经昆明市海埂公园至安宁市人民医院的医疗救援调机任务,真高 100 m 以下,目视飞行。8 时 17 分,直升机起飞,预计飞行时间为 20 min 左右。8 时 28 分,北斗系统上的直升机飞行轨迹停止,最后记录时刻的地理位置大约为昆明市西山区青山垭口附近。8 时 43 分,公司航务人员将北斗系统上直升机飞行轨迹停止的情况报告公司领导,公司开始通过各种途径联系机组未果。9 时 53 分,云南监管局收到直升机失联的信息,立即协同地方人民政府和公司开展应急处置。13 时 30 分,搜寻队伍在事发地发现直升机残骸。事故造成 2 名飞行人员及 1 名随机机械员死亡的悲剧,而且直升机与山体相撞解体并发生燃油泄漏起火,机身壳体包括座舱、行李舱、电子设备舱、燃油箱等大部分烧毁;主旋翼、发动机与机身分离,3 片旋翼不同程度折损,尾梁弯曲变形,航空器完全损毁。事故还造成部分树枝、岩石被砍断,构成生产安全较大事故,事发地点飞机残骸如图 5‐9 所示。

图 5‐9 事发地点飞机残骸

对于该起事故的调查报告分析如下：

（1）机组准备情况

飞行前预先准备记录表由机组随机携带，事发后未在现场找到任何纸质媒介。

（2）获取气象信息情况

起飞前，公司航务人员通过手机 APP"WINDY"系统了解了雨量和能见度及云底高。此 APP 可以大概了解起飞点和航路的天气情况、能见度和云底高等。但并无证据表明公司航务人员将了解到的气象信息有效传递至飞行机组，也无证据表明飞行机组在飞行前获得了关于此次飞行的起降点及航线的气象资料，最后阶段飞行轨迹示意图如图 5-10 所示。

图 5-10　最后阶段飞行轨迹示意图

（3）载重平衡情况

本次飞行未超过最大业载和最大起飞质量。

（4）飞行计划实施情况

本次飞行前，公司按程序向相关管制单位进行了申请，并得到了批复。批复的航路点为昆明市第一人民医院、昆明市海埂公园、安宁市人民医院，公司手持GPS 中存储的导航点除此之外还有一个西山转弯点。机组未向公司报告偏离原因，推测可能是因为当时飞机遇到边缘天气，使得机组改变了转弯点，北斗系统监控到的飞行轨迹如图 5-11 所示。

图 5 - 11　北斗系统监控到的飞行轨迹

（5）事发地附近区域气象情况

2018 年 6 月 16 日,云南全省受偏西转西北气流控制,大部分受中低云系控制,昆明为多云有阵雨的天气。根据事发时昆明海埂公园的视频监控画面推测,机组在飞越滇池进入山区之前,能够看清山体轮廓,当时气象条件可能满足旋翼机目视飞行气象条件。

（6）发动机工作情况

经调查,该机在此前的飞行工作中,发动机未发现异常。从事故现场勘查情况看,事发时旋翼的切削力量较大,发动机的输出功率也应当较大,且无证据表明事发时发动机处于异常工作状态。据此判断,事发时发动机可能工作正常。

（7）除发动机以外其余系统情况

因直升机未配备飞行数据记录器（FDR）和驾驶舱话音记录器（CVR）,事发现场的机身主体烧毁严重,3 名乘员均罹难,调查组未收集到足够的证据进行理论分析,无法对除发动机以外的通讯、电源、液压、飞行控制等系统的工作情况进行推测。

（8）撞击过程分析

直升机坠毁在陡峭的山坡及悬崖崖壁上,机身残骸地理位置海拔高度 2 348 m,该处散落尾桨、尾梁、水平尾翼、垂直尾翼、主减速器、部分驾驶舱设备

（驾驶杆等）等。机身有明显的烧蚀痕迹，机身右侧舱门从机身脱落，散落在机身南方即飞行方向的右侧。主旋翼及发动机卡在悬崖崖壁一处缝隙中。因此，推测直升机撞向山崖时可能为西南航向。

（9）直升机撞山原因分析

由于 AS350B3 直升机不具备在仪表气象条件下飞行的能力，且机组未接受过目视飞行时误入仪表气象条件的处置方法训练，机组可能缺乏在仪表气象条件下飞行的经验。

撞山的原因可能是机组在按照目视飞行规则飞行到边缘天气条件时，决策失误，导致直升机在山区低高度进入仪表气象条件。进入仪表气象后爬升不及时，并且对周围的地形情况丧失情景意识，未能保持正确航向，导致飞向山崖并撞山。此外，下一段飞行任务（医疗救援）的紧迫性，也可能对飞行员的决策产生不利影响。

根据国务院《生产安全事故报告和调查处理条例》（国务院令第 493 号），本次事件构成一起生产安全较大事故。针对此次安全事故提出相应的安全建议如下：

① 公司应完善飞行前准备的管控程序，确保飞行机组在飞行前能够获得确保运行安全的必备文件或等效资料，飞行机组在做飞行前准备时应熟悉各类特殊情况的处置预案（SWCAAC - YN - SIR - 2018 - 2 - 1）；

② 公司应结合作业地区气象、地形等特点，合理制定飞行计划，并制定公司航线飞行作业指导文件，明确航线飞行要求，对不能按计划航线飞行的情况应制定相关应急程序和操作规范；明确在山区飞行时应严格控制实际飞行高度，确保有足够的越障裕度和机动能力，特别在仪表运行中突遇意外天气条件时，应严格按照 CCAR91.183 条要求，立即向管制单位进行报告（SWCAAC - YN - SIR - 2018 - 2 - 2）；

③ 公司应严格运行标准，对于无仪表等级的飞行机组，运行阶段的天气标准不得低于 CCAR - 91 第 155 条规定的相应标准；

④ 公司应按照民航局咨询通告《直升机医疗救援服务》《直升机安全运行指南》的具体内容，在公司训练大纲中加入意外进入仪表气象条件的规避和恢复程序，对可以从事直升机医疗救援服务的飞行员进行相应训练和考核；

⑤ 公司应加强飞行队伍管理，建立规章标准的红线、底线要求，采取有效管控手段，确保飞行人员在执行不同飞行任务时始终坚持安全第一的原则；

⑥ 公司应针对医疗救援等紧急任务制定相关政策与程序,以确保在接收任务之前以及执行任务过程中对风险进行适当的管理;

⑦ 公司应依据《飞行人员和空中交通管制员体检鉴定档案管理办法》(MD-FS-2016-049)的规定,完善飞行人员体检健康档案管理工作;

⑧ 目前民航的气象服务体系是基于 CCAR-121 部对运输航空公司开展的,主要提供机场周围、航路航线的气象服务;对于通用航空飞行,特别是非航路的目视飞行,民航系统能提供的气象资料不能满足运行要求,通用航空公司一般通过地方气象局、手机 APP、网站等途径获得气象资料;建议民航局开展相关的研究,明确气象资料来源的合法途径,指导通用航空公司更好地获得准确的气象资料。

5.2.5　民航自愿报告系统的建立

为提高民用航空系统的安全性,减少飞行事故和事故征候的发生,应当尽可能快速、准确地发现并改正系统存在的缺陷。已发生的不安全事件恰好暴露了系统内部缺陷,因此收集已发生的不安全事件信息并对其进行研究就具有重要的意义。然而,小的差错或不安全事件具有隐蔽、动态的特征,如果当事人不报告,其他人事后就很难发现。由于多数人出于害怕处罚或者丢面子等原因,不愿意暴露自己的失误或错误,因此失去了完善系统的机会。

"信息是资源",安全信息在保障航空安全中的作用日趋重要,现行的民航安全信息报告体系并不能满足隐患信息收集和处理的要求,因此迫切需要研究和开发新型的航空安全信息系统,用以增加信息量和增强信息可信度。保密的航空安全自愿报告系统(Sino Confidential Aviation Safety Reporting System,SCASS)是针对该问题的一个有效的解决方案。

保密的航空安全自愿报告系统收集大量来自飞行员、管制员和维修人员等一线人员的有关报告,发现现行民用航空运行系统的缺陷或漏洞,并作为人为因素研究的第一手资料,完善民用航空系统,保证其安全运行。人为因素一直是航空事故的主要原因,改善人为因素已成为降低航空事故率、提高航空安全水平的主要途径。保密的航空安全自愿报告系统的建立,为广大航空从业人员创造了一条方便快捷地报告不安全事件的渠道,对促进航空安全起到了重要作用。

建立保密的航空安全自愿报告系统已成为国际航空界的共识,国际民用航空组织(ICAO)附件 13(2001 年 7 月第九版)建议建立航空安全自愿报告系统。

为改善我国民航安全水平,多渠道收集真实的航空安全信息,建立中国民航保密性航空安全自愿报告系统(SCASS)已成为一项紧迫的任务。

2004年9月16日,中国民航正式启动航空安全自愿报告系统。而SCASS旨在最大限度地收集安全信息,及时发现航空系统运行的安全隐患和薄弱环节,分析行业安全的整体趋势和动态,为航空安全管理提供决策支持。建立SCASS的主要目的包括:

① 通过数据分析研究,及时发现事故隐患或危险状况,防止严重的不安全事件或航空事故发生;

② 找出国家航空安全系统存在的不足,提高目前国家航空系统的安全水平;

③ 为政府安全管理部门和研究单位分析安全形势提供更为充分的信息,使分析更准确;

④ 为国家航空系统的规划与改进,特别是"人为因素"的研究提供数据和资料;

⑤ 传播安全信息,分享经验教训;

⑥ 促进民航安全文化建设,营造"人人讲安全,人人为安全"的民航安全文化氛围。

SCASS的工作目标是消除民航系统的安全隐患和缺陷,建立良好的安全文化氛围,提高我国民航运输业的安全水平。

1. 建立SCASS的基本原则

SCASS运行的基本原则是自愿性、保密性和非处罚性。

(1) 自愿性

提交给SCASS的报告完全是报告人的自愿行为,自愿性是信息可靠性的保证。

(2) 保密性

SCASS承诺对报告中涉及的个人识别信息保密。实施保密性原则的目的是避免对报告人以及报告涉及的组织或个人造成不利影响,最大限度地消除报告人害怕处罚、丢面子、影响提职、影响评奖以及怕影响集体荣誉的心理。SCASS通过严密的工作程序实现保密的目的。SCASS收到报告后,将个人信息返回或销毁,删除报告中各种个人识别信息后交专家分析处理,报告处理完毕将销毁原文字报告,去除识别信息的报告和专家分析报告存入数据库。识别信息包括报告者姓名、日期、地点、涉及人员、涉及单位等可能识别出所涉及人员身份和单位的信息。SCASS 以不损害报告人、其他相关人员和单位的声誉和利益为运行原则。如果信息数量和质量与保密性发生矛盾,应当服从保密性。

(3) 非处罚性

SCASS 不具有任何处罚权。系统受理的报告内容既不作为对报告人违章处罚的依据,也不作为对其他所涉及人员和涉及单位处罚的依据。由于 SCASS 所存储的数据不包括任何个人与单位的识别信息,因此其受理的报告不可能作为诉讼、行政处罚以及检查评估的材料。

SCASS 是收集航空安全信息的多种渠道之一,其接收的报告有一定的限制。SCASS 主要收集航空系统的缺陷和隐患的报告,没有造成严重后果或无明显后果、不易被发现的事件或违章行为的报告。收集的安全信息是事故金字塔底边对应的日常运行中大量的不安全事件和隐患,而这些事件和隐患却是严重事故得以发生的温床。

SCASS 报告的具体内容为:

① 涉及航空器不良的运行环境、设备设施缺陷的报告;

② 由于不经心或无意造成违章事件、人为因素事件的报告;

③ 涉及到执行标准、飞行程序的困难事件报告;

④ 影响航空安全的不包括⑤中的其他事件或环境报告;

⑤ SCASS 不受理涉及事故、事故征候、严重差错以及犯罪的事件报告;

⑥ SCASS 原则上不受理匿名报告;如果匿名报告的内容符合要求,则报告被受理,单独统计。

对不符合上述规定的报告,如果涉及事故、事故征候、严重差错或犯罪的紧急事件,SCASS 会将报告内容转交给相关部门(民航局或公安机关等);对不符合上述规定的报告,如果不涉及紧急事件,SCASS 则将报告返还给报告人,无法返还的进行销毁,自愿报告事件范围如图 5-12 所示。

2. SCASS 的组织结构

中国民用航空局(简称"民航局")委托中国民航大学安全科学研究所作为主持单位开展工作。SCASS 是中立的机构,与民航局没有直接的从属关系。SCASS 与民航局和企事业单位的关系如图 5-13 所示。

SCASS 由指导委员会、专家工作组和执行工作组组成。

指导委员会由民航局安全委员会办公室担任,其任务是指导系统工作、监督系统运行、评估系统的作用、筹集系统运行费用。

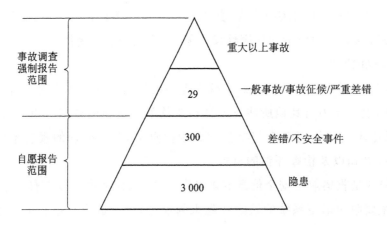

图 5 - 12　自愿报告事件范围

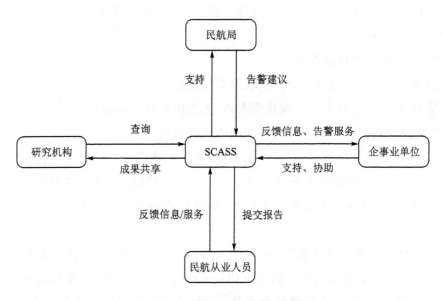

图 5 - 13　SCASS 与业界关系图

　　专家工作组负责提供技术咨询服务,深入分析报告,提出改进建议等。专家工作组由具有专业经验的资深民航界人员担任,根据系统运行实际情况进行调整。专家工作组由专职和兼职人员组成,专职人员有 1～3 人,兼职人员有 10～20 人,由召集人负责。具体人数根据信息量调整。

　　执行工作组负责报告的接收、处理工作,包括审查报告、初步分析、信息反馈、制作信息刊物等工作。执行工作组由 2～3 人组成,由工作组组长负责。

　　SCASS 组织机构图如图 5 - 14 所示。

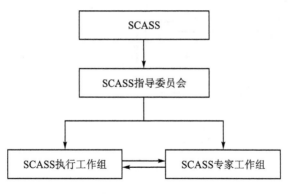

图 5 - 14　SCASS 组织机构图

3. SCASS 运行程序

SCASS 收到的报告信息经过执行工作组专人按严格的信息处理程序进行处理。该信息处理程序的主要步骤如下：

① 接收到固定格式(信件、传真、电子邮件、网络在线)的报告；

② 执行工作组的安全分析员判读报告,并进行预处理,确定是否涉及安全问题,符合系统的要求；

③ 核查报告内容,如果需要,可以电话询问报告人；

④ 对报告进行编码,消除报告人以及其他人员的识别信息；

⑤ 专家工作组分析报告,提出改进建议;如果需要,可以向主管部门或有关企业发布告警信息；

⑥ 去掉涉及单位的识别信息；

⑦ 将报告信息、专家分析结果录入数据库；

⑧ 销毁原报告；

⑨ 信息共享与发布,免费发放 SCASS 信息刊物。

报告处理流程如图 5 - 15 所示。

4. 报告表格和提交方式

为方便填写报告和处理报告,采用固定报告表格提交报告。报告表格根据不同的业务范围设计,有飞行、空管、机务、乘务、机场和空防安全 6 种表格。报告表格设计遵循的原则是信息多、易理解、填写方便。报告表格可以从 SCASS 报告表发放点或者从网站下载获取。报告人填写后可以通过邮寄、传真、电子邮件、网上填报的方式向 SCASS 提交报告。

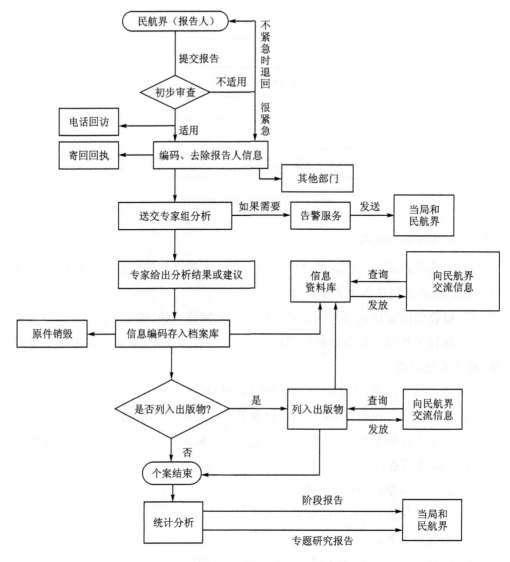

图 5 - 15　报告处理流程图

5. 信息共享和研究成果的传播

自愿报告系统实施数据分析和信息共享,营造一个航空人员交流安全信息的平台。网站和数据库是 SCASS 的主要部分。建立 SCASS 网站,广泛传播自愿报告系统的理念和运行原则,广泛传播系统收到的经过分析的报告和改进建议,提供安全事件数据库查询与咨询,可以促进安全信息的交流与共享,改善民航安全。

建立数据库,贮存去掉个人识别信息的报告和分析结果等,实现数据的查询、统计和分析。

系统定期发布安全信息,包括告警通告、研究报告和安全事件公告。

① 告警通告:当 SCASS 收到描述危险状况的报告时,例如,助航失效或缺陷、飞行程序不当或是其他可能危及飞行安全的环境或状况,SCASS 会向民航主管部门或有关企事业单位发布告警信息,由他们判断并采取对策;对一些性质严重的问题,通过电话等方式直接与政府主管部门进行对话;

② 研究报告:SCASS 的研究人员对事件进行研究,定期和不定期发布研究报告,定期向民航局提交研究报告;

③ 安全事件公告:把报告者的典型经验、教训等整理后加上注解和编者对事例的评析,以及一些研究工作的总结和相关的航空安全信息发行到航空界(如飞行员、管制员、乘务员、维修人员和管理人员等),开辟 SCASS 与航空工业界之间的交流与沟通。

5.3　建立以安全信息为驱动的安全管理展望

5.3.1　通用航空公司建立安全风险管理系统

由于通用航空所使用的航空器机型繁多,飞行任务时间不定,并且飞行高度差异较大,飞行任务多样;另外,我国通用航空保障条件和作业环境较差,安全管理体系不健全,因此我国通用航空飞行事故和事故征候高于运输航空。通用航空与运输航空是民航发展的两翼,民用航空的持续安全也包含通用航空的安全。因此,随着通用航空的不断壮大,安全管理问题必然会成为通用航空能否可持续发展的关键问题。建立一套科学合理的通用航空安全管理系统已成为当下必须要解决的核心问题。

1. 安全对策

通用航空公司安全管理体系总要求:

① 通用航空公司与行业对手竞争最重要的资源之一就是安全;

② 要加强地空联系,保障空中与地面的安全工作,将空中与地面的安全紧密结合,从而在最大程度上确保安全;

③ 所有的事故与事故征候都是可以预防的;

④ 对于飞行安全,公司的管理层及一线负责人都有可以量化的考核标准;

⑤ 安全的基础是质量,质量与安全不可分割;

⑥ 所有的职员与管理者都要对自己岗位的安全性负责;

⑦ 通用航空公司要推进安全管理体系,提高所有员工的风险意识,创造积极的安全文化。

2. 安全目标

(1) 总体安全目标

通过实施安全管理体系达到零事故率;通过持续改进,控制和减少事故征候的发生,使不安全事件发生率不断下降,满足局方要求和公众日益增长的安全需求,实现公司的持续安全;夯实安全管理基础,通过前置性风险管理,减少人为差错事件发生的几率;提高特种作业人员训练质量,严格资质管理。

(2) 年度安全目标

在公司安全政策的指导下,制定生产运行系统的安全指标和目标,每年对安全指标和目标进行评审和更新。

(3) 阶段安全目标

在全年各运行阶段(包括冬季、夏季运行,重要节假日或重要会议召开期间,安全生产月和各种安全活动开展期间等),避免或减少人为原因造成的事故征候(包括严重事故征候)、不安全事件、违章和差错事件的发生。

在部门经理与公司签订安全责任书的基础上,每个岗位和每个人员与部门经理签订次一级的安全责任书,以此将总体安全目标细分并落实到每一个岗位和每一个人。

3. 应急预案

(1) 飞行机械故障或发动机失效

① 控制住飞机姿态,保持航迹;

② 在最低安全高度以上飞行;

③ 应答机"7700",通知管制部门,听取进一步指令;

④ 在就近机场返场落地,并请求地面支援。

(2) 通信失效

① 保持预定飞行路线和飞行高度飞行,应答机"7600";

② 尽快脱离作业飞行区域,沿预定航线返场着陆;

③ 利用可用波道尝试与地面联系;

④ 手机若有信号,用手机与地面联系。

(3) 遇危险天气

① 密切注视危险天气现象,根据气象资料分析危险天气的移动方向;

② 根据天气情况返场落地,报告有关管制单位;

③ 选好备降机场,及时通报有关管制部门。

4. 系统运行

在《ICAO 安全管理体系手册》的基础之上,实地考察通用航空单位,借鉴国内空管、航空公司、机场安全管理系统的构建模式,参照我国通用航空的发展特点以及安全管理的理论,考虑通用航空的多种影响因素,将通用航空安全管理系统的内容划分为运行控制系统、飞行运行系统、机务维修系统、综合保障系统四个模块,并构建一个以安全管理为核心的通用航空安全运行大系统。这四大模块构成一个闭合循环的安全管理系统,伴随着通用航空的持续运行,安全管理系统将会得到不断改进和完善。运行控制系统和飞行运行系统的安全管理侧重于对运行阶段的通用航空飞行的管理,机务维修系统是对通用航空运行的所有机型的飞机的维护进行有效的安全管理,而综合保障系统则是对整个通用航空运行结束后进行的综合保障性管理。

(1) 运行控制系统安全管理模块

运行控制是通用航空安全管理系统的核心,主要包括航班管理业务和航班保障业务。航班管理业务主要包括航班计划管理、飞机及各类空勤人员的排班等;航班保障业务主要包括飞行签派、飞机和空勤人员的调度、商务调度等。从数据流上划分,该系统主要由航班计划信息流、以签派为源头的当日航班执行信息流(起飞、降落、备降、延误、取消等)和以商务调度为源头的商务保障信息流组成。运行控制系统的安全运行依托于对当日航班计划信息及当日航班执行信息进行有效的管控,侧重于对这些信息的安全检查和安全处置。安全检查是运行控制系统中信息收集的重要方法之一,也是开展主动识别风险的有效途径。针对当日航班的计划信息、执行信息和商务调度信息开展安全检查工作,以查找各业务系统以及各单位在安全管理工作中存在的问题。首先需制定检查计划,再根据计划制定检查的方案,最后制定出检查单,这样便可以实施检查。在安全检查结束后总结检查情况,若结果符合情况则保存检查记录;如果发现不符合项,则执行预防和纠正措施;若发现新的危险源或者风险控制措施无效,则须执行风险管理的操作。运行控制阶段执行安全检查是为了确保风险控制措施的持续执行,并保证在不断变化的环境下持续有效。运行控制系统安全信息处置的具体流程如图 5-16 所示。

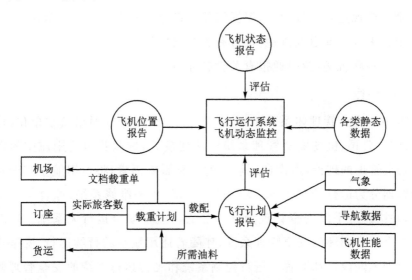

图 5-16 运行控制系统安全信息处置流程图

(2) 飞行运行系统安全管理模块

通用航空飞行运行系统的安全运行主要依赖于对航班安全和作业人员安全的风险评估。航班安全的管理主要包括飞机状态报告、飞机位置报告、飞行计划报告及各类静态数据的报告,并对报告的内容进行评估,飞行运行系统飞机动态监控流程图如图 5-17 所示。

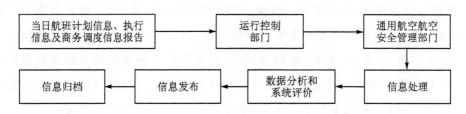

图 5-17 飞行运行系统飞机动态监控流程图

鉴于目前通用航空基础设施建设比较薄弱的实际情况,航班安全的风险评估可以主要通过评估问卷的方式进行管理。具体可以为以下 3 个步骤进行:

① 构建通用航空企业自己的评估问卷管理系统,用于管理航班安全风险评估问卷内容的编制及管理工作;

② 填写评估问卷,向涉及飞行运行的人员发放调查问卷,定期将其汇总并得出风险值,便于后期进行设计工作;

③ 根据得出的历次风险值,汇总后得出相应的统计图表并记录存档。

作业人员的安全风险评估可划分为 3 个模块,即指标管理模块、安全风险评估模块、统计分析模块。指标管理模块用于管理在飞行运行过程中用于安全风险分析的指标;安全风险评估模块主要是对作业人员定期进行安全风险评估;统计分析模块是针对飞行运行系统作业人员的安全风险评估结果,进行统计和分析。

（3）机务维修系统安全管理模块

机务维修系统安全管理模块可以细分为工作计划指派、工作执行检验、工作进度管理、告警信息管理、工时绩效管理以及上岗培训管理。针对机务维修系统的运行特点,须对机务维修的流程进行程序化管理。建立一套基于无线数据传输的机务维修运行系统,让机务维修班组长以及工作者和检验员通过互联网联系达到对整个系统的信息共享和持续监控。

机务维修系统的安全运行依赖于整个工作流程的程序化管理,因此构建一个维修人员的工卡控制系统就显得尤为重要。工卡控制系统包括工卡进度管理和定检工作包进度管理。将整个维修工作的进度进行可视化展现、将每位工作人员的工作量进行程序化管理,确保对整个维修流程进行全面梳理,对应于每个人以及每一项工作步骤,确保维修工作进度的连续性。借助于计算机可以初步构建一套机务维修的工卡管理系统,该系统可以显示维修人员姓名和所负责的飞机号,维修的计划开始时间、工作时间以及预计完成时间,维修的实际开始时间以及已用时间,另外,还可以跟踪每项工作的完成进度及步骤数。

（4）综合保障系统安全管理模块

通用航空的综合保障系统对整个安全管理系统运行结束后进行保障服务,对运行后的飞机做全面系统的管理,将该次通用航空飞行的相关运行记录及时整理并做归档处理。需要整理的运行记录包括本次飞行的飞行任务书、飞行计划、飞行放单和运行阶段相关的航行通告等。将通用航空运行数据整理成册入档,可以为以后的通用航空运行积累经验教训,另外,通用航空相关部门可以通过该运行数据来分析运行中的不足,并对运行中存在的相应问题加以改正。通用航空运行中高效、准确、实时的信息是极其重要的,精确的信息服务为通用航空的运行提供了可靠的安全保障。通用航空一般为目视飞行,所以其对导航的依赖性较小。针对通用航空飞行的实际,可以将空中交通管制转化为信息的自动传递,这样通用航空飞机可以实现信号连续的跨区域运行,另外,飞机之间可以利用自动相关监视技术,完成信息传递和相关监视的任务,这样可以克服雷达监视的缺陷,使飞行机组得到更加准确的信息,还可以使空中交通更加流畅,达到空域利用的最大化。可以利用多基站测量定位系统(MDS),实时对场面和终端区进行高精度的监视,为频繁的通用航空飞行提供实时可靠的航行信息。综合保障系统运行记录处理流程图如图5-18所示。

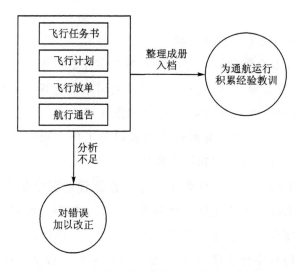

图5-18 综合保障系统运行记录处理流程图

5. 通用航空安全管理系统风险管理

在通用航空安全管理系统的建立和运行中,其影响因素涉及多个,这个系统是一个包含多个部分的复杂系统,并且各个影响因素之间是相关和共存的,因此对于整个系统进行有效的风险管理就显得尤为重要。通用航空安全管理系统风险管理的实施主要通过系统和工作分析,识别通用航空危险源,分析评价相关风险,制定并采取相关控制措施,最终达到将安全风险控制在可接受水平的目的,确保通用航空的安全运转。针对通用航空运行过程中存在的各种危险因素或安全隐患进行有效的识别,建立危险源数据库,分析发生风险的可能性和后果,确立危险源登记,再选择合适的风险控制方案,实施风险控制,通过收集、更新、编辑、整理和分析风险数据,追踪风险降低计划的有效性信息。运用现代信息手段,对安全信息和通用航空飞行数据进行收集整理、分析挖掘、处理、发布、信息储存和反馈,构建畅通的信息渠道,为不安全事件调查、安全监督、审核与评估和安全目标制定等安全活动提供决策依据。实施以风险管理为核心的安全闭环管理是通用航空安全管理系统的关键,风险管理流程图如图5-19所示。

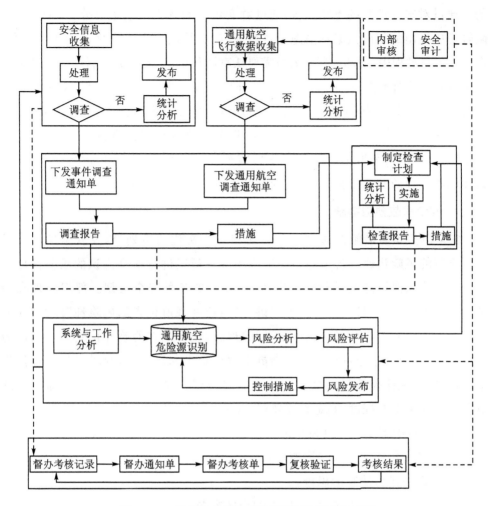

图 5 - 19　通用航空安全管理系统风险管理流程图

6. 安全保证

　　安全保证通过对实施生产运行的各个子系统的所有（一级/二级）流程进行定期或持续的安全监测及监督检查,发现运行过程和安全管理体系中存在的安全隐患和缺陷,通过分析识别新的风险源,及时采取风险控制和改进措施,并通过对系统安全管理过程和生产运行过程的跟踪检查,评价运行中安全管理实施与风险控制措施的符合性及执行风险控制措施后的有效性,从而达到对整个安全管理系统绩效的评价,促进部门以及公司安全运行管理水平和能力的不断提高,确保在符合国家法律法规及局方规章要求下飞机的持续安全和持续适航。

　　由于安全生产运行本身就是一个动态的过程,所以监督管理也同样是动态的。通过对实际情况的不断监督,通过对变化中的各类因素进行分析,来确定风险管理中提出的相应预案和措施是否合理有效,从而确保安全生产的顺利进行。在整个运行过程中,各部门所有人员需要认真履行职责,安全管理科室要持续开展对运行安全的监督检查,通过信息收集、分析、传递、监督整改与跟踪,对发现的安全隐患和不安全状况进行排查和持续改进,以提高公司的安全运行及管理水平。

对发生的不安全事件进行调查处理并采取预防和纠正措施,对发现的问题予以闭环管理,对采取的预防和纠正措施进行有效评价,对结果进行跟踪,按需追加或改进预防和纠正措施,直至问题缓解到可接受的范围内。

7. 安全事故预防措施

安全事故预防措施是通过安全活动和安全文化的策划,以及安全培训和教育而进行的风险沟通。各个部门经理应经常对员工进行安全意识的重要性以及安全管理体系建设意义的教育和宣传,持续开展各种安全策划。部门经理在新员工入职时,以及平日经常向员工宣讲"该岗位客观所包含的风险性"以及"我们可以通过适当措施降低风险至可接受"的理念,让员工在明确并接受风险和压力的前提下,安全有序地进行工作。当员工发现隐患和风险时,及时报告当日值班主任,由值班主任报部门安全管理员和部门经理。部门安全管理员和部门经理根据隐患和风险的程度,制定整改建议,并上报安监部。

预防运行中不安全事件发生的关键:

① 完善工作程序以及各种制度;

② 工作中保持清晰的思维;

③ 合理安排值班力量,培养班组配合的默契;

④ 工作中做到"精神集中,滴水不漏";

⑤ 让每个员工都清楚本岗位所包括的风险以及可以采用怎样的措施才能使得风险被控制在可接受的范围内;

⑥ 持续有效的教育与培训。

按照"首先停止或限制某项运行或生产以排除风险,其次增加运行限制条件及加强监测以降低风险,最后增加对员工的培训及应急训练以加强个体防护措施等"的顺序,评估风险控制措施,以此为依据确定风险缓解方案,然后把方案与措施传达到所有受到风险影响的人员,并制定安全奖惩程序。

① 安全知识和业务提高训练需要有针对性,总结不同季节天气特点对飞行任务产生的影响,完善安全知识培训计划,使得日常培训与特殊专项培训相结合;

② 生产运行系统全员认真研讨因飞机近期故障而保留的问题和适航情况，熟练掌握特殊情况处置预案，保证飞行准备的质量；

③ 机组严格按规章和手册飞行，严格把握天气标准，及时决断；

④ 提升飞行质量，规范信息管理；机组成员按照部门要求增强对安全信息的分析和学习，及时传递安全信息，在机组成员沟通时保持畅通，将飞行中发现的非正常情况及时、准确上报；飞行实施中要增强与地面管制的联系，如有任何特殊情况应当立即报告；

⑤ 机组发现隐患及时告知机务人员，获取机务人员放行许可后交接飞机；

⑥ 飞行员自身注意事项：

a. 使用 IMSAFE 检查单，确保自身适合飞行，了解自己身体状况有无任何不适，有无服用药物、精神紧张、饮酒、疲劳、脱水和饮食不正常等现象；

b. 每次飞行前进行个人风险分析评估，每次任务前，每个飞行员应该询问"飞行任务是否存在安全风险？事故的概率是多少？是否值得冒此风险？"有时候，最明智的选择就是返航或者着陆（即使是在机场或者露天停车场）；

c. 不要在天气条件不好的情形下冒险飞行，飞行员应该注意，避免飞入大雾或暴风雨等天气，飞行中要掌握好飞行操纵中的各种时机，谨防因失误而造成飞机失控和失速等情况的发生；若出现任何差错应及时补救，切莫错过最佳时机；

d. 飞行高度不能低于 305 m，避免电线、树木以及其他障碍物，尽可能保证飞行离地高度（真高）不低于 305 m，即使是最有经验的直升机飞行员也需要警惕这种风险，对此应做必要的限制；正确分配好注意力，以正确判断飞行高度和距离为主；若发生意外，首先应上高度，留够处置余度，以免发生撞地事故；

e. 接到任务后，飞行员应当认真研究飞行区域的地形和气象情况；飞行前在地图上准确标出特定区域、禁区的位置和范围，特别是在大型政府机关或军事单位上空，要严格遵守有关规定，避免产生不必要的麻烦；如果有低空飞行任务，需使用电线防刮系统；如果飞行员必须要完成低空飞行，航空器应配备电线防刮系统，以防止紧急情况发生；

f. 起飞前计算直升机质量时一定要留有足够的余地；空中经过旅游景点或标志性建筑物时，要防止座舱内人员向一侧集中，造成直升机重心改变，影响操纵；

g. 无论如何，戒骄戒躁，反复阅读紧急程序手册，按照旋翼机飞行手册正常程序操作；飞行中要严格遵守飞行规章，不得擅自更改飞行动作，扰乱飞行计划。

8. 安全促进

通过对安全管理体系的评价得出的结论：

① 评估现有工作程序和方法,对工作中容易出现偏差的环节进行整改,并接受公司安监部的监督检查,提高生产运行系统的安全生产品质;

② 为改善一线人员的差错管理并减少检查单执行差错,进行安全趋势分析活动;

③ 通过分析对安全绩效进行监测,同时对运行安全的发展趋势进行预测;

④ 对工作中容易出现差错的环节,进行交叉检查,并重点监督;

⑤ 不定期组织全员讨论现有工作程序,查缺补漏;

⑥ 对需要进行更改的工作程序,由部门精英开会讨论确认并与相关科室对工作手册中的程序进行修改;

⑦ 不定期邀请公司安监部对运行控制中心日常工作进行监督检查;

⑧ 对安监部提出的整改意见,由部门安全管理员报请部门经理同意后,落实相应科室进行整改。

对公司的安全文化提出以下要求:

(1) 员工应将安全管理的意识融入自己的工作中

生产运行系统的管理层应严守民航规章、理清管理思路、规范公司行为。近两年,中国航空方面出现的安全问题中,通用航空所占的比例正在增加。这与公司管理层的管理工作关系密切。比如,落实民航规章不到位,公司人员资质及配备不符合要求,通用航空作业内容超出公司经营项目范围,作业飞行超出执行条件等。在国内政策形势大好的背景下,确实应该乘着东风发展公司的业务,但应该注重安全,稳中求进。

除了完备的安全设施、完善的管理体制、完整的规章标准之外,更重要的是所有工作人员对安全工作的积极态度。其中包含了精湛的技术、丰富的知识、严谨的工作态度、强烈的责任感以及对事故的高度警惕。虽说造成飞行事故的因素有众多的危险源,但实际上,人为因素才是最终引发事故的关键点。工作人员并没有对"安全"足够重视,主要还是由于安全意识不足、单位管理理念不到位导致的。

通用航空本身就意味着高投入与高风险,整个生产过程都是在空中完成的,而这一过程也是直接为旅客提供消费和服务,若稍有不慎,就会造成生命和财产的双重损失。因此安全无小事,要把安全理念植入每一位工作者的心中,让员工能从心里明白安全的重要性。

周恩来总理给民航题词中曾说到的第一点就是"保证安全第一",可见强调飞行安全何等重要,民航如此,通用航空亦是如此,这是通用航空公司开展工作的头等大事,没有安全的飞行何谈安全的生产。

因此,要构建公司的安全文化,首先要做到"以人为本",只有让工作者自己意识到安全的重要性,才能让保证飞行安全变为守护飞行安全,才能确保飞行工作的安全顺利进行。其次,在不同时期,安全工作的内容有所不同。比如,夏天要更注重雷雨天气下的安全作业模式,而冬天则应多注意大雾天气下低能见度所带来的安全隐患。对不同的人员也应区别对待,飞行人员自不必多说,地勤人员的安全意识则更加重要,因此要组织所有的工作人员进行安全知识的培训,制定安全教育管理规定。最后,安全文化应与企业文化融为一体,落实安全第一的飞行安全价值理念,提高领导的安全意识,实行"安全第一"的工作制度,形成安全管理机构和安全监督机制,这样才能让员工从心里认同安全的重要性,才可以让他们感同身受。

(2)适当的进行安全教育

积极推行安全文化建设,通过发布安全方面的承诺,利用召开座谈会、征求意见会、专题调查会、安全形势分析会、安全评估会、板报、公司内网的学习园地、经常性的规章学习及安全活动和教育等形式,建立能让员工间及员工与管理者间进行沟通的渠道,明确员工可接受的行为规范,人人争做规章员工,形成浓郁的沟通文化和学习文化等安全文化。对员工开展持续的安全培训和技能培训,提高员工的安全意识、业务能力和综合素质是公司的责任;鼓励员工在认识到差错后能够无顾虑地负责,尤其是那些危及运行安全的差错;同时还提倡和鼓励员工无拘无束地报告那些本来没有强制要求报告的事件。

为不断提高安全生产运行系统运转的水平和效率,必须对部门各类培训和教育进行有效策划以保证其持续的符合性、有效性和时效性。对全员进行风险沟通,以便使所有人员认识到本岗位所包含的客观风险以及采用哪些手段可以将风险控制在可接受的范围内,让全员在明确风险的基础上更安全地工作。

5.3.2 通用航空"放管服"评价指标体系

通用航空作为我国民航"两翼"之一,受到人们越来越多的关注。为适应新时代发展的要求,更好地满足人民享有安全、便捷、优质的航空消费服务需求,《国务院办公厅关于促进通用航空业发展的指导意见》将通用航空业确立为国家战略性新兴产业。然而,我国通用航空目前正处于发展的起步阶段,发展不平衡、不充分,为此民航局确立了"放管结合、以放为主、分类管理"的通用航空发展思路,以完善顶层制度设计为首要任务,致力于构建符合通用航空特点和发展规律的、独立适用于通用航空的规章体系。各地区管理局及监管局积极落实民航局文件要求,持续推进通用航空"放管服"改革在属地落实,换来了市场活力和社会创造力的释放。建立通用航空"放管服"评价指标体系,可以为分析各地区管理局以及监管局改革工作的落实效果提供依据,还可以为深化"放管服"改革政策提供帮助,促进通用航空健康持续发展。

1. 通用航空发展的意义

通用航空发展遇到的问题,从根本上讲是体制机制障碍,只有通过改革创新才能解决。通用航空改革的主要任务,就是要把通用航空从运输航空体系和框架中解放出来,建立适合通用航空产业发展的新规程、新体系,彻底释放通用航空发展活力。

通用航空作为民航"两翼"之一,是民航强国建设不可或缺的重要内容。在民航强国 8 个基本特征中,"具有功能完善的通用航空体系"是一项重要指标,也是民航重要的工作任务。当前,我国民航"两翼"存在严重的结构性不平衡。经验表明,在航空产业链完整的大国,合理的通用航空规模约占到航空业整体的 $10\% \sim 15\%$,通用航空飞行总量占到民航飞行总量的 50% 以上,然而我国通用航空飞行总量远达不到要求,而且我国通用航空产业内部也存在严重的结构性不平衡。

因此,为了实现民航"两翼"齐飞,为了更好地发展通用航空,将"放管服"政策同通用航空的发展有机结合起来,让通用航空从真正意义上飞起来。

2. "放管服"政策与通用航空相结合

"放管服"是简政放权、放管结合、优化服务的简称。近年来,随着"放管服"政策的实施,国家各级政府机关针对不同领域的不同问题提出了一系列实施方案。对于通用航空领域,需要加大改革力度,坚决破除要素市场化配置障碍,不断优化营商环境,进一步激发市场主体活力,促进通用航空高质量发展。

通用航空是我国经济发展新的增长点。国际经验表明,通用航空产业投入产出比为 $1 : 10$,就业带动比为 $1 : 12$。中等收入群体是支撑通用航空产业发展的中坚力量,一个国家或地区人均 GDP 突破 6 000 美元,国民对通用航空的需求就开始明显爆发。目前,我国中等收入群体人数已达 3.5 亿~4 亿人,远超美国的 9 200 万人。2013 年我国人均 GDP 已超过 6 700 美元,2017 年则达到 8 800 多美元,但我国通用航空产业一直没能迎来所谓的"井喷式"发展。这与我国作为全球第二大经济体以及旺盛的社会需求不匹配、不适应。近年来,为了促进通用航空发展,国家先后出台了一系列政策措施。2015年10月,党中央在"十三五"规划建议中,将通用航空与铁路、公路等并列为国家基础设施网络之一;2015年11月,国务院在关于积极发挥新消费引领作用的重要文件中,将通用航空视为推动经济发展的新供给、新动力;2016年5月,国务院办公厅出台《关于促进通用航空业发展的指导意见》,将通用航空产业定位为国家战略性新兴产业;民航应积极落实鼓励民间投资政策措施,推出一批有吸引力的项目,使民间资本进得来、能发展。可见,党中央、国务院对通用航空的发展越来越重视,对通用航空的定位越来越高,对通用航空的要求也越来越具体。

通用航空"放管服"改革的持续推进还需要进一步拓展"放"的宽度,激发市场活力,思想进一步解放,审批进一步放宽,权力进一步放开;进一步厘清"管"的尺度,确保安全有序,防止过度监管,防止放任不管,防止本末倒置等问题;进一步延伸"服"的深度,优化发展环境,让通用航空飞机真正飞起来、飞得好,积极拓展新业态。

3. 构建通用航空"放管服"评价指标体系准备工作

在确定通用航空"放管服"评价指标体系的过程中,需要有以下4个准备步骤:明确评价主体和评价客体、明确评价原则、明确评价关键环节以及明确改革成效评价总体框架。

(1)明确评价主体和评价客体

通用航空"放管服"改革的深化是突破性的,更是探索性的。很多改革是前所未有的,都需要试点先行,这就对改革评价提出了新的挑战。进行改革成效评价,必须明确评价主体与评价客体。

1)明确评价主体

①"放管服"改革在大量细节上都有突破性,同时"放管服"改革的动态探索性需要基于流程和过程的动态评价,要求改革评价具有极强的专业性和科学性;

②"放管服"改革涉及各方面的利益考量,要求评价具有较强的公正性。第三方评价机构是独立于政策制定之外的机构,其客观性、专业性、独立性、公正性能够得到保证。因此,"放管服"改革宜采取第三方评价的方式,由独立的第三方专业机构开展评价工作。

2)明确评价客体

"放管服"改革并非某项单项的改革,而是一系列改革的综合。"放管服"改革的评价对象分为4类:

① 改革服务对象，包括通用航空企业、社会组织等各类主体，其中最重要的是通用航空企业，重在考察改革给企业带来的"获得感"，给企业带来了哪些实实在在的利益；

② 改革实施者，包括取消和下放权力的地区管理局各部门，以及贯彻落实各项改革措施的各监管局，重点评价改革是否依法推进、是否依层级落实到位；

③ 改革推动发展情况，着重考察改革给区域经济带来的实际推动作用；

④ 改革完善制度情况，着重考察改革对既有的法律、法规、制度有哪些突破和完善。

（2）明确评价原则

考虑到改革评价的逻辑起点、评价过程以及结果认定，确定了可行性、公平性、经济性和发展性4个原则。

1）可行性原则

关键在于评价过程要在政策上、技术上可行。政策层面必须合法合规，技术层面要充分考虑到政策评价所涉及的所有技术问题，尽量采用成熟的、认可度高的技术方法，同时也要特别考虑到技术风险和规避方法以及这种技术对政策环境的依赖性。

2）公平性原则

关键在于体现评价者的价值中立、方法科学、数据真实、结果可信等。改革涉及不同群体间的利益平衡和重新分配，改革成效评价必须如实考察不同评价对象的实际变化，准确界定利益增加或受损的程度，而不能被某方利益主体所左右。

3）经济性原则

关键在于体现改革的效率，某项改革是否能够以最小成本获得最大收益。"放管服"改革成效评价要注重改革是否给服务对象带来了实在的收益，是否在给定投入和技术条件下最有效地满足了服务对象的需要和愿望。

4）发展性原则

关键在于体现改革是否真正通过体制机制的创新和完善，有力地促进了区域发展。"放管服"改革的最终目的还是通过优化营商环境推动区域发展。

（3）明确评价关键环节

1）改革成效评价突出目标导向，是"放管服"改革成效评价的重要前提和基础

企业是市场和投资的主体，也是"放管服"改革的直接受益主体。"放管服"改革的主要目的在于通过简政放权、放管结合、优化服务，推动流程再造和机制重

构,最大程度地降低企业运营成本、提高企业效率、激发企业活力。"放管服"改革的主要目的决定了改革成效要突出体现在企业的受益情况上,改革成效评价必须把企业受益情况作为主要评价对象。

2) 构建科学的改革成效评价指标体系,是"放管服"改革成效评价的关键所在

"放管服"改革成效如何是评价工作最终要解决的问题,但是改革成效不可能通过测量直接获得,需要通过多方面的子系统对改革成效进行系统描述,再围绕每个子系统,选择具有代表性的评价指标。最终目标和子目标共同构成改革成效评价指标体系。构建科学的评价指标体系,是客观评价改革成效的关键环节。"放管服"改革成效评价指标的设定,必须特别注意各地区的差异性。针对不同地方的改革成效评价,指标体系也应因地制宜、有所差别。主要原因在于:

① 就某项改革而言,各地方有不同的试点任务、试点做法,很难用同一套指标体系来进行评价;虽然某项改革总体要求基本一致,评价指标体系也总体一致,但也需要根据各地区不同的试点任务而有所调整,应当设立具有区域特点的差异化指标;

② 各地区的统计指标并不完全一样,部分指标在一些地区是统计指标,在另一些地区可能就不在统计范围内;此外,就某项评价指标而言,在不同地方,评价指标的可获得性也不完全一样。

3) 确保评价指标的可获得性,是"放管服"改革成效评价能够顺利实施的重要保障

从改革成效评价的实践来看,指标数据来源主要包括 5 个方面:

① 政府部门提供的有关数据,主要是统计部门提供的统计数据;

② 改革所涉及企业提供的有关数据,是企业办理相关事项实际所需要的时间、成本等;

③ 实地调研得到的一手数据;

④ 针对改革所涉及的企业进行社会调查时发放调查问卷所获得的数据;

⑤ 改革前后相关制度所规定的数据值,这类数据必须对每一条改革事项在改革前后的相关规定进行逐项对比,才能分析得出。

(4) 明确改革成效评价总体框架

"放管服"改革成效评价包括评估主体、评估客体、评估内容、评估程序、评估指标体系(含权重赋予)、评估方法、评估结果反馈等多个方面。改革成效评价的

总体框架如图 5-20 所示。构建改革成效评价的思路应该是坚持可行性、公平性、经济性、发展性原则,围绕"放管服"改革的主要目的,由独立的第三方专业评价机构,根据政府、企业、区域发展、制度环境 4 类评估客体实际情况,构建完善的评价指标体系、评价分析方法,在充分获得评价数据的基础上,定量分析"放管服"改革取得的实际成效,进而结合改革工作的实际情况,定量分析、定性查找改革中存在的实际问题,提出对策建议,并将评估结果向有关部门如实反馈,力求为进一步深化改革提供依据。

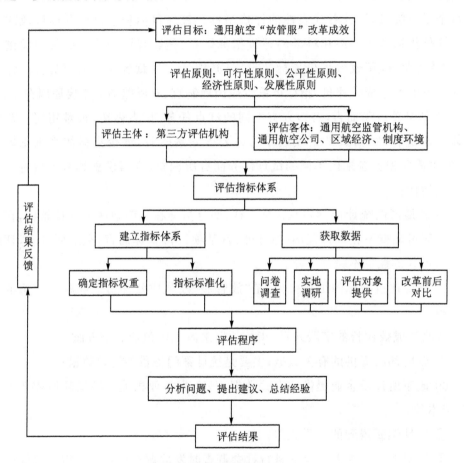

图 5-20　改革成效评价总体框架

4. 构建通用航空"放管服"评价指标体系

在准备工作完成以后,接下来需要做的就是构建评价指标体系。在通用航空管理的改革过程中,"放"是要下放行政审批权、提高通用航空企业经营自主权,减少没有规章依据和授权的行政审批环节;"管"是要创新和加强监管职能,利用新技术或新体制加强监管方式创新;"服"是要转变政府职能,减少对市场的干预,促进市场主体的活力和创新能力,建立健全服务体系,持续优化服务。

在明确改革效果评价总体框架的基础上,构建通用航空"放管服"政策评价指标体系。为了使评价指标更为全面,并方便结合组织结构分析,项目在设计指标时以"放管服"分类为主导,以"放管服"为引领,通过深化"放管服"政策与通用航空业发展指标紧密结合,营造良好环境、促进"放管服"改革。由于指标的影响度和覆盖面较大,因此以"放管服"为主导设定了"简政放权、放管结合、优化服务"为指标体系的一级指标。

(1)简政放权

简政放权的效果可以从通用航空企业办理企业开办、建筑许可、经营和运行许可联合审定的时间、流程的便利度、成本的降低等方面展开研究,还要重点关注"放"的系统性和协调性,保证权力下放,放的好、有人接、接得住,以简政放权的改革规章为保障评价"放"的节奏和定力。简政放权政策效果的评价需要基于地区管理局和监管局对简政放权政策执行的完善度、企业的获得感等方面来判断,而且简政放权的持续推动和逐步完善可以很好地推动通用航空业的发展,因此可用发展指标反向衡量简政放权的效果。

(2)放管结合

放管结合的效果可以从政府监管权责范围界定、监管企业法定自查工作效果、运行管理、适航管理和监管方式、法治环境方面进行分析。监管局应严格依据局方文件落实工作,充分发挥监督检查和惩处等职能。通用航空监管机构落实好放管结合的改革措施对于通用航空市场活力的激发会起到很好的效果,因此可以用通用航空市场自由度指标反向衡量放管结合效果。

(3)优化服务

优化服务的效果可以从行政服务系统、行政服务效率、政务信息共享度等方面分析。需要重点关注服务系统建设和服务效率情况,二者协同配合才可以更好地实现优化服务。合理规范的政策是政府优化服务的保障,政府通过对政策规章的修订以及不断创新发展政策可以很好地提升服务能力。通用航空监管机构持续优化服务对于通用航空企业的健康发展会起到很好的作用,通用航空企业的意见和建议又可以反作用于监管机构改进工作,因此可以用通用航空企业评价指标衡量优化服务的效果。"放管服"政策评价指标体系如表5-4所列。

表 5-4 "放管服"政策评价指标体系

一级指标	二级指标	三级指标
简政放权 1000	1100 通航企业开办	1110 通航企业开办时间压缩
		1120 通航企业开办流程简化
		1130 通航企业开办成本节约
	1200 办理经营许可与运行许可	1210 联合审定办理时间
		1220 联合审定办理流程
		1230 联合审定成本
	1300 简政放权的协调性	1310 监管部门间的协调
		1320 同辖区内改革的协调
		1330 简政放权的配套措施
		1340 行政审批的简化
	1400 通航业发展的推动性	1410 通航从业者
		1420 通航公司数量
		1430 通用航空器
		1440 通用机场建设
		1450 飞行计划
		1460 减证便民
		1470 技术创新
放管结合 2000	2100 权责划分	2110 监管机构行政检查权利
		2120 监管机构责任
		2130 监管人员要求
	2200 法定自查	2210 监管模式
		2220 法定自查事项库
		2230 监督整改
		2240 激励与惩罚措施
	2300 运行管理	2310 运行合格审定
		2320 飞行程序管理
		2330 机场飞行程序和运行最低标准管理
		2340 飞行计划管理
		2350 持续适航管理
		2360 无管制机场
		2370 安全监管

续表 5-4

一级指标	二级指标	三级指标
放管结合 2000	2400 适航审定	2410 航空器设计及生产许可
		2420 航空器适航审定
	2500 监管方式	2510 分类管理
		2520 精准监管
		2530 专项检查
		2540 包容审慎监管
		2550 公众监督监管
		2560 信用监管
		2570 双随机抽查式监管
	2600 法治环境	2610 通航法规体系
		2620 法规政策的连续性
		2630 通航企业守法性检查
	2700 通航市场自由度	2710 监管工作规范性
		2720 市场管理规范性
		2730 低空空域管理
		2740 机队与飞行量
		2750 市场环境公平性
优化服务 3000	3100 行政服务系统	3110 组织机构
		3120 服务内容
		3130 服务规范性
		3140 工作绩效评价
	3200 行政服务效率	3210 服务工作机制
		3220 通航行政服务
		3230 社会意见反馈机制
		3240 作风建设
	3300 政务信息共享	3310 互联网＋政务服务
		3320 政务信息共享标准建设
		3330 政务信息共享经济保障
		3340 政务信息共享工作评价

续表 5 - 4

一级指标	二级指标	三级指标
优化服务 3000	3400 通航企业评价	3410 财税支持评价
		3420 办事便利度
		3430 安全监管合理性
		3440 互联网＋政务便利度
		3450 问题反馈满意度
		3460 法规政策兑现评价
		3470 创新支持度

"放管服"政策评价指标体系如图 5 - 21 所示。

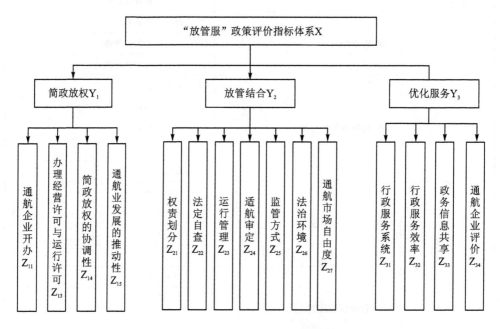

图 5 - 21 "放管服"政策评价指标体系

构建出评价指标体系后,需要保证获取评价指标的相关数据。"放管服"政策评价能够顺利实施,离不开改革效果相关数据的获取。必须注重以下 3 个核心要点:

(1)指标数据来源必须真实可靠

指标数据主要包括:通用航空监管机构提供的数据;通用航空企业提供的数据;实地调研得到的实际数据;向通用航空监管机构、通用航空企业发放调查问卷所获得的数据。从实地调研、调查问卷等方面得到的一手数据,对于改革的实际效果评价尤为宝贵。

（2）定量分析必须与定性分析结合进行

定量分析不是数据的堆积，而是为了从数据分析中得出相应结论。因此，对定量分析结果的深入分析和研判尤为必要。

（3）可量化的情况必须与不可量化的情况同时考虑

虽然指标体系已经囊括大部分典型评价指标，但是仍然有些改革相关情况难以用指标量化衡量。为确保改革效果评价全面、客观，必须通过定性分析，对这些不可量化的情况予以充分考虑。

合理设计的问卷调查是获得数据的一种关键途径。因此，调查问卷的设计必须与各评价指标相对应，这是开展改革效果评价的关键所在，也是难点之一。调查对象包括通用航空监管机构（地区管理局和监管局）及通用航空企业，主要依据检查单内容分别对地区管理局和其下属监管局展开改革执行效果调查，检查"放"的宽度、"管"的尺度和"服"的深度，检查通用航空监管机构是否积极推进"放管服"改革措施落地见效，再结合通用航空企业对实行"放管服"改革以来监管机构各项工作的满意度调查，综合分析改革工作落实效果，利用收集到的数据信息制作图表，以直观的形式展现出通用航空监管机构落实改革工作的评分结果，同时可以对比分析各监管机构的总体改革工作落实效果，为通用航空深化"放管服"改革，促进民航高质量发展提供帮助。

第二模块
专业课程

第6章　飞行计划申报与飞行服务站

6.1　飞行计划申报相关知识

6.1.1　概　述

飞行计划是指在每次航班飞行前,都应当根据具体的气象资料、航行情报、航空器性能、空中领航和航行规则,计算出确定可带的商载以及完成本次航班飞行所需的飞行时间和燃油油量,其目的是保证航班飞行的安全性和提高运营的经济性,这是飞行签派员的重要职责之一,是运行控制的一项重要内容。

飞行计划的主要内容为确定最大起飞质量和最大着陆质量,以便尽可能提高商载能力;根据需要选定飞行剖面中各段的速度和高度,以便节约燃油;燃油计划计算。计算各飞行阶段所需要的燃油量和时间,并由此得出该航班飞行所需的总燃油量和总时间;给出有关航路资料,包括航路点的位置、经纬度,导航设备的电台频率、呼号,各航段的航路代号,各航段间的航向、距离等。特殊情况下的飞行,如二次放行。

科学的飞行计划应充分考虑到航空器使用性能的限制、机场和航路性能、航站/航路的气象资料、航行情报等对飞行的影响,保证运营的安全性。经济的飞行计划通过制订合理的燃油装载计划,选择有利的飞行航线、飞行高度和巡航高度,以及采取二次放行的方法、利用燃油差价等,从而有效地降低运营成本。合理的飞行计划能提前预测并对航空器进行及时、合理的调配,以减少航空器自身原因造成的航班延误,提高航班的正点率,维护公司的信誉。

制定运行飞行计划的准备要从机场分析开始,包括飞机分析、航线分析、机组分析、气象分析、航行通告以及其他需要分析的项目。

6.1.2　制作飞行计划

1. 制作飞行计划需要准备的资料和具备的技能

（1）规划好的航线

在大多数情况下，一般会按照飞行运行技术支持工程师已经规划好的航线进行飞行计划的制作。但由于各个航空公司有不同的运行技术支持模式，有的航空公司会需要自己规划航线。

对于国内运行航线规划，需要满足：

① 航线规划的前提条件——航线的经营许可、机场使用许可已经申请好；

② 航线规划的工具——《空军一号规定》、航线图和《航线手册》；

③ 飞行计划软件。

（2）获取飞机性能数据

飞机性能数据包括机场运行的飞机性能数据、航线运行的飞机性能数据。

（3）航图识别

航图识别是飞行运行技术支持人员和飞行签派员的基本技能，此技能包括：

① 识别图例；

② 根据已经识别的图例描述其作用和飞行运行过程；

③ 了解航图本身给出的机场当局公布的机场运行标准和运行程序。

（4）最低设备清单（MEL）识别

MEL 的 O 项会对飞行运行产生较大的影响，有些是对机组操作的限制，有的则是对飞行计划产生直接影响，具体的影响参照 MEL 具体条款。

（5）起飞机场、起飞备降机场（如需要）、航路备降机场（如需要）、目的地机场、目的地备降场的天气条件判定

天气情况判定具体包括：

① 天气实况阅读；

② 天气预报阅读；

③ 飞机预计到达时刻的天气状况判定，包括除起飞机场外的所有将被列入放行单的机场的飞机预计到达时刻的天气状况判定。

（6）NOTAM 阅读

NOTAM 阅读是日常运行以及签派放行中非常重要的一个环节。通过阅读NOTAM，飞行签派员和飞行机组可以了解到飞行运行以及运行保障等多方面

的信息,具体有以下 3 个方面:

① 机场运行最低标准是否受到影响,如受到影响,根据公司有关运行最低标准的规定,机场运行最低标准应更改到什么样的状态;

② 机场的航班保防能力是否受到影响,如受到影响(降级),公司运行此机场可否接受或是否需要采取备份方案;

③ 如遇到导航设备关闭等情况,拟使用的航线或航路是否需要改变,其运行能力是否被影响,如有影响,哪些备份方案可以被采用。

(7) 飞行机组

飞行机组是飞行运行当中的关键因素。飞行机组的运行标准(如新机长、特殊机场资格、运行资格等)、机组飞行时间和执勤时间的限制,构成了飞行运行中至关重要的安全环节。具体有以下两个方面:

① 机场运行最低标准与飞行机组的运行资格及标准是否匹配,如不匹配,根据公司有关运行最低标准的规定,该机组运行该机场的机场运行最低标准应更改到什么样的状态;

② 航班保陀能力是否会影响机组的执勤时间。

2. 制作飞行计划的步骤

制作飞行计划的步骤如表 6-1 所列。

表 6-1　制作飞行计划的步骤

步　骤	涉及运算
确定飞机无油质量	① 飞机业载=旅客质量+货物质量+邮件质量; ② 飞机无油质量=飞机的使用空重+业载; ③ 检查飞机无油质量小于等于最大无油质量限制,如出现限制,则减少业载
确定飞机在目的地备降场落地质量	国内航班等待油量=国内航班正常燃油消耗率 45 min 的油量, ① 飞机等待结束点的质量=飞机无油质量+进近油量; ② 根据飞机等待结束点的质量查表得出等待油量参考值; ③ 飞机在等待开始点的质量=飞机等待结束点的质量+等待油量参考值; ④ 平均飞机等待质量=(飞机等待结束点的质量+飞机等待开始点的质量)/2; ⑤ 根据平均飞机等待油量查表得出飞机等待油量最终值。 飞机在目的地备降场的落地质量=飞机的无油质量+等待油量
确定飞机备降航段耗油和备降所需时间	根据航程距离和高度查表得出飞机备降航段耗油和备降所需时间

步　骤	涉及运算
确定飞机在目的地机场的落地质量	根据航程距离和高度查表得出飞机主航段耗油和所需时间
确定飞机的起飞质量	① 飞机起飞质量＝飞机在目的地机场的落地质量＋飞机主航段油量； ② 检查飞机在起飞机场起飞全重小于等于性能允许最大起飞全重限制,如果出现限制,则继续减少业载或者通过寻找起飞性能分析所允许的起飞条件,结合实际运行情况做出选择
确定飞机的停机坪质量	① 飞机的停机坪质量＝飞机的起飞质量＋滑出耗油； ② 检查飞机在停机坪质量小于等于停机坪质量限制,如果出现限制,则继续减少业载

6.1.3　飞行计划的计算方法

1. 概　述

（1）飞行剖面

飞行部面图如图 6 - 1 所示。

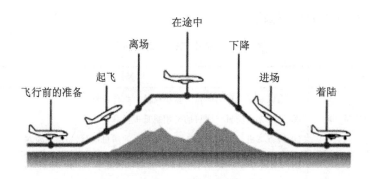

图 6 - 1　飞行剖面图

（2）有关术语

① 使用空机质量（OEW）或基本营运质量（BOW）＝飞机结构质量＋机组、乘务组及其行李＋随机工具、资料＋救生、应急设备＋配餐等处于可使用状态的质量；

② 无燃油质量（ZFW）＝使用空机质量＋业载；

③ 滑行质量（Taxi Weight）＝无油质量＋起飞总油量；

④ 起飞质量（TOW）或松刹车质量（BRW）＝滑行质量开车及滑出质量；

⑤ 着陆质量（LDW）；

⑥ 航程油量（Trip Fuel）和航程时间（Trip Time）为从松刹车加速起飞、爬升、巡航、下降、进近直到在目的地机场着陆所用的油量和时间；

⑦ 轮挡油量（Block Fuel）和轮挡时间（Block Time）＝航程油量（时间）＋开车滑出油量（时间）＋滑入油量（时间）；

⑧ 改航油量（Diversion Fuel）和改航时间（Diversion Time）为从目的地机场到备降场（不包括等待）所用的油量和时间；

⑨ 航线应急油为10%航程时间的巡航油量；

⑩ 备份油量＝改航油量＋等待油量＋公司备份油＋航线应急油（国际航线）。

（3）有关参数

① 起飞机场的最大允许起飞质量（MTOW）；

② 目的地机场及备降机场的最大允许着陆质量（MLDW）；

上述两项参数是机场分析得出的结果，是考虑了机场、气象条件、飞机性能、结构限制、道面强度限制后得出的最小值；

③ 最大无燃油质量（MZFW）；

④ 使用空重（OEW）；

⑤ 最大结构业载（MPLS）＝MZFW－OEW；

⑥ 航路上的风和温度；

⑦ 国内高度层的配备。

（4）限制条件

① 起飞质量（TOW）≤起飞机场的最大起飞质量（MTOW）；

② 着陆质量（LDW）≤最大着陆质量（MLDW）；

③ 无燃油质量（ZFW）≤最大无燃油质量（MZFW）；

④ 总油量≤油箱质量。

如果不能满足上述要求中的任何一项时，则应减少商载或燃油，直至满足上述要求为止。

（5）目视飞行计划的影响因素

收集制定飞行计划所需要的材料，根据其属性，例如航路、距离、目的地机场（如果目的地机场不是起飞机场的话）等，应该掌握：

① 现行的区域航图；

② 目视飞行终端区域航图；

③ 有关中转机场或目的地机场以及其通信频率信息当前的机场设施指南；

④ 如果计划从区域管制中心请求无线电导航和交通咨询，航路低空图将是必备的；

⑤ 航空器飞行手册或飞行员操纵手册，以获得装载、配平数据以及性能图表。

（6）飞行计划应用

飞行计划一般有以下 6 个方面的应用：

① 估算航班所需的各项油量参数；

② 估算航班预计的各项运行时间参数；

③ 评估航班预计起飞、着陆质量等数据，检查是否遵守运行限制；

④ 评估可利用的业载；

⑤ 为航班的载重与平衡提供较安全准确的业务数据支持，便于舱单的准确制作；

⑥ 为机组提供一定范围的可预测应急方案。

飞行计划应当涵盖的主要要素如表 6-2 所列。

表 6-2　飞行计划要素

质　量	气　象	航　线	机　场	飞机特性	燃油政策
业载（客+货+邮+行李）	温度（ISA温差）	主航程（地面距离和空中距离）	标　高	性能衰减	备份油策略
油量	风量（风向+风速）	主航程巡航高度（管制因素）	地面滑行时间	重心状态	等待策略
飞机质量（含机组+机供品）	特殊天气现象	备降航程（地面距离和空中距离）		外形缺损	巡航模式（CI或 M 数）
		备降航程巡航高度（管制因素）		空调、防冰、APU等辅助设备	

对于航空器的国内运行，要求航空器至少满足图 6-2 所示的燃油政策。

2. 由备降场停机坪开始往回推算

如果知道实际业载质量 PL（旅客和货物重）和使用空机重（OEW），则在备降场停机坪：

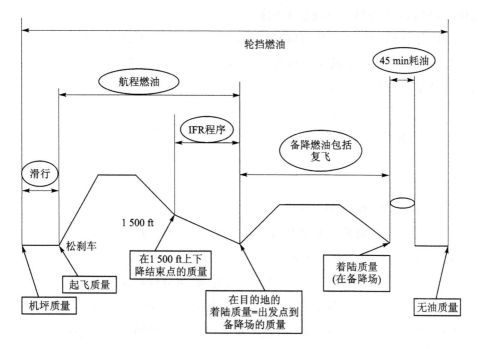

图 6 - 2　国内运行燃油政策图解

ZFW＝OEW＋PL≤MZFW

LWA＝ZFW＋备份油(45 份)≤MLWA

LWD＝LWA＋改航油＋备份油(等待、复飞、雷暴等)≤MLWD

BRW＝LWD＋航程油量≤MBRW

总油量≤油箱油量

注意：在计算中应保证满足各限制条件。

如果想算一下最大允许业载是多少,则设在备降场停机坪 ZFW＝MZFW,于是飞机质量 W＝ZFW＋公司备份油,最大业载 MPL ＝ MZFW－OEW。

然后由此 W 开始往回推算,加上各阶段消耗油,一直算到起飞机场停机坪,在计算中 ZFW≤MZFW。

应保证：

LWA≤MLWA

LWD≤MLWD

TOW≤MTOW

总油量≤油箱容量

式中：MLWA 为备降场最大允许着陆质量；MLWD 为目标机场最大允许着

陆质量；MTOW 为起飞机场最大允许起飞质量；LWA，LWD，TOW 分别为做飞行计划中计算出的在备降场、目标机场的着陆质量和起飞机场的起飞质量。

如果有一个条件不满足则应减少业载重新计算直到满足条件为止，计算结束就得到了所允许的业载（有可能实际业载被减少了）及起飞总油量等数据。

从后往前详细地制作飞行计划的步骤如下（以 B757 - 200 国内航线为例）：

① 若主航段或备降航段分段，则先算出它们的当量风和当量气温（WE，TE）；

② 计算业载质量 PL；

③ 计算 ZFW（检查 MZFW）；

④ 计算飞机在备降场停机坪的质量 $W_停$＝OEW＋PL＋COF＝ZFW＋COF（公司备份油，对国际航线还要加上航线应急油 F10）；

⑤ 计算在备降场滑入耗油＝39×滑入时间（每分钟耗油 18 kg）；

⑥ 在备降场着陆质量 LWA＝$W_停$＋滑入耗油（检查 MLWA）；

⑦ 计算在备降场进近耗油＝155×进近时间（每分钟耗油 70 kg）；

⑧ 计算等待结束质量（即进近前质量）$W_{结束}$＝LWA＋进近耗油；

⑨ 因为等待过程中燃油流量是个变量，因此要计算等待油量必须算出平均燃油流量；先根据 $W_{结束}$ 查等待油量表，得到单发燃油流量 FF1，这是一个粗略的平均燃油流量，然后根据它计算等待油量 $F_{等待1}$＝2×FF1×45/60，这也是一个粗略值；计算等待中的平均质量 $W_{平均}$＝（$W_{结束}$＋$W_{开始}$）/2＝$W_{结束}$－1/2$F_{等待1}$，再根据 $W_{平均}$ 查等待油量表，得到单发燃油流量 FF，这就是等待中的平均燃油流量；最后计算等待油量 $F_{等待}$＝2×FF×45/60；

⑩ 计算等待开始质量 $W_{开始}$＝$W_{结束}$＋$F_{等待}$（检查 MLWA）；

⑪ 根据 $W_{开始}$ 查航路改航计算图表得改航油量 $F_{改航}$，改航时间 $T_{改航}$；

⑫ 在目标机场着陆质量 LWD＝$W_{开始}$＋$F_{改航}$（检查 MLWD）；

⑬ 计算在目标机场进近耗油＝155×进近时间；

⑭ 在目标机场进近前质量 $W_{进近前}$＝LWD＋进近耗油；

⑮ 根据主航段的巡航方式及 $W_{进近前}$ 查航程油量表，得到航程油量 $F_{航程}$，航程时间 $T_{航程}$；

⑯ 在起飞机场的起飞质量 TOW＝$W_{进近前}$＋$F_{航程}$（检查 MTOW）；

⑰ 计算在起飞机场滑出耗油；

⑱ 计算在起飞机场停机坪质量 TAXW＝TOW＋滑出耗油；

⑲ 下面是根据定义汇总及验算过程：

改航油量＝$F_{改航}$＋进近耗油，改航时间＝$T_{改航}$＋进近时间，

备份油量＝改航油量＋等待油量十公司备份油（COF，对国际航线还要加上航线应急油 F10），

航程油量＝$F_{改航}$＋进近耗油，航程时间＝$T_{航程}$＋进近时间，

轮挡油量＝航程油量＋滑出耗油＋滑入耗油，

轮挡时间＝航程时间＋滑出时间＋滑入时间，

起飞总油量＝轮挡油量＋备份油量；

⑳ 验算：TAXW－ZFW（看是否等于起飞总油量）；

等于——表明求和无误；

不等于——某一步运算错误，返回去检查；

㉑ 根据飞行高度层查下降性能数值表，得到下降段耗油 $F_{下降}$；

㉒ W_{TOD}＝$W_{进近前}$＋$F_{下降}$（也可以用向上取整的方法估算，则第㉑步可以不求，一般下降耗油为几百磅）；

㉓ 根据 W_{TOD} 查飞机高度能力表和机动能力表，得 TOD 点 HOPT，H_{MCR}，$H_{1.3G}$。其中，HOPT 为最佳巡航高度；H_{MCR} 为最大巡航推力限制度。

根据飞行剖面进行计算的过程，如图 6-3 所示。

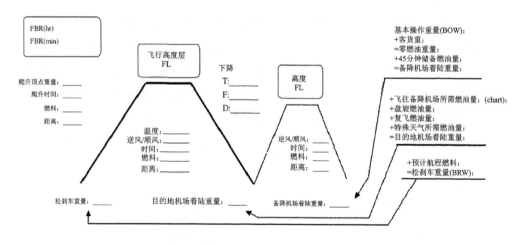

图 6-3 飞行剖面图计算

6.2　飞行服务站功能与作用

6.2.1　飞行服务站定位

1. 通用航空飞行服务站是通用航空空管服务的关键部位

空域使用监管：国家空管委办公室、空军参谋部航管局、战区空军、管制分区。

民航行业监管：民航局空管行业办、地区管理局、监管局、空管分局站。

通用航空飞行活动：通用航空公司、通用航空器拥有者作业、交通及娱乐等。

地面保障服务：基础设施产权单位、通用航空机场、地面通信监视气象台站。

通用航空飞行服务站协助空域使用监管及民航行业监管，为通用航空飞行活动、地面保障服务单位提供服务。

通用航空飞行服务站，是军民航空管体系的补充和完善，是基于公益服务的公共基础设施。其属性决定了它不是空域与飞行的管理者，而是产业运行的融合部与润滑剂，其服务属性则是飞行服务站的基因。

2. 通用航空飞行服务站职能

通用航空飞行服务站以促进地区通用航空事业发展，维护公共资源公开、公平、便携高效为基础原则。A类通用航空飞行服务站，负责通用航空用户资质审核；向通用航空用户提供飞行前、飞行中和飞行后服务；提供飞行计划申请、飞行监视、低空气象、航空情报、告警与协助救援等服务；统计、储存本服务区内飞行活动的飞行数据；协助通用航空区域信息处理与收集，整理服务区内的气象、情报原始资料；协助军民航、地方政府开展搜寻救援，查证违法违规飞行、不明空情等；实施24 h值班。

6.2.2　飞行服务站建设

通过"1+4+N"（区域数据中心+各地飞行服务站）完成管理与服务交融，形成通用航空数据汇聚。

通过"1+4+N"体系的构建逐渐完成管理与服务交融，可形成通用航空飞行计划、情报、气象、监视、无人机管控、应急航空救援、目视航图以及基础数据的汇聚。数据就是生产力，通用航空飞行数据的汇聚可为通用航空产业的发展提供数据支持。通用航空数据的组成如图 6 - 4 所示。

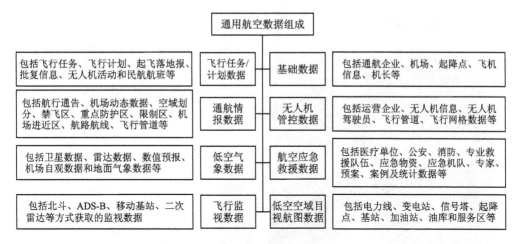

图 6 - 4 通用航空数据组成

6.2.3 飞行服务站功能

1. 飞行服务站内部系统——业务模块终端分类

沈阳服务站通过三类终端即"互联网终端、移动终端、通用航空空管信息智能终端"部署,解决 8 种业务需求:计划申报、地空通信、对空监视、低空气象、通航情报、目视航图、告警、救援以及记录重演。

① 计划申报:申报、审批、统计汇总;

② 地空通信:VHF 电台、组网、4G 公网数据通信;

③ 对空监视:二次雷达信息、ADS - B 信息、公网＋北斗、三网融合;

④ 低空气象:民航气象、中央气象台、自观气象、定制低空气象、精细预报;

⑤ 通航情报:航行情报、飞行情报、情报推送;

⑥ 目视航图:公共地理信息、低空要素(高压线、核电站铁塔、超高、地标、人口密集区、敏感地区等);

⑦ 告警、救援:调度平台、协调机制、区域解决方案;

⑧ 记录重演:语音、监视、事件。

2. 飞行服务站内部系统——对空监视覆盖

对空监视覆盖如图 6-5 所示，对空监视覆盖区如图 6-6 所示。

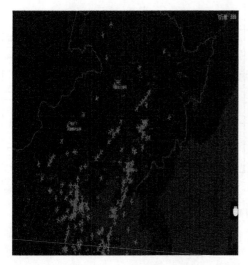 

图 6-5　对空监视覆盖　　　　　　　　图 6-6　对空监视覆盖区

3. 飞行服务站——岗位设置

飞行服务站岗位设置如图 6-7 所示。

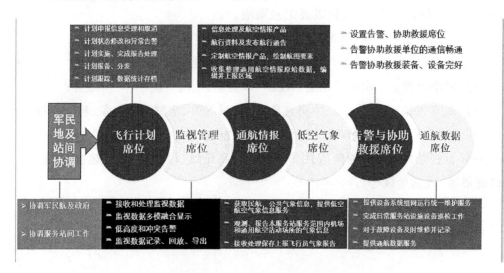

图 6-7　飞行服务站岗位设置

（1）飞行计划服务

1）服务对象

① 通用航空用户；

② 军航管制单位；

③ 民航管制单位；

④ 政府相关单位。

2）服务内容

① 飞行任务计划备案、飞行计划审核；

② 代理飞行计划申请、次日计划受理、飞行计划变更申请；

③ 飞行计划咨询服务、飞行计划查询；

④ 飞行计划数据统计。

3）服务方式

① 主要：服务站网站、通用航空飞行计划 APP（联系服务站下载）、服务频率、服务站值班电话/传真、服务站手机工作微信；

② 辅助：服务站公用邮箱、服务站微信公众账号。

图 6-8、图 6-9 所示为沈阳通用航空服务站页面。

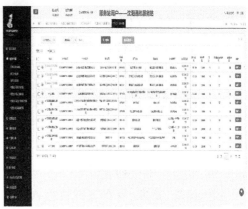

图 6-8　沈阳通用航空服务站(1)　　　　图 6-9　沈阳通用航空服务站(2)

（2）低空气象服务

1）服务对象

① 通用航空用户；

② 飞行员。

2）服务内容

① 基础气象信息查询服务，包括公共气象情报信息/民航机场气象情报信息/通航机场、起降点自观气象情报信息/飞行员报告气象信息；

② 常作业区未来 3 日趋势气象预报；

③ 实时天气信息、危险天气跟踪；

④ 定制化低空气象咨询服务。

3）服务方式

① 通用航空气象服务平台；

② 服务站网站（气象信息功能）；

③ 东北地区气象服务系统；

④ 服务频率；

⑤ 通用航空飞行计划 APP 气象服务功能；

⑥ 服务站手机工作微信群推送；

⑦ 飞行员机载终端；

⑧ 飞行员电子飞行包。

（3）通航情报服务

1）服务对象

① 通用航空用户；

② 军航管制单位；

③ 民航管制单位；

④ 政府相关单位。

2）服务内容

① 航空资料汇编、目视航图；

② 机场情报咨询服务；

③ 接受、处理、发布飞行情报；

④ 空域使用动态、通知公告。

3）服务方式

① 中国民航通用航空信息服务平台；

② 服务站网站情报信息功能、电子飞行包；

③ 通用航空飞行计划 APP 通知公告功能（联系服务站下载）；

④ 通用航空转报系统（正在测试中）；

⑤ 服务频率；

⑥ 服务站值班电话/传真；

⑦ 服务站手机工作微信。

（4）飞行动态监视服务

1）服务对象

① 通用航空用户；

② 军航管制单位；

③ 民航管制单位；

④ 政府相关单位。

2）服务内容

① 提供融合多种数据源监视功能；

② 二次雷达、ADS－B、4G/5G 公网＋北斗；

③ 无人机监视；

④ 监视数据回放（长期储存）；

⑤ 越界告警监视服务。

3）服务方式

① 服务站网站监视管理功能；

② 通用航空飞行计划 APP 监视功能；

③ 飞行员手持终端；

④ 飞行员电子飞行包。

（5）告警与协助救援服务

1）服务对象

① 通用航空用户；

② 军航管制单位；

③ 民航管制单位；

④ 政府相关单位。

2）服务内容

① 救援事件触发生成：电话报警、机载终端 SOS、确认失联或失事、其他搜集，整理相关气象、飞行、位置、状态资料，生成救援协调报，通报军民航空管、地方政府机关、相关通用航空公司；

② 持续跟踪救援事件，随时推送给军民航空管、地方政府机关、相关通用航

空公司；

③ 救援结束,生成救援报告,推送给军民航空管、地方政府相关部门。

3) 服务方式

① 飞行员手持终端；

② 服务频率；

③ 服务站值班电话/传真(89398188/89398177)；

④ 服务站网站通航救援功能。

(6) 通航数据服务

1) 服务对象

① 通用航空用户；

② 军航管制单位；

③ 民航管制单位；

④ 政府相关单位。

2) 服务内容

① 通用航空企业注册数据；

② 飞行计划数据；

③ 飞行计划执行情况数据；

④ 低空气象数据；

⑤ 通用航空情报基础资料数据；

⑥ 飞行监视数据；

⑦ 低空目视航图数据等；

⑧ 空域数据。

3) 服务方式

① 飞行服务站网站数据统计功能；

② 服务站工作日志；

③ 服务站值班电话/传真；

④ 服务站工作微信。

(7) 目视飞行导航服务

1) 服务对象

① 通用航空用户；

② 飞行员。

2）服务内容

① 电子航图；

② 飞行手册；

③ 飞行计算；

④ 飞行资料；

⑤ 飞行计划；

⑥ 飞行日志；

⑦ 实用工具。

第7章　通用航空公司运行控制

通用航空运营人是航空公司的法人代表,国际民用航空组织(ICAO)要求运营人必须持有运营国家颁发的合格证或其他等效文件,按照规定的条件和限制从事运营。在对航空运营人审定合格之后,给其颁发航空运营人运行合格证和运行规范。我国通用航空器运行依据主要分为 CCAR - 91 和 CCAR - 135 两种运行要求。

7.1　通用航空公司运行管理

7.1.1　通用航空公司运行的基本法规

1. CCAR - 91 适用范围

《一般运行和飞行规则》(CCAR - 91)主要适用于在中华人民共和国境内(不含中国香港、澳门特别行政区)实施运行的所有民用航空器(不包括系留气球、风筝、无人火箭和无人自由气球),其应当遵守 CCAR - 91 规则中相应的飞行和运行规定。对于通用航空运输运行,除应当遵守 CCAR - 135 适用的飞行和运行规定外,还应当遵守通用航空运输运行规章中的规定。

超轻型飞行器在中华人民共和国境内实施的飞行应当遵守 CCAR - 91 规则 O 章"超轻型飞行器"的规定,但无须遵守其他章的规定。

乘坐按 CCAR - 91 规则运行的民用航空器的人员,应当遵守 CCAR - 91 规则相应条款的规定。

2. CCAR - 135 适用范围

《小型航空器商业运输运营人运行合格审定规则》(CCAR - 135)适用于在中华人民共和国境内依法设立的航空运营人所实施的下列商业运输飞行:

① 使用最大起飞全重不超过 5 700 kg 的多发飞机、单发飞机、旋翼机航空器实施的定期载客运输飞行;

② 使用旅客座位数量(不包括机组座位)不超过 30 座,并且最大商载不超过 3 400 kg 的多发飞机、单发飞机、旋翼机实施的非定期载客运输飞行;

③ 使用最大商载不超过 3 400 kg 的多发飞机、单发飞机、旋翼机实施的全货物运输飞行;

④ 在同一机场起降且半径超过 40 km 的空中游览飞行。

对于按照 CCAR - 135 规则审定合格的小型航空器商业运输运营人,可以按照审定情况在其运行合格证和运行规范中批准其实施定期载客运行、非定期载客运行及全货运行。

7.1.2 通用航空公司运行资格审定

1. 通用航空公司运行资格的审定申请

小型航空器商业运输运营人应向主运营基地所在地的民航地区管理局申请颁发运行合格证和运行规范。民航局对航空运营人审定合格之后,给其颁发运行合格证。运行合格证是对航空运营人审定合格、批准运行的证明,表示对航空公司运行合格的认可。在对航空运营人审定合格之后,给其颁发运行规范。运行规范是对航空运营人运行条件的授权和限制,是对航空公司批准经营许可的先决条件。

民航地区管理局按照预先申请、正式申请、文件审查、演示验证和发证 5 个步骤进行审查。运行合格证的申请人应当按照规定的格式和方法向其主运营基地所在地的民航地区管理局提交申请书,申请书应当至少附有下列材料:

① 审定活动日程表;

② CCAR - 135 中第 43 条所要求的手册;

③ 训练大纲及课程;

④ 管理人员资历;

⑤ 航空器、运行设备设施的购买合同、租赁合同或者协议文件的副本;

⑥ 说明申请人如何符合 CCAR - 135 所有适用条款的符合性声明;

⑦ 说明计划运行的性质和范围的文件,包括准许申请人从事经营活动的有关证明文件。

民航地区管理局应当在收到申请书之后的 5 个工作日内书面通知申请人是否受理申请,预申请阶段工作流程如图 7 - 1 所示。

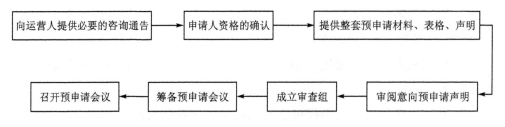

图7-1　预申请阶段工作流程图

民航地区管理局受理申请后,便进入正式申请阶段,该阶段的工作流程如图7-2所示。正式申请阶段的工作完成后才能进入文件审查阶段,民航局地区管理局将对申请人的申请材料是否符合相关法规的要求进行审查,对申请人能否按照相关法规安全运行进行验证检查,文件审查阶段工作流程如图7-3所示。对于申请材料的内容与相关法规要求不符或者申请人不能按照法规安全运行的,应当书面通知申请人对申请材料的相关内容做出修订或者对运行缺陷进行纠正,验证和检查阶段工作流程如图7-4所示。

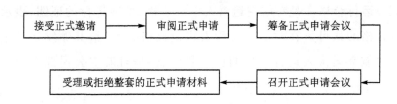

图7-2　正式申请阶段工作流程图

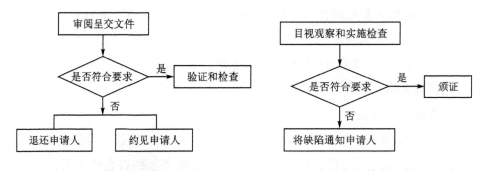

图7-3　文件审查阶段工作流程图　　**图7-4　验证和检查阶段工作流程图**

民航地区管理局应当在20个工作日内作出是否颁发运行合格证和运行规范的决定。但由于申请人的原因延误的时间和民航地区管理局进行验证检查、组织专家评审的时间不计入前述期限。民航地区管理局作出颁发运行合格证和运行规范决定的,应当在自作出决定之日起 10 个工作日内向申请人颁发、送达运行合格证和运行规范。

2. 通用航空公司运行合格证的颁发

民航局在经过运行合格审定之后认为申请人符合下列全部条件,则为该申请人颁发小型航空器商业运输运营人运行合格证和相应的运行规范:

① 满足《关于修改〈小型航空器商业运输运营人运行合格审定规则〉的决定》第二次修正的所有适用条款要求;

② 按照涉及民航管理的规章的规定,配备了合适和足够的人员、设备、设施和资料,并且能够按照 CCAR - 135 的规定及其运行规范实施安全运行。

申请人具有下列情形之一的,不予颁发运行合格证:

① 申请人原先持有的小型航空器商业运输运营人运行合格证或者大型飞机公共航空运输承运人运行合格证已被吊销;

② 申请人安排或者计划安排担任 CCAR - 135 第 27 条规定的主要管理职位的人员,曾经担任另一小型航空器商业运输运营人或者大型飞机公共航空运输承运人的具有运行控制权的职位,并对其合格证的吊销或者拟予吊销负有主要责任;

③ 对本申请人有控制权或者股份控制权的人员,曾对另一小型航空器商业运输运营人或者大型飞机公共航空运输承运人的运行合格证的吊销或者拟予吊销负有主要责任并且对该合格证持有人具有相同或者类似的控制权或者股份控制权。

3. 通用航空公司运行合格证的主要内容

小型航空器商业运输运营人运行合格证包含下列内容:

① 合格证持有人的名称;

② 合格证持有人主运营基地的地址;

③ 合格证的编号;

④ 合格证的生效日期;

⑤ 负责监督该合格证持有人运行的局方机构名称或者代号;

⑥ 被批准的运行种类;

⑦ 经审定,该合格证持有人符合 CCAR - 135 的相应要求,批准其按照所颁发的运行规范实施运行。

4. 通用航空公司运行规范的主要内容

小型航空器商业运输运营人的运行规范包含下列内容:

① 主运营基地、飞行基地和维修基地的具体地址,需要作为合格证持有人与局方进行通信联系的不同于主运营基地地址的地址,以及其文件收发机构的名称与通信地址;

② 对每种运行的实施规定的权利、限制和主要程序;

③ 每个级别和型别的航空器在运行中所需要遵守的其他程序;

④ 批准使用的每架航空器型号、系列编号、国籍标志和登记标志,运行中需要使用的每个正常使用机场、备降机场、临时使用机场和加油机场或者运行区域,经局方批准,这些项目可以列在现行有效的清单中,作为运行规范的附件,并在运行规范的相应条款中注明该清单名称;

⑤ 批准的运行种类;

⑥ 批准运行的航线、区域及限制;

⑦ 机场的限制;

⑧ 机体、发动机、螺旋桨、旋翼、设备(包括应急设备)的维修时限或者确定维修时限的标准;

⑨ 批准的控制航空器质量与平衡的方法;

⑩ 航空器互换的要求;

⑪ 湿租航空器的有关资料;

⑫ 局方按照规定颁发的豁免或者批准的偏离;

⑬ 局方认为必须的其他项目。

5. 运行合格证和运行规范的有效期限

运行合格证长期有效,但在出现下列情形之一时失效:

① 合格证持有人自愿放弃,并将其交回局方;

② 局方吊扣、吊销或者以其他方式暂停或者终止该合格证。

在出现下列情形时,运行规范全部失效或者部分条款失效:

① 局方暂停或者终止该运行规范中批准的部分运行,则运行规范中关于该运行的条款失效;暂停部分运行的,在暂停期满之后,关于该运行的条款恢复

有效;

② 局方暂停或者终止该运行规范中批准的全部运行,则运行规范全部失效;暂停全部运行的,在暂停期满之后,运行规范恢复有效;

③ 局方吊扣、吊销或者以其他方式终止运行合格证,则运行规范全部失效;吊扣运行合格证的,在吊扣期满之后,运行规范恢复有效;

④ 对于某一运行种类,合格证持有人没有满足 CCAR - 135 第 31 条(a)中规定的近期经历要求,并且没有按照 CCAR - 135 第 31 条(b)规定的程序恢复该种类运行时,关于该种类运行的条款失效。

当运行合格证或者运行规范被吊扣、暂停、吊销或者因其他原因而失效时,合格证持有人应当将运行合格证或者运行规范交还局方。吊扣运行合格证和暂停运行规范的,局方应当在吊扣或者暂停期满之后将运行合格证或者运行规范交还运行合格证持有人。

6. 运行合格证和运行规范的检查和修改

合格证持有人应当将其运行合格证和运行规范的原件保存在主运营基地,并能随时接受局方的检查。

在下列情形下,局方可以修改按照 CCAR - 135 颁发的运行合格证:

① 局方为了安全和公众利益的需要修改;

② 合格证持有人申请修改,并且局方认为安全和公众利益允许进行这种修改。

在下列任一情况下,局方可以修改按照 CCAR - 135 颁发的运行规范:

① 局方为了安全和公众利益的需要修改;

② 合格证持有人申请修改,且局方认为安全和公众利益允许此种修改。

7. 手册的制定和保存

合格证持有人应当具有为实施其各种运行的全体飞行、维修和其他地面运行工作人员制定并供其使用和指导其操作的手册,并负责制定、分发、修订和补充手册,使其保持现行有效。

手册应当符合下列要求:

① 合格证持有人应当在其主运营基地保存至少一套手册;

② 手册不得与所有适用的涉及民航管理的规章、该合格证持有人在国外运行时适用的外国法规以及合格证持有人的运行合格证和运行规范相抵触;

③ 手册或者手册的相应部分,包括其修订和增补,应当由合格证持有人提供给飞行、维修和其他地面人员使用;

④ ③中所述的合格证持有人应当及时更新手册,保持手册的最新状态,并使用最新有效的手册内容;上述人员在履行其职责时应当能随时查阅手册或者手册的相应部分;如果合格证持有人已经在航空器上配备了手册或者手册的相应部分,则不要求机组成员随身携带这些手册,但应当有专人负责这些手册的更新;

⑤ 手册应当具有中文版本,如果合格证持有人在运行中使用了不熟悉中文的人员,则应当为其提供相应熟悉文字的手册,并且应当保证这些手册的一致性和同等有效性;

⑥ 合格证持有人可以用印刷形式或者其他局方可以接受的形式为人员提供手册或者手册的相应部分,如果合格证持有人使用印刷形式之外的形式,则应当保证为这些人员提供配套的阅读设备;

⑦ 如果合格证持有人将航空器飞往存有相应维修资料的特定航站实施检查和维修时,则该航空器上不须携带该相应维修资料。

8. 手册内容的总体要求

在手册每一个修订的页面上应当有最后一次修订的日期,手册的内容应当包括:

① 第 27 条要求的经局方批准的管理人员的姓名,该人员被指派的职责和权限,以及按照 CCAR-135 第 77 条被合格证持有人批准实施运行控制的每个人员的姓名和职务;

② 保证遵守航空器质量和平衡限制的程序,以及对于多发航空器,确认其遵守 CCAR-135 第 195 条规定的程序;

③ 合格证持有人的运行规范或者相应的摘录信息,包括批准运行的区域、批准使用的航空器类别和级别、机组组成以及批准的运行种类;

④ 遵守事故通报要求的程序;

⑤ 确保机长了解航空器已经完成要求的适航检查、符合相关维修要求并被批准返回使用的程序;

⑥ 报告和记录机长在飞行前、飞行中和飞行后发现的机械不正常情况的程序;

⑦ 机长确认上次飞行中发现的机械不正常情况或者缺陷是否修复或者推迟修复的程序；

⑧ 机长在运营人没有作出预先安排的地点获得航空器维修、预防性维修和获取服务时需要遵守的程序（如果驾驶员被批准为运营人完成这一工作）；

⑨ 特定类型运行所须的设备发生故障或者失效,判断是否放行或者继续飞行时,按照 CCAR - 135 第 187 条确定的程序；

⑩ 航空器加油、清除燃油污染、防火（包括静电防护）,以及加油期间管理和保护乘客需要遵守的程序；

⑪ 机长按照 CCAR - 135 第 115 条的要求对乘客进行安全讲解时需要遵守的程序；

⑫ 飞行定位程序或者相应的运行控制程序；

⑬ 确保遵守应急程序,包括在紧急情况下每类机组必须成员的职责分工和按照 CCAR - 135 第 125 条应急撤离时的职责分工；

⑭ 适用时,驾驶员的航路资格审定程序；

⑮ 批准的航空器检查大纲或者维修方案；

⑯ 遵守中国民用航空危险品运输管理相关规定的程序；

⑰ 紧急情况下将需要他人协助的乘客快速撤离至出口时需要遵守的程序；

⑱ 控制相关运行人员执勤时间、飞行时间和休息期的程序；

⑲ 防冰/除冰程序；

⑳ 遵守中国民航有关保安规定的程序,包括防止非法干扰、劫机、破坏行为的程序；

㉑ 遵守 CCAR - 135 其他有关要求的程序。

7.2　通用航空器的运行管理

7.2.1　目视飞行规则飞行的最低高度要求

除航空器起飞和着陆外,按照目视飞行规则（VFR）运行的航空器应当满足下列最低高度要求：

① 飞机在昼间飞行时,离地面、水面的高度不得低于 150 m(500 ft),并且离障碍物的水平距离不得小于 150 m(500 ft);

② 飞机在夜间飞行时,飞行高度应当高于离预定飞行航路水平距离 8 km(5 mile)范围内的最高障碍物至少 300 m(1 000 ft);在山区,飞行高度应当高于离预定飞行航路水平距离 8 km(5 mile)范围内的最高障碍物至少 600 m(2 000 ft);

③ 旋翼机在飞越人口稠密区上空时,离地高度不得低于 90 m(300 ft)。

7.2.2　目视飞行规则飞行的能见度要求

① 在运输机场空域以外的空域按照目视飞行规则(VFR)运行飞机时,如果云底高小于 300 m(1 000 ft),则飞行能见度不得小于 3 200 m(2 mile);

② 在修正海平面气压(QNH)高度 900 m(3 000 ft)以下或者离地高度 300 m(1 000 ft)以下(以高者为准)按照目视飞行规则运行旋翼机时,飞行能见度在昼间不得小于 800 m(0.5 mile),在夜间不得小于 1 600 m(1 mile)。

7.2.3　旋翼机目视飞行规则飞行中的目视参考要求

按照目视飞行规则(VFR)运行旋翼机时,驾驶员应当建立足够的目视地面参考,或者在夜间飞行时建立足够的目视地面灯光参考,以便保证其安全操作旋翼机。

7.2.4　目视飞行规则飞行的燃油供应要求

① 按照目视飞行规则(VFR)运行飞机时,应当在考虑风和预报的天气条件后,有足够的燃油飞至第一个预计着陆点,并且以正常巡航燃油消耗率完成下列飞行:

a. 在昼间,至少再飞行 30 min;

b. 在夜间,至少再飞行 45 min;

② 按照目视飞行规则(VFR)运行旋翼机时,应当在考虑风和预报的天气条件后,有足够的燃油飞至第一个预计着陆点,并且以正常巡航燃油消耗率再飞行 20 min。

7.2.5　目视飞行规则云上载客飞行的运行限制

除满足 CCAR-135 第 191 条的要求外,航空器按照目视飞行规则(VFR)进

行云上载客飞行时,还应当满足下列条件:

① 天气报告、预报或者两者的组合表明,在预计的航空器云上飞行结束时刻,天气条件应满足下列要求之一:

a. 允许航空器按照目视飞行规则下降到云层之下,并且天气预报表明,该天气条件能够一直保持到预计的云上飞行结束时刻之后至少 1 h;

b. 允许在无云条件下飞行至规定的最终进近设施上方的起始进近高度,然后再按照仪表飞行规则(IFR)进近和着陆,但按照 CCAR - 91 部第 175 条的规定使用雷达引导的情况除外;

② 按照目视飞行规则完成下列飞行时,应具备下列条件:

a. 对于多发航空器,如果其临界发动机失效,能够按照目视飞行规则下降或者继续飞行;

b. 对于单发航空器,在发动机失效后能够按照目视飞行规则下降。

7.2.6 天气报告和预报

按照 CCAR - 135 运行航空器的人员,应当使用经局方批准的气象服务系统提供的天气报告或者预报。但是,对于按照目视飞行规则(VFR)实施的运行,当不能得到这些报告时,机长可以使用基于自己的观察,或者基于其他有相应能力的人员所做的观察而得到的气象信息。

在上述表达中,某机场进行仪表飞行规则(IFR)运行时,提供给驾驶员使用的天气观察应当在实施该次仪表飞行规则运行的机场完成。但是,如果局方认为对于合格证持有人的某些特定运行,使用该机场以外地点完成的观察亦能达到同等安全水平,则局方可以允许其偏离本条要求,在运行规范中批准其在该次仪表飞行规则运行所在机场以外的地点完成观察。

7.2.7 仪表飞行规则运行的限制

① 除②③规定的情况外,任何人不得在国家公布的航路之外的空域,以及没有经批准的标准仪表进近程序的机场按照仪表飞行规则(IFR)运行航空器;

② 当满足下列条件时,局方可以颁发运行规范,允许合格证持有人在国家公布的航路之外的航路上按照仪表飞行规则(IFR)实施运行:

a. 合格证持有人向局方证明,飞行机组成员有能力在没有建立地面目视参

考的情况下沿预定航迹飞行,并且不会偏离预定航迹 5°或者 8 km(5 mile)(取两者中较小者);

b. 局方认定所申请的运行能够安全实施。

③ 当局方确认合格证持有人需要按照仪表飞行规则(IFR)从某一个没有经批准的标准进近程序的机场离场,并且合格证持有人所申请的运行能够安全实施时,可以允许其从该机场离场;在该机场运行的批准不包括对仪表飞行规则进近的批准。

7.2.8　仪表飞行规则起飞限制

当天气条件不低于起飞最低标准,但低于经批准的仪表飞行规则(IFR)着陆最低标准时,任何人不得按照仪表飞行规则起飞航空器,除非在距起飞机场 1 h 飞行时间(在静止空气中以正常巡航速度飞行)的距离内有一个备降机场。

7.2.9　仪表飞行规则目的地机场最低天气标准

任何人不得按照仪表飞行规则(IFR)起飞航空器或者进入仪表飞行规则飞行或者进入云上运行,除非最新的天气报告、预报或者两者的组合表明,在航空器到达预定着陆机场的预计时刻,天气条件达到或者高于经批准的仪表飞行规则着陆最低标准。

7.2.10　仪表飞行规则备降机场最低天气标准

对于仪表飞行规则(IFR)飞行中所用的备降机场,应当有相应的天气实况报告、预报或者两者的组合表明,当航空器到达该机场时,该机场的天气条件等于或者高于备降机场最低天气标准。

对于按 CCAR-135 运行的飞机,合格证持有人应当在经批准的机场最低运行标准上增加至少下列数值,作为该机场用作备降机场时的最低天气标准:

① 对于只有一套进近设施与程序的机场,最低下降高度或者决断高度增加 120 m(400 ft),能见度增加 1 600 m(1 mile);

② 对于具有两套(含)以上非精密进近设施与程序并且能提供不同跑道进近的机场,最低下降高度增加 60 m(200 ft),能见度增加 800 m(0.5 mile),在两条较低标准的跑道中取较高值;

③ 对于具有两套(含)以上精密进近设施与程序并且能提供不同跑道进近的机场,决断高度增加 60 m(200 ft),能见度增加 800 m(0.5 mile),在两条较低标准的跑道中取较高值。

7.2.11　仪表飞行规则燃油及备降机场要求

① 除②规定的情况外,任何人不得在仪表飞行规则(IFR)条件下运行航空器,除非在考虑到天气报告、预报或者两者的组合后,航空器上携带了能完成下列飞行的燃油:

a. 完成到达第一个预定着陆机场的飞行;

b. 从该机场飞至备降机场;

c. 此后以正常巡航速度飞行 45 min;对于旋翼机,以正常巡航速度飞行 30 min;

② 如果第一个预定着陆机场具有经批准的标准仪表进近程序,并且相应的天气报告、预报或者两者的组合表明,在预计到达时刻前后至少 1 h 的时间段内达到下列天气条件,则可以不选择备降机场,本要求①中 b 项不适用:

a. 云高在盘旋进近的最低下降高度(MDA)之上至少增加 450 m(1 500 ft);或者,如果该机场没有经批准的仪表盘旋进近程序,云高为公布的最低标准之上至少 450 m(1 500 ft)或者机场标高之上至少 600 m(2 000 ft)(取两者中较高者);

b. 在目的地机场实施仪表进近程序时,该机场预报的能见度至少为 4.8 km(3 mile),或者至少比最低的适用能见度最低标准多 3.2 km(2 mile)(取两者中较大者);

c. 对于旋翼机,云高高于机场标高 300 m 或高于适用的进近最低标准之上 120 m(400 ft)(以高者为准),能见度为 3 000 m(1.8 mile)。

7.2.12　仪表飞行规则起飞、进近和着陆最低标准

① 航空器在某一个机场实施仪表进近程序前,应当满足下列条件:

a. 该机场具有经局方批准的气象报告机构;

b. 该气象报告机构发布的最新气象报告表明,天气条件达到或者高于该机场经批准的仪表飞行规则(IFR)着陆最低标准;

② 当①中 a 项所述的机构发布的最新天气报告表明,当天气条件达到或者

高于经批准的仪表着陆最低标准时,航空器驾驶员方可进入仪表进近程序中的最后进近阶段继续实施进近;

③ 当驾驶员已经按照②中的规定开始了仪表进近程序中的最后进近阶段,并在此后收到后续的气象报告表明天气条件低于着陆最低标准时,驾驶员仍然可以操作航空器继续进近;当航空器进近至经批准的决断高度或者最低下降高度时,如果驾驶员断定实际的天气条件不低于该机场的最低着陆天气标准,则可以继续进近并完成着陆;本款所述的最后进近阶段是指下列情况之一:

a. 航空器实施仪表着陆系统(ILS)进近时,已经通过最后进近定位点;

b. 航空器实施机场监视雷达(ASR)或者精密进近雷达(PAR)进近时,已经移交至最后进近管制员;

c. 航空器使用甚高频全向信标台(VOR)、无方向性导航台(NDB)实施进近或者实施其他类似方法的进近时,该航空器已经通过相应的设施或者最后进近定位点,或者在没有规定最后进近定位点时,已经完成了程序转弯并且位于程序规定的距离内,按照最后进近航道向机场归航;

④ 对于在该型别飞机上担任机长时间未达到 100 h 的涡轮发动机飞机机长,应当在局方公布的机场运行最低标准或者运营人的运行规范中规定的决断高度或者最低下降高度之上增加 30 m(100 ft),能见度在着陆最低标准上增加 800 m(0.5 mile),但不能超过合格证持有人将该机场作为备降机场时使用的着陆最低标准;

⑤ 驾驶员在军方或者国外机场实施仪表飞行规则(IFR)起飞、进近和着陆时,应当遵守该机场规定的仪表进近程序和适用的最低天气标准;如果该机场没有规定最低天气标准,应当遵守下列标准:

a. 按照仪表飞行规则起飞时,能见度不得低于 1 600 m(1 mile);

b. 进行仪表进近时,能见度不得低于 800 m(0.5 mile);

⑥ 当①中 a 项规定的气象报告机构所报告的天气条件低于局方公布的机场运行最低标准或者合格证持有人运行规范中规定的起飞最低标准时,航空器驾驶员不得按照仪表飞行规则(IFR)起飞航空器;

⑦ 除⑧中规定的情况外,当局方没有为该起飞机场规定起飞最低标准,①中 a 项规定的气象报告机构所报告的天气条件低于 CCAR - 91 部或者合格证持有人运行规范中规定的起飞最低标准时,航空器驾驶员不得按照仪表飞行规则

(IFR)起飞航空器;

⑧ 除另有限制的机场外,在具有经批准的直接仪表进近程序的机场,当①中 a项规定的气象报告机构所报告的天气条件不低于直接进近着陆最低标准时,如 果满足下列条件,航空器驾驶员可以按照仪表飞行规则(IFR)起飞航空器:

a. 起飞时刻所用跑道的风向和风速可以允许在该跑道上实施直接仪表 进近;

b. 相关的地面设施和机载设备工作正常;

c. 合格证持有人已经被批准实施此种运行。

7.2.13 结冰条件下的运行限制

① 当有霜、冰、雪附着在航空器的旋翼叶片、螺旋桨、风挡、机翼、安定面或者 操纵面、动力装置上或者附着在空速、高度、爬升率、飞行姿态仪表系统上时,驾 驶员不得让航空器起飞,但是:

a. 当有霜附着在机翼、安定面或者操纵面上,但已经确定霜被除掉,待表面 光滑后可以起飞;

b. 经局方批准,当有霜附着在机翼下部油箱区域时,可以起飞;

② 在任何时间,当有理由认为霜、冰或者雪会附着在飞机上时,合格证持有 人不得批准飞机起飞,驾驶员也不得使其起飞,除非驾驶员已经完成了 CCAR - 135第347条要求的所有适用训练,并且符合下列条件之一:

a. 在开始起飞前5 min之内完成一次起飞前污染物检查,该检查针对特定 飞机型号,由合格证持有人建立并得到局方批准;起飞前污染物检查是用于确认 机翼和操纵表面没有霜、冰或者雪的检查;

b. 合格证持有人具有经批准的备用程序,并使用该程序确定没有霜、冰或 者雪;

c. 合格证持有人具有满足 CCAR - 121 部第 649 条要求的经批准的除冰/防 冰大纲,该次起飞遵守了该大纲的要求;

③ 除配备有满足运输类飞机型号合格审定要求的防冰装置的飞机外,驾驶 员应当遵守下列规定:

a. 不得按照仪表飞行规则(IFR)飞入已知的或者预报的轻度或者中度结 冰区;

b. 不得按照目视飞行规则（VFR）飞入已知的轻度或者中度结冰区，除非航空器具有起作用的除冰或者防冰设备，可以保护每个旋翼叶片、螺旋桨、风挡、机翼、安定面或者操纵面，以及每个空速、高度、爬升率或者飞行姿态仪表系统；

④ 任何人不得驾驶旋翼机按照仪表飞行规则（IFR）飞入已知的或者预报的结冰区，或者按照目视飞行规则（VFR）进入已知的结冰区，除非该旋翼机经型号合格审定，装备了适合结冰条件中运行的设备；

⑤ 除配备有满足运输类飞机型号合格审定要求的防冰装置的飞机外，任何驾驶员不得将航空器飞入已知的或者预报的严重结冰区；

⑥ 如果机长依据当前的天气报告和通报信息发现，上次预报之后的天气条件发生了变化，原来预报的将阻止该次飞行的结冰条件将不会在飞行中遇到，则③④⑤中基于预报条件的限制不再适用。

7.2.14　机场要求

① 合格证持有人使用的任何机场，都应当考虑到机场的规模、道面、障碍物和灯光等因素，认定该机场足以供运行使用；

② 在夜间载运旅客的航空器驾驶员不得在机场起飞和着陆，除非满足下列条件：

a. 驾驶员已经通过带照明的风向指示器或者在与当地的通信联络中确定了风向，或者在起飞前通过驾驶员的个人观察确定了风向；

b. 用于起飞或者着陆的区域界线已经用下列设施清晰标出：a）对于飞机，使用边界标志灯或者跑道标志灯；b）对于旋翼机，使用边界标志灯或者跑道标志灯，或者反光材料；

c. 对于②中，如果起飞或者着陆区域使用马灯等其他发光装置标记，应当得到局方的批准。

通用航空器飞行作业的具体过程和异地调机工作流程及规范（以某通用航空公司为例）分别见附件1飞行作业前期准备工作流程、时间节点和工作规范；附件2作业期间运行工作流程和工作流程说明；附件3作业期间回公司定检工作流程和工作流程说明；附件4作业结束工作流程和工作流程说明；附件5异地调机工作流程和工作流程说明。

附件1 飞行作业前期准备工作流程时间节点和工作规范

飞行作业前期准备工作流程

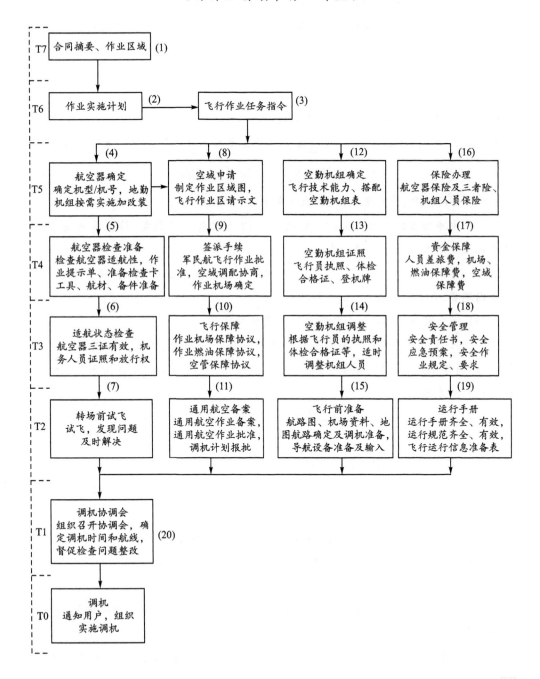

飞行作业前期准备时间节点

特殊通用航空任务(使用军用机场)【通用航空飞行任务审批与管理规定所提九大项】
T7：T0−50天(客户办理作业任务批文)80天(客户不输作业任务批文)；
T6：T0−49天(客户办理作业任务批文)79天(客户不输作业任务批文)；
T5：T0−45天(客户办理作业任务批文)75天(客户不输作业任务批文)；
T4：T0−6天；
T3：T0−5天；
T2：T0−4天；
T1：T0−2天("−2天"表示提前2天)；
T0：调机日期,依据航程而定,结合客户工作需要和办理进场手续可再提前5天

飞行作业前期准备工作规范

(1)合同摘要、作业区域图、作业任务批文：市场模块

——由市场模块人员根据所签订的合同,3天内将合同摘要、作业区域图、作业任务批文发送人力资源与规划发展部；

——紧急合同,在洽谈阶段就提前召开研讨会通报作业需求,合同签署当天发送合同摘要、作业区域图、作业任务批文等。

(2)作业实施计划：人力资源与规划发展部

——人力资源与规划发展部接到市场模块的合同摘要、作业区域图、作业任务批文,编制作业实施计划,将合同摘要、作业区域图、作业任务批文作为附件,在OA中以通知的方式发出；

——涉及改装的,改装的相关要求要发送给技术室、适航室、维修管理室、供应室、机务队。

(3)飞行作业运行指令：运控模块

——若是合同未指定机型或机号,由运控模块与机务队协商确定机型机号,由运控模块在生产运行系统中发布；

——根据合同摘要内容由运控模块在生产运行系统中下发飞行作业运行指令,并附飞行作业前期准备计划表明确时间节点。

(4)航空器确定：机务队

——由机务队确定地勤机组,在生产运行系统中填写,填写后由质量管理部进行机务人员资质审查和人员证照检查；

——若有需要改装的,需机务部和质量部组织按加改装规定,办理审批手续、实

施加改装和改装验证,组织试飞。

(5) 航空器检查准备:机务队机组机务

——机组机务对航空器的适航性进行检查,发现不适航的立即整改;

——接到作业实施计划后,及时编制出作业提示单,发送机务队和技术室、供应室等;

——根据作业提示单,技术室组织进行工作单卡的准备,通知机务队到技术室领取;

——根据作业所需,准备、领取相应的工具、工装、消耗材料、成品零件、备件等。

(6) 适航状态检查:适航室

——检查航空器国籍登记证、适航证、电台执照的有效性,提前计划好航空器年检和电台检查,及时办理证件签署或领取新证件;

——在生产运行系统中审查机务队所报地勤人员资质,确认机务人员证件的有效性,若存在证件超期,则通知培训干事制定整改措施,审查机务人员整机放行资格,不满足要求的,通知机务队换人或增加整机放行人员。

(7) 转场前试飞

——按照平房机场飞行计划申请流程,由运控模块协调机务队、飞行部、人力资源与规划发展部等,运控模块报飞行计划、组织试飞及试飞保障;

——对试飞中发现的问题,机长及时向机务和运控模块反映,运控模块跟踪检查机务队的问题整改完成情况。

(8) 空域申请:签派模块

——签派模块根据合同、作业区域图、作业任务批文等,制定飞行作业区域图,分析飞行作业所涉及的空域管制单位;

——编制发送给有关军民航单位的飞行作业请示文。

(9) 签派手续:签派模块

——办理有关军民航飞行作业批准;

——相关空域管制单位的空域调配协商;

——确定作业机场、备降机场等。

(10) 飞行保障:签派模块

——到作业机场、备降机场商订机场保障协议;

——有关机场的燃油保障、燃油指标审批;

——根据需要和可能,签署空管保障协议。

（11）通航备案：签派模块

——按通用航空规定，在通用航空管理系统上进行备案，并获得批准（CCAR－135部需向东北局进行纸质备案）。

（12）空勤机组的确定：飞行部

——飞行部（飞机大队、直升机大队）根据作业需求，综合考虑飞行员的技术能力、飞行经验、人员合作关系等，确定作业空勤机组；

——由飞行部（飞机大队、直升机大队）确认空勤机组，在生产运行系统中填写，到航医室进行体检合格证（有效性）审查，由安全管理部进行驾照审查（机型、等级、熟练检查）。

（13）空勤机组证照

——飞行员驾驶执照，若需熟练检查，则须向飞行部提出申请，飞行部在作业前作出熟练检查飞行计划，按照平房机场飞行计划申请流程执行；

——体检合格证，航医室作出飞行员体检计划，协调体检机关，通知空勤人员到指定地点进行体检，确保在出队作业期间，体检合格证有效；

——登机牌，对新聘用的飞行员，要及时办理登机牌，确保在飞行作业期间飞行员能顺利进出机场。

（14）空勤机组调整

——根据飞行员的执照和体检合格证等，适时调整机组人员。

（15）飞行前准备：空勤机组

——机长组织进行作业分析，确定调机航路、作业范围、涉及机场，到签派模块领取所需最新有效的航行资料（中低空航路图、机场资料、目视百万航图等）；

——将确定的调机航路报给运控模块，空勤机组做好调机前的各项准备，根据申请试飞并做好转场前试飞准备；

——准备辅助导航设备（便携式的或机载的 GPS 等），做好调机航路的输入、校对工作。

（16）保险办理：人力资源与规划发展部

——根据作业合同需要，结合飞机试飞，人力资源与规划发展部办理航空器保险，保险期限从合同期限前后各加一周，若有提前或延长作业期限的，需市场模块提前通知人力资源与规划发展部和运控模块，做好航空器的保险，运控模块在未确定航空器保险前，不组织实施试飞和调机作业；

——办理所有机组人员（空勤机组、地勤机组）保险和其他人员（签派员等）保险。

（17）资金保险：财务会计部

——根据作业实施计划，准备合理的机组人员差旅费；

——根据签派模块需求，准备机场保障费、燃油预付款、空域保障费等；

——根据供应室需求，准备机组作业所需的航材、备件等采购费。

（18）安全管理：安全管理部

——根据机型、作业特点，编制安全责任书；

——根据机型、作业特点，制定并发给机组安全应急预案；

——完善、发放安全作业规定、安全要求等；

——当用车运输航空器时，给出吊装、运输等安全规定。

（19）运行手册：安全管理部

——检查机组配备的运行手册是否齐全、有效，做到及时更新；

——检查机组配备的运行规范是否齐全、有效，做到及时更新；

——按民航规定，运控模块填写通用航空飞行运行信息准备表，发送东北局和黑监局的飞行标准处。

（20）调机协调会：运控模块

——运控模块在生产运行系统中检查各部门准备情况，所有前期准备情况闭环后，拟定会议地点和时间，通知与会部门按时召开；

——运控模块打印作业任务单，为机组准备出队作业有关材料，按期组织召开调机协调会，对会上所反映的问题，确定整改措施，记录到 FLB-运-04 协调会会议记录；

——运控模块明确调机时间和调机计划；

——协调会后，运控模块督促、检查有关部门的问题整改。

（21）调　机

——确定调机计划后，市场模块通知用户，请用户做好准备；

——运控模块根据机长所拟调机计划，编制、报批调机计划，编制 FLB-运-12 飞行任务书发给机组，并向各有关单位报送调机申请；

——运控模块按调机计划，组织机组实施调机，协调军、民航管制部门，确保调机顺利，直至到达作业机场。

附件 2 作业期间运行工作流程和工作流程说明

附件 2 作业期间运行工作流程

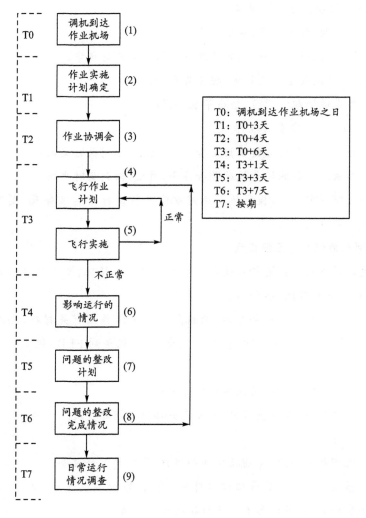

T0:	调机到达作业机场之日
T1:	T0+3天
T2:	T0+4天
T3:	T0+6天
T4:	T3+1天
T5:	T3+3天
T6:	T3+7天
T7:	按期

作业期间运行工作流程说明

（1）调机到达作业机场

——机组实施调机飞行，运控室及时协调调机航路，确保第一时间到达作业机场；

——机长在到达作业机场的前一站，主动联系用户或签派员，做好接机组的准备。

（2）作业实施计划确定

——机长和签派员与用户共同仔细研究作业区域地形、气象条件、空域管制情况,讨论、制定作业实施计划(或分步实施计划)。

(3) 作业协调会

——确定作业协调会时间,通知有关单位,做好会议保障工作;

——签派员或机长或用户组织召开作业协调会;

——签派员或机长与有关空管保障部门签订保障协议。

(4) 飞行作业计划

——按照机场规定,机长申报下一日的飞行作业计划;

——若是有多架飞机在同一机场飞行作业,机组的飞行计划要提前相互协调,不允许有飞行冲突或危险接近的情况等;

——对作业地区进行一次飞行的了解是必要的,重点了解电视塔、高压线、避雷针等影响低空飞行的障碍物。

——飞行前准备:

——掌握地形地貌详细情况,做好百万航图或更高比例的航图作业准备;

——做好飞行航线 GPS 数据和人工领航的准备;

——做好应急情况处置预案、人员分工;

——掌握天气情况,查飞行手册,给出飞行载荷限制条件,通知机械师;

——确定第二日飞行前的出发时间、保障车辆等。

(5) 飞行实施

——保障车辆及时将机组送到机场,保证机务人员有充分的时间做航前检查、加燃油等;

——机务人员按照《航前检查单》仔细做检查、准备,检查后立即将检查结果报告给机长;

——燃油、乘机人数、装载物品等,由机务人员按照机长给出的装载限制条件执行,不允许有超载现象,重心控制在手册规定的范围内;

——空勤机组 GPS 数据的录入;

——空勤机组按照飞行检查单进行起飞前检查、准备;

——空勤机组按照计划实施飞行、作业等;

——第一架次结束后,机务人员按照航间检查单仔细检查、补加燃油,检查后立即将检查结果报告给机长;

——飞行结束后,机务人员按照航后检查单仔细检查、结束工作,检查后立即将检查结果报告给机长;

——机长协调用户保障车,要给机务人员有足够的航后检查时间,确保航空器的适航性。

——飞行后讲评:

——机长对飞机的情况进行讲评,及时指出飞机维护存在的不足并要求整改;

——机长对飞行过程进行讲评,及时指出存在的不足并要求整改;

——机长与用户评估飞行作业完成质量,对存在的不足制定完善方案,直到达到作业要求或使用户满意。

——在飞行正常的情况下,机组可能继续下一日的飞行;若存在影响正常、安全飞行的故障,需按第(6)条的规定执行。

(6)影响运行的情况

——当发现飞机出现故障,而机务人员无法解决时,机务人员要立即向机务队报告详细情况,机务队再通报运控室;

——当有机组人员因身体原因而不能正常飞行时,机组要及时向用户和运控室通报;

——对较严重的病情或需要离岗体检等,机组立即向机务队或飞行队汇报,机务队或飞行队在做出换人的决定后,编写、会签地勤机组表或空勤机组表的更换栏,通报运控室。

(7)问题的整改计划

——机务队立即向技术室和有经验的机务人员进行技术咨询,立争当天给出解决方案;

——对需要停飞排除故障的情况,机务队要及时通报运控室和机务人员,提出解决方案和预计飞行时间;

——运控室立即将有关情况通报市场部,市场部与用户联系,达成谅解;

——机务人员向机长报告解决方案,由机长向用户进行情况通报,商议下一步的飞行计划。

(8)问题的整改完成情况

——当机组按照整改方案完成整改后,立即向机务队报告,机务队立即通报运控室;

——运控室通知市场部和机长,市场部通知用户;

——若有机组人员更换的情况,按照机组动态管理规定向运控室报告;

——对整改期限已到,而未收到整改完成报告的,运控室及时督促检查完成情况、整改进度以及进一步的整改计划等,直至问题彻底解决。

(9)日常运行情况调查

——运控室对飞行较多的机组(地质、海监、电力巡线等作业),当突然出现连续没有飞行的情况时，及时联系机长，询问原因并做好记录，需公司提供支持的，立即协调有关部门及时解决；

——运控室对飞行较少的机组（人工降雨、海事、护林防火等作业），可每半个月或一个月对飞机情况、人员情况等进行调查。

附件3 作业期间回公司定检工作流程和工作流程说明

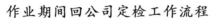

作业期间回公司定检工作流程

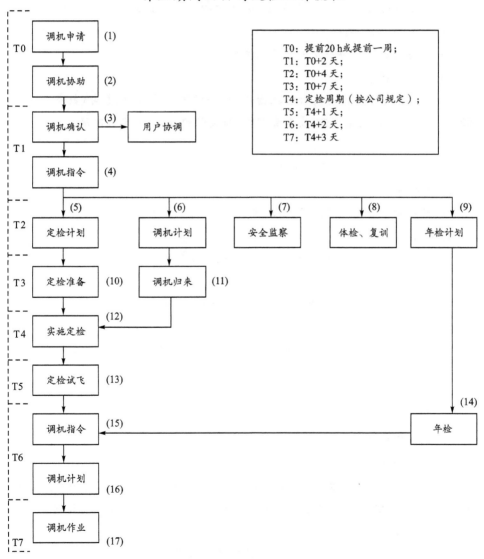

作业期间回公司定检工作流程说明

(1) 调机申请

——机组根据飞机定检规定,机长负责与运控室联系、机械师负责与机务队联系;

——运控室与机务队共同确定剩余飞行小时和初步调机日期;

——机长负责报告当地的海警、地质、护林、人影办等用户负责人。

(2) 调机协调

——运控室将预计调机日期、调机原因通知市场部。

(3) 调机确认

——由市场部负责协调航遥中心、护林中心、人影办等用户,确定定检调机日期,通知运控室调机日期;

——海警飞机需由海警发出海警调机指令。

(4) 调机指令

——运控室编制回基地定检调机指令,指令发送至签派、机务部(机务队、技术、维修管理室、供应室)、飞行部、安全管理部、质量管理部,明确定检时限。

(5) 定检计划

——维修管理室制定、下发飞机定检计划。

(6) 调机计划

——运控室负责与机长联系,报批调机计划,通知机组。

(7) 安全监察

——安全管理部根据需要,进行安全检查、安全培训、手册培训等。

(8) 体检、复训

——飞行部根据需要,安排空勤机组进行体检、复训。

(9) 年检计划

——质量管理部根据航空器年检计划,确定是否安排年检,若需年检则通知运控室。

(10) 定检准备

——机务队组织进行定检准备。

(11) 调机归来

——运控室协调机组调机归来。

(12) 实施定检

——定检中队实施定检,定检完成后,由机务队向运控室申请,按照平房机场飞行申请流程申请试飞,运控室通知飞行部安排空勤机组,运控室报试飞计划。

(13) 定检试飞

——组织试飞,直到试飞合格,试飞情况及时通报运控室。

（14）年检

——试飞合格后，有年检需要的，由运控室通知质量管理部；

——质量管理部组织有关部门进行年检自审和接受民航局年检。

（15）调机指令

——完成试飞和年检后，运控室编制转场调机计划并与机组确认。

（16）调机计划

——运控室协调机长，报批调机计划。

（17）调机作业

——运控室组织机组进行调机。

附件4　作业结束工作流程和工作流程说明

作业结束工作流程

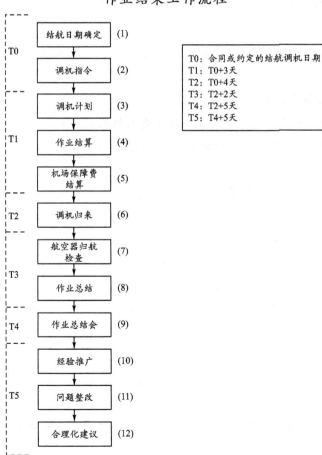

T0：合同或约定的结航调机日期
T1：T0+3天
T2：T0+4天
T3：T2+2天
T4：T2+5天
T5：T4+5天

作业结束工作流程说明

（1）结航日期确定

——市场部根据合同结束日期，至少提前一周，与用户明确结航日期，若延期，最好有纸面延期函。市场部通知运控室结航日期。

（2）调机指令

——运控室编制调机指令，将调机指令发送给机组、签派室、经管室、机务部、飞行部、安全管理部等，各部门按职责分头进行准备。

（3）调机计划

——运控室负责与机长联系，报批调机计划，通知机组。

（4）作业结算

——机长办理用户结算。

（5）机场保障费结算

——机组向机场办理保障费结算。

（6）调机归来

——机组调机归来，运控室协调、组织接机组等。机组到达后，机务当天将有关飞行记录、工作卡等上交机务队。

（7）航空器归航检查

——机务队、质量管理部等组织人员检查飞机的适航状态，作业期间是否按照出队提示单完成各项定检和时控件更换，是否按时完成定期维护和航前航后检查单，是否有保留工作或保留故障等；

——若有定检工作，维修管理室制定、下发飞机维修计划，并组织实施。

（8）作业总结

——机长填写，总结会上交给运控室；

——飞行部根据作业任务，组织空勤机组进行作业总结（经验和教训），机长填写 FLB-飞-03 空勤机组总结表，并填写建议和要求；

——根据需要，制定机组的体检、复训等计划；

——市场部与用户沟通，了解作业完成情况、完成质量、用户满意度等，接收、确认结算单；

——安全管理部根据作业期间安排的安全学习、整改要求，检查机组的落实情况等；

——若作业期间签派室有签派员全程协调的，签派员要写出作业总结、保障费结算情况等。

（9）作业总结会

——运控室汇总所有部门信息，协调主管经理，确定作业总结会召开时间；

——运控室组织召开作业总结会，检查各部门作业完成情况，作业总结会基本定于调机归来后的第三个工作日。

（10）经验推广

——运控室对总结会中汇总的经验、教训进行归集，好的要发扬，不好的要克服，各部门分头组织学习、推广。

（11）问题整改

——对存在的问题制定整改措施、完成日期等，督促检查整改完成情况。

（12）合理化建议

——对机组的合理化建议等，及时整理出书面报告并报告经理部。

附件5 异地调机工作流程和工作流程说明

异地调机工作流程

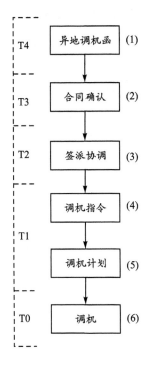

| T4 | 异地调机函 | (1) |

| T3 | 合同确认 | (2) |

| T2 | 签派协调 | (3) |

| | 调机指令 | (4) |

| T1 | 调机计划 | (5) |

| T0 | 调机 | (6) |

T4：T0+40天
T3：T0+35天
T2：T0+30天
T1：T0+3天
T0：用户确定的调机日期

异地调机工作流程说明

（1）异地调机函

——用户需传真给市场部调机函，注明起止日期、使用机场、作业区域、作业内容等。

（2）合同确认

——市场部确认调机是否符合合同规定，若符合，将调机函转交运控室。

（3）签派协调

——若超出合同范围，需补签合同，市场部通知签派室，签派室按照飞行前运行准备工作流程办理相关手续，签派室办理好后通知运控室。

（4）调机指令

——运控室编制异地调机指令，经主管领导批准后发送机组、签派室、人力资源与规划发展部、机务部、飞行部、安全管理部等。

（5）调机计划

——运控室负责与机长联系，报批调机计划，通知机组，机组进行调机准备。

（6）调　机

——运控室协调调机，机组实施调机，机组联系用户提供接送机组保障等。

第8章 通用航空器基础与维修

8.1 飞机机体的基本组成和结构

8.1.1 机翼结构

固定机翼飞机的机体由机身、机翼、安定面、飞行操纵面和起落架5个主要部件组成。直升机的机体由机身、旋翼及其相关的减速器、尾桨(单旋翼直升机才有)和起落架组成。机体各部件由多种材料组成,并通过铆钉、螺栓、螺钉焊接或胶接而连接起来。飞机各部件由不同构件构成,飞机各构件用来传递载荷或承受应力。单个构件可承受组合应力。对某些结构来说,强度是主要的要求;而对另一些结构,其要求则完全不同。例如,整流罩只承受飞机飞行过程中的局部空气动力,而不作为主要结构受力件。

8.1.2 机翼的功用

机翼是飞机的一个重要部件,其主要功用是产生升力。当它具有上反角时,可为飞机提供一定的横侧稳定性。在机翼上安装有一些操纵面,在其后缘有副翼和后缘襟翼;在其前缘有前缘襟翼、缝翼;在其上表面有扰流板。另外,很多飞机的发动机和主起落架安装于机翼结构上。机翼的内部空间常用来收藏主起落架和储存燃油。

8.1.3 机翼的配置

目前,除了个别低速飞机仍是双翼机外,绝大多数都是单翼机。

单翼机在机身上的配置,可分为上单翼、中单翼和下单翼3种形式,如图8-1所示。

从机翼与机身的干扰阻力来看,中单翼最小,上单翼次之,下单翼最大。从机身内部容积的利用来看,上单翼最优跃。因为上单翼飞机机翼通过机身的部

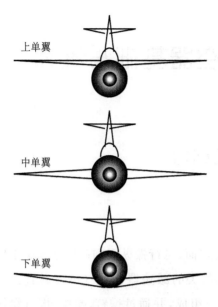

上单翼

中单翼

下单翼

图 8-1 上单翼、中单翼和下单翼图

分骨架位于机身上部,不影响机身内部容积的利用;中单翼的翼梁要横穿机身中部,对机身内容积的利用有一定影响;下单翼飞机机身内的可用容积较大,但固定在机身下部的翼梁会限制安装在机翼下部部件的尺寸。吊装在下单翼飞机下部的发动机可使发动机的维护更加方便。从起落架的配置来看,如果将起落架装在机翼上,上单翼飞机的起落架较长,这样不仅质量大,而且不易收放。在这方面,下单翼机比较有利。此外,上单翼飞机由于机翼位置较高,检修、拆装机翼上的发动机或其他附件,以及向机翼内的油箱添加燃油都不方便,这会给维护工作带来困难。

8.1.4 机翼结构形式

1. 布质蒙皮机翼

这种机翼的结构特点是采用了布质蒙皮。布质蒙皮在机翼承受弯曲、扭转作用时,很容易变形,因此,它不能承受机翼的弯矩和扭矩,只能承受由于局部空气动力(吸力或压力)所产生的张力。图 8-2 所示,为一种布质蒙皮机翼结构图。在这种机翼结构中,弯矩引起的轴向力全部由翼梁缘条承受;剪力由翼梁腹板承受;扭矩则由翼梁、加强翼肋和张线组成的桁架来承受。由于机翼前缘的局部空气动力较大,布质蒙皮机翼的前缘常采用薄金属蒙皮制成。这种机翼的扭矩,一部分由加强翼肋、张线等组成的桁架承受,另一部分则由前缘蒙皮和前梁腹板组成的合围框承受。布质蒙皮机翼的抗扭刚度较差,而且蒙皮容易产生局部变形(鼓胀和下陷),飞行速度较大时,会使机翼的空气动力性能受到很大影响,所以只适用于低速轻型飞机。

2. 金属蒙皮机翼

现代飞机广泛应用了金属蒙皮机翼。金属蒙皮机翼不仅能承受局部空气动力,而且能承受机翼的扭矩和弯矩。翼梁腹板承受剪力,机翼上、下蒙皮和腹板

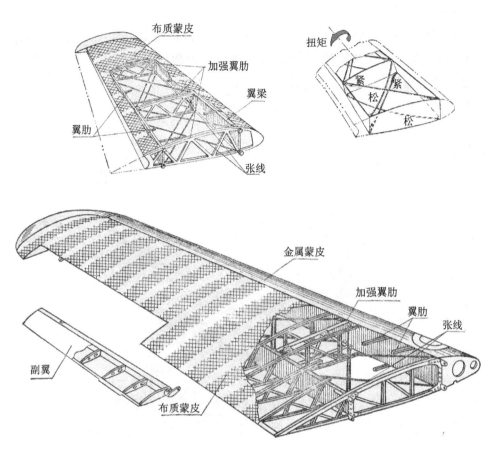

图 8-2　布质蒙皮机翼结构

组成的合围框承受扭矩,同时蒙皮还参与承受弯矩,是这类机翼结构受力的共同点。然而由于机翼的具体构造不同,使得蒙皮参与承受弯矩的程度也有所不同。这样,金属蒙皮的机翼结构,又可分为梁式和单块式两类。

（1）梁式机翼

梁式机翼通常有单梁式和双梁式两种。它们装有一根或两根强有力的翼梁,蒙皮很薄,桁条的数量不多而且较弱,有些机翼的桁条还是分段断开的。梁式机翼的桁条承受轴向力的能力极小,其主要作用是与蒙皮一起承受局部空气动力,并提高蒙皮的抗剪稳定性,使之能够更好地承受扭矩。这种机翼蒙皮的抗压稳定性很差,机翼弯曲时受压部分的蒙皮几乎不能参与受力;而受拉部分的蒙皮由于截面积很小,分担的拉伸力也很小。由此可见,弯矩引起的轴向力主要是由翼梁缘条承受的。所以,这种机翼叫做梁式机翼。

（2）单块式机翼

现代飞机多采用单块式机翼。单块式机翼的构造特点是蒙皮较厚、桁条较多而且较强、翼梁的缘条较弱,有时缘条的横截面积和桁条差不多。有的单块式机翼还用波形板来代替桁条。这种机翼的蒙皮,不仅具有良好的抗剪稳定性,而且有较好的抗压稳定性,因此,它不仅能更好地承受机翼的扭矩,而且能同桁条一起承受机翼的大部分弯矩。由于这种机翼结构是由蒙皮、桁条和缘条组成一个整块构件来承受弯矩所引起的轴向力,所以叫做单块式机翼,其结构如图 8 - 3 所示。

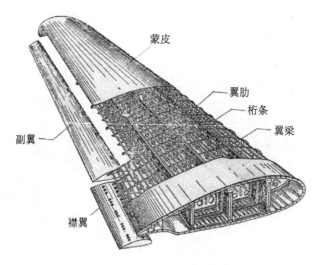

图 8 - 3   单块式机翼结构

如今,单纯的梁式机翼很少被采用,一般只用在低速或小型飞机上。速度较大的飞机大多采用带两三根梁的单块式翼盒结构或多梁厚蒙皮式结构。单块式机翼的受力特点是弯曲引起的轴向力由蒙皮、桁条和缘条组成的整体壁板承受,剪力由翼梁腹板承受,扭矩由蒙皮与翼梁腹板形成的闭室承受。

1）单块式机翼的优点

① 较好地保持翼型;

② 抗弯、扭刚度较大;

③ 受力构件分散。

2）单块式机翼的缺点

① 不便于开大舱口;

② 不便于承受集中载荷;

③ 接头联接复杂。

3. 夹层结构机翼

夹层结构机翼,在较大的局部空气动力作用下,仍能精确地保持翼型;在翼型较薄的条件下,可以得到必要的强度和刚度。

夹层结构机翼采用了夹层壁板来作蒙皮和其他构件。夹层壁板由内外两层薄金属板和夹芯组成。夹芯层有的是用轻金属箔制成的蜂窝状结构,有的是一层泡沫塑料或轻质金属波形板。夹芯层与内外层金属板胶接或焊接在一起。目前应用较广泛的是蜂窝夹芯壁板,如图 8-4 所示。

夹层结构的最大优点是能够承受较大的局部空气动力而不致发生鼓胀、下陷现象;能够更好地承受弯矩引起的轴向压力而不易失去稳定性。因此,蜂窝结构机翼能够在大速度飞行时很好地保持外形,同时其结构质量也较轻。

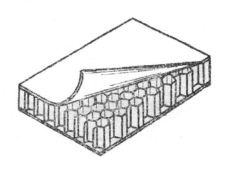

图 8-4　蜂窝夹层

蜂窝结构还有一些缺点,例如很难在蜂窝壁板上开舱口,不便于承受大的集中载荷,损坏后不容易修补,各部分连接比较复杂。

在飞机上使用蜂窝结构的部位主要是一些承受局部空气动力载荷的非主要受力构件,如操纵面、调整片、机翼前缘、整流罩等。

8.1.5　机翼构件构造

1. 翼　梁

在各种形式的机翼结构中,翼梁的主要功用都是承受机翼的弯矩和剪力。主要有 3 种形式的翼梁:腹板式、整体式和桁架式,如图 8-5 所示。现代飞机机翼,一般都采用腹板式金属翼梁,其结构如图 8-5(a)所示。这种翼梁由缘条和腹板铆接而成。缘条用铝合金或合金钢的厚壁型材制成,用于承受拉力和压力。腹板用铝合金板制成,用于承受剪力。薄壁腹板上往往还铆接了许多铝合金支柱,以增强其抗剪稳定性并连接翼肋。为了合理地利用材料和减轻机翼的结构质量,缘条和腹板的截面积一般都是沿翼展方向改变,即翼根部分的横截面积较大,翼尖部分的横截面积较小。腹板式翼梁的优点是能够较好地利用机翼结构高度来减轻质量,制造方便。

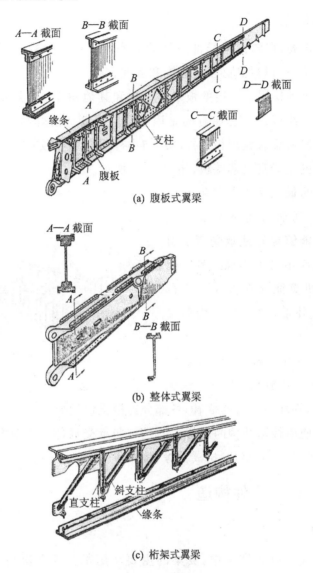

(a) 腹板式翼梁

(b) 整体式翼梁

(c) 桁架式翼梁

图 8-5　翼梁的构造

　　某些飞机上采用了整体式翼梁,其结构如图 8-5(b)所示。整体式翼梁实际上是一种用高强度的合金钢锻制成的腹板式翼梁,它的优点是刚度大、截面积符合强度要求。

　　在翼型较厚的低速重型飞机上,常采用桁架式翼梁,其结构如图 8-5(c)所示。这种翼梁由上、下缘条和许多直支柱、斜支柱连接而成。翼梁受剪力时,缘条之间的支柱承受拉力和压力。缘条和支柱有的采用铝合金管或钢管制成,有的则用厚壁开口型材制成。

2. 桁 条

在金属蒙皮机翼中,桁条的主要功用是支持蒙皮,防止它在承受局部空气动力时产生过大的局部变形,并与蒙皮一起把局部空气动力传给翼肋;提高蒙皮的抗剪和抗压稳定性,使它能更好地承受机翼的扭矩和弯矩;与蒙皮一起承受由弯矩引起的轴向力。

梁式机翼的桁条,一般都用薄铝板制成,它有开口和闭口两种。开口截面桁条的稳定性很差,而且由于壁很薄,实际上不能参与承受机翼的弯矩;闭口截面的桁条稳定性较好,可以参与承受机翼的弯矩。但是这种桁条与蒙皮铆接时,具有两道铆缝,对于保持机翼表面光滑不利。单块式机翼的桁条,是用铝合金挤压而成的,壁较厚,稳定性很好。

3. 翼 肋

翼肋按其功用可分为普通翼肋和加强翼肋两种,翼肋的构造如图8-6所示。普通翼肋的功用是构成并保持规定的翼型;把蒙皮和桁条传给它的局部空气动力传递给翼梁腹板,而把局部空气动力形成的扭矩,通过铆钉以剪流的形式传给蒙皮;支持蒙皮、桁条、翼梁腹板,提高它们的稳定性等。加强翼肋除了具有上述作用外,还要承受和传递较大的集中载荷;在开口边缘处的加强翼肋,则要把扭矩集中起来传给翼梁。

腹板式普通翼肋通常都用铝合金板制成,其弯边用来同蒙皮和翼梁腹板铆接。周缘弯边和与它铆接在一起的蒙皮,作为翼肋的缘条承受弯矩。翼肋的腹板则承受剪力。这种翼肋的腹板,强度一般都有富余,为了减轻质量,腹板上往往开有大孔。利用这些大孔还可穿过副翼、襟翼等传动构件。为了提高腹板的稳定性,开孔处往往还压成卷边,有时腹板上还铆着加强支柱,或者压成凹槽。腹板式加强翼肋的缘条是由铝合金型材制成的,为了承受较大的集中载荷,加强翼肋的腹板较厚,有时还采用双层腹板,或者在腹板上用支柱加强。

4. 蒙 皮

各种机翼的蒙皮,都具有承受局部空气动力和形成机翼外形的作用。在金属蒙皮机翼结构中,蒙皮还要承受机翼的扭矩和弯矩。

现代飞机的机翼,通常都采用铝合金蒙皮,它的厚度随机翼的结构形式和它

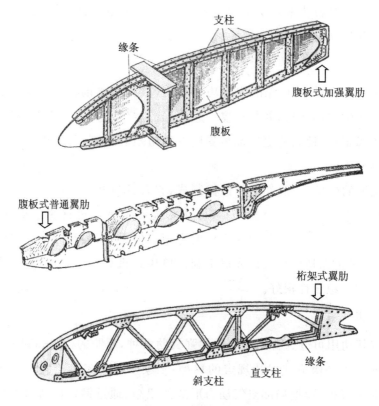

支柱

缘条

腹板式加强翼肋

腹板

腹板式普通翼肋

桁架式翼肋

缘条

斜支柱   直支柱

图 8 - 6   翼肋的构造

在机翼上的部位确定。由于机翼前缘承受的局部空气动力较大，飞行中又要求它能够更准确地保持外形，而翼根部位承受的扭矩和弯矩通常较大，所以一般机翼的前缘和翼根部位，蒙皮最厚；后缘和翼尖部位，蒙皮较薄。为了避免因各块蒙皮的厚度不同而影响机翼表面的光滑性，某些飞机还采用了改变厚度的过渡蒙皮。现代飞机的某些操纵面采用了复合材料。

8.1.6   机身结构

机身是飞机的一个重要部件，它的主要功用是固定机翼、尾翼、起落架等部件，使之连成一个整体；同时，它还用来装载人员（机组人员、乘客）、货物、燃油及各种设备。

飞行中，机身的阻力要占整个飞机阻力的较大一部分，因此，要求机身具有良好的流线形、光滑的表面、合理的截面形状以及尽可能小的横截面积。在飞行和着陆过程中，机身不仅要承受作用于其表面的局部空气动力，而且还要承受起落架和机身上其他部件传来的集中载荷,所以机身结构必须具有足够的强度和刚度。

8.1.7 机身的结构形式

1. 构架式机身

在早期的低速飞机上,机身的承力构架都做成四缘条的立体构架,构架式机身结构图图8-7所示。为了减小飞机的阻力,在承力构架外面,固定有整形用的隔框、桁条和布质蒙皮(或木制蒙皮),这些构件只承受局部空气动力,不参加整个结构的受力。机身的剪力、弯矩和扭矩全部由构架承受。其中弯矩引起的轴向力,由构架的4根缘条承受;垂直方向的剪力由构架两侧的支柱和斜支柱(或各对张线)承受;水平方向的剪力由上、下平面内的支柱、斜支柱(或张线)承受;机身的扭矩则由4个平面构架组成的立体结构承受。构架式机身的抗扭刚度差,空气动力性能不好,其内部容积也不易得到充分利用。只有一些小型低速飞机机身采用构架式机身。

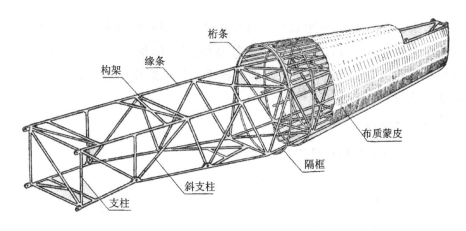

图8-7 构架式机身

2. 硬壳式机身

硬壳式机身采用框架、隔框形成机身的外形,而蒙皮承受主要的应力,硬壳式机身结构如图8-8所示。硬壳式机身结构没有纵向加强件,因而蒙皮必须足够强,以维持机身的刚性。其主要问题是质量较重,现代飞机较少采用这种结构。

3. 半硬壳式机身

为了使机身结构的刚度能满足飞行速度日益增大的要求，需要使蒙皮参加整个结构的受力。因此，目前的机身结构广泛采用了金属蒙皮，并且将蒙皮与隔框、大梁、桁条牢固地铆接起来，成为一个受力的整体，通常将其称为半硬壳式机身，其结构如图 8-9 所示。

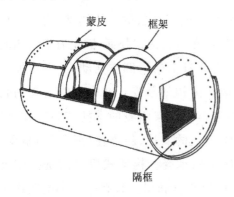

图 8-8 硬壳式机身结构

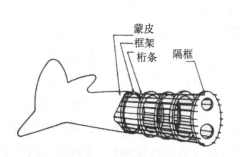

图 8-9 半硬壳式机身

在半硬壳式机身中，大梁和桁条用来承受弯矩引起的轴向力；蒙皮除了要不同程度地承受轴向力外，还要承受全部剪力和扭矩；隔框用来保持机身的外形和承受局部空气动力，此外，隔框还要承受各部件传来的集中载荷，并将这些载荷分散地传给蒙皮。

4. 桁梁式机身

桁梁式机身由几根较强的大梁、较弱的桁条、较薄的蒙皮和隔框组成，其结构如图 8-10 所示。机身弯曲时，弯矩引起的轴向力主要由大梁承受。蒙皮和桁条组成的壁板截面积较小、受压稳定性较差，只能承受一小部分弯矩引起的轴向力。桁梁式机身，由于采用了较强的大梁，因而可以开大的舱口不会显著地降低结构的强度和刚度。

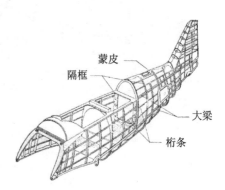

图 8-10 桁梁式机身

5. 桁条式机身

桁条式机身的桁条和蒙皮较强，受压稳定性好，弯矩引起的轴向力全部由上、下部的蒙皮和桁条组成的壁板拉、压来承受,桁条式机身结构如图 8-11 所示。由于蒙皮加厚,改善了机身的空气动力性能,增大了机身结构的抗扭刚度,所以与桁梁式机身相比,它更适用于较高速飞机。此外,桁条式机身的蒙皮和桁条,在结构受力中能够得到充分利用。但是,这种机身由于没有强有力的大梁,不宜开大的舱口,如果要开口,必须在开口部位用专门构件加强。桁条式机身各构件受力比较均匀,传递载荷时必须采取分散传递的方法,因而机身各段之间都用很多接头来连接。

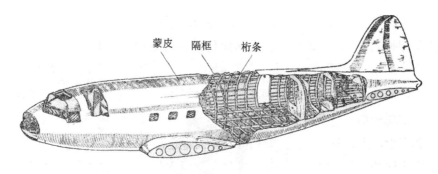

蒙皮　　隔框　　桁条

图 8-11　桁条式机身

8.1.8　机身构件的构造

机身结构中,蒙皮、桁条的构造,与机翼的相应构件相似,因此,下面仅介绍机身中大梁和隔框的构造。

1. 大　梁

从受力性质来说,机身的大梁相当于翼梁的缘条,它是承受弯矩引起的轴向力的主要构件。机身大梁的构造比较简单,通常就是一根用铝合金或高强度合金钢轧制成的型材;在大型飞机上,也有采用铆合梁的。

2. 隔　框

机身隔框可分为普通隔框和加强隔框两种。普通隔框的功用是形成和保持机身的外形、提高蒙皮的稳定性以及承受局部空气动力;加强隔框除了有上述作用外,其主要是承受和传递某些大部件传来的集中载荷。隔框还可以分为板式隔框、环形隔框和球形隔框。

8.1.9 尾翼和副翼

1. 尾 翼

尾翼的主要作用：

① 保持飞机纵向平衡；

② 保持飞机纵向和方向安定性；

③ 实现飞机纵向和方向操纵。

多数飞机尾翼的设计包括尾锥、安定面和操纵面。安定面包括水平安定面和垂直安定面,如图 8-12 所示。操纵面包括方向舵和升降舵。

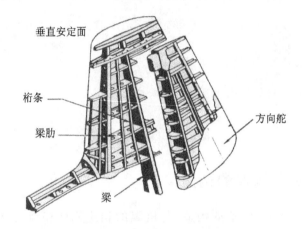

图 8-12 垂直安定面和方向舵结构

尾翼结构一般也是由梁肋、桁条和蒙皮组成的,而构成方法与机翼相似。

尾翼承受的应力也与机翼相似。由气动载荷引起的弯矩、扭矩和剪力,从一个构件传到另一个构件。每个构件分担一部分应力,而把剩余的传给其他构件,最终传给翼梁,翼梁再把它传到机身结构。早期飞机的水平安定面是不能运动的,而现代飞机多采用可变安装角的水平安定面,可通过改变水平安定面的安装角,来达到纵向配平的目的。

2. 副 翼

副翼主要有内副翼、外副翼及混合式副翼。在大型飞机的组合横向操纵系统中,其内副翼(2 块)和外副翼(2 块)共有 4 块副翼。在低速飞行时,内、外副翼共同进行横向操纵,而在高速飞行时,外侧副翼被锁定而脱离副翼操纵系统,仅由内副翼进行横向操纵。现代飞机的副翼通常采用复合材料和蜂窝结构。

8.2　飞机各主要系统的组成及工作原理

8.2.1　飞机飞行操纵系统

1. 飞机操纵系统的概述

飞机操纵系统是指从座舱中飞行员驾驶杆（盘）到水平尾翼、副翼、方向舵等操纵面，用来传递飞行员操纵指令、改变飞行状态的整个系统。早期的操纵系统是由拉杆、摇臂（或钢索）组成的纯机械操纵系统。现代飞机在操纵系统中采用了很多自动控制装置，因而，通常把它称为飞行控制系统。

2. 飞机操纵系统的组成

飞机操纵系统由主操纵系统、辅助操纵系统和警告系统组成。

（1）主操纵系统

飞机的操纵面是用于控制飞机飞行状态的舵面。飞机具有 3 个主操纵面，即升降舵、方向舵和副翼，如图 8－13 所示。通过操纵这 3 个主操纵面的偏转，就可以实现对飞机的俯仰、方向和横侧姿态的控制。

图 8－13　飞机的主操纵面

（2）辅助操纵系统

辅助操纵系统包括增升装置、增阻装置和水平安定面。

辅助操纵面包括襟翼、扰流片、减速板等。

辅助操纵面的作用主要是改善飞机某一方面的性能。现代飞机上的辅助操纵面主要包括增升装置、扰流片、减速板、调整片。

1）辅助操纵面——增升装置

增升装置的主要功用是在起飞降落时增加机翼的升力,从而降低飞机的离地和接地速度,缩短起飞和降落时滑跑的距离。

目前所使用的增升装置的增升原理主要有3类：

① 增大翼型弯度；

② 增大机翼面积；

③ 控制机翼上的附面层,推迟气流的不利分离。

一般的襟翼位于机翼后缘,靠近机身,在副翼的内侧。襟翼放下时,既可以增大机翼的升力,同时也可以增大飞机的阻力。飞机飞行时襟翼姿态如图8-14所示。

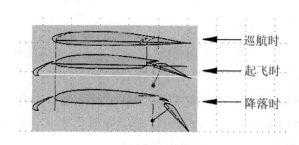

图8-14　飞机飞行时襟翼姿态

2）辅助操纵面——扰流片

扰流片闭合时,紧贴于机翼上表面；当打开使用时,扰流片向上张开而与上翼面形成一定夹角。扰流片工作时,会扰乱流经机翼上表面的气流,使得气流速度降低、涡流增加,从而导致机翼上的升力下降、阻力增加。

目前大型飞机的扰流片大多是安装在机翼上表面襟翼之前的可偏转小片,A380扰流片如图8-15所示。

3）辅助操纵面——减速板

减速板是对称地布置在机身和/或机翼上的阻力板,平时紧贴于机身或机翼以保持表面流畅,使用时打开以增加阻力,从而降低飞机的飞行或地面滑跑速度。

4）辅助操纵面——调整片/配平片

调整片的主要功用是抵消飞行中由各种原因引起的不平衡力,使飞机保持一定的飞行姿态(平飞、上升或下降)。调整片胶接在主操纵面后缘,用机械或电气方法操纵。

图 8 - 15　A380 扰流片

8.2.2　起落架系统

起落架是供飞机在起降滑跑、地面滑行、停放和移动时支持飞机质量、承受相应载荷、吸收和消耗着陆时的撞击能量的装置。

1. 起落架的主要组成部分

起落架通常由承力结构(支柱等)、带充气轮胎的机轮、减震器、刹车及转弯操纵机构、减摆器、收放机构等装置组成。各类型飞机起落架图如图 8 - 16 所示。

(a) 大型民航飞机起落架　　　(b) 地区性民航飞机起落架　　　(c) 军用飞机起落架

图 8 - 16　各类型飞机起落架

对于在雪地和冰面上起降的飞机,起落架的机轮用滑橇取代;在水面上起降的水上飞机,起落架则用浮筒代替或直接采用按水面滑行要求设计的特殊机身。浮筒式起落架飞机如图 8－17 所示,雪撬式起落架飞机如图 8－18 所示。

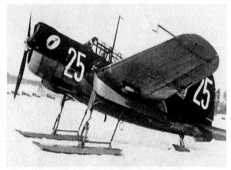

图 8－17　浮筒式起落架飞机　　　　图 8－18　雪橇式起落架飞机

2. 起落架的配置(轮式)

起落架的配置指的是飞机在地面上支持点的数目及其相对于机身重心的位置。

起落架常见的配置有后三点式起落架、前三点式起落架、多支柱式起落架。

1) 后三点式起落架

后三点式起落架的两个(组)主轮位于飞机重心之前且靠近重心,尾轮则位于飞机的尾部,如图 8－19 所示。

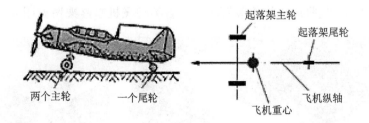

图 8－19　后三点式起落架

后三点式起落架主要适用于机身前部装有活塞式发动机的轻型、低速飞机上。

后三点式起落架的优点:

① 安装空间容易保证;

② 尾轮受力较小,因而结构简单、质量较小;

③ 地面滑跑时迎角较大,降落时阻力较大。

后三点式起落架的缺点:

① 对着陆技术要求高,容易发生"跳跃"现象;

② 大速度滑跑时,不允许强烈制动;

③ 地面滑跑时的方向稳定性较差;

④ 驾驶员视界不佳。

2) 前三点式起落架

前三点式起落架的两个(组)主轮位于飞机重心之后,前轮则位于飞机的头部如图 8-20 所示。前三点式起落架是现代飞机应用最广泛的起落架配置。

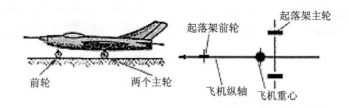

图 8-20　前三点式起落架

前三点式起落架的优点:

① 着陆简单且安全可靠,不易产生"跳跃"现象;

② 具有良好的方向稳定性,侧风着陆较安全;

③ 允许强烈制动,着陆滑跑距离较短;

④ 驾驶员视界较好,发动机喷气对跑道影响较小。

前三点式起落架的缺点:

① 前起落架受力较大且构造复杂;

② 高速滑跑时,前起落架会产生摆震现象。

3) 多支柱式起落架

多支柱式起落架与前三点式起落架类似,飞机的重心在主起落架之前,但不同的是其有多个主起落架支柱,一般用于重型飞机上。多支柱式起落架飞机如图 8-21 所示。

显然,采用多支柱、多机轮可以减小起落架对跑道的压力,增加起飞着陆的安全性。

图 8 - 21　多支柱式起落架飞机

8.2.3　飞机动力系统

为飞行器提供动力,推动飞行器前进的装置称为动力系统。它包括发动机和保证发动机正常工作的辅助系统,可以简称为发动机。

航空发动机是将航空燃料中所含的化学能量转变为热能,再转化成机械能的热力机械。

1. 活塞式航空发动机

活塞式航空发动机(见图 8 - 22)一般以汽油或者煤油为燃料,带动螺旋桨由螺旋桨产生推(拉)力,为飞机提供动力。所以,当其作为飞机的动力装置时,发动机与螺旋桨是不能分割的。

活塞式航空发动机的主要构件:气缸、活塞、连杆、曲轴、进、排气活门,如图 8 - 23 所示。

(1)活塞冲程

当活塞在气缸中移动时,它相对曲轴有两个极限位置:活塞离曲轴中心最远的位置称为上死点,活塞离曲轴中心最近的位置称为下死点。上死点和下死点之间的距离称为活塞冲程。

(2)活塞式航空发动机的工作原理

绝大多数活塞式航空发动机的工作循环是由 4 个冲程组成的,称为四冲程发

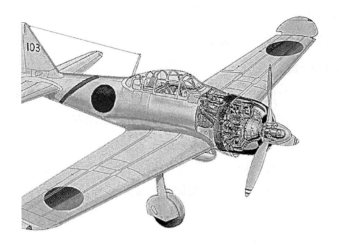

图 8 - 22　活塞式航空发动机

动机,即活塞在气缸内要经过 4 个冲程,依次是进气冲程、压缩冲程、膨胀冲程和排气冲程,如图 8 - 24 所示。

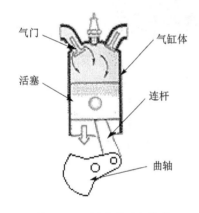

图 8 - 23　活塞发动机结构

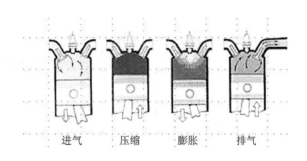

进气　　压缩　　膨胀　　排气

图 8 - 24　活塞式航空发动机工作循环

(3) 活塞式发动机的优点

① 经济性较好、耗油率低,单位功率的售价低;

② 燃烧较完全,所以对环境的污染相对较小;

③ 噪音较小。

(4) 活塞式发动机的缺点

① 发动机功率小;

② 质量大;

③ 外形阻力大；

④ 螺旋桨高速旋转时效率低。

2. 燃气涡轮发动机

航空燃气涡轮发动机有 4 种基本类型，即涡轮喷气发动机、涡轮风扇发动机、涡轮螺旋桨发动机和涡轮轴发动机。由于在这些发动机中都有压气机、燃烧室和燃气涡轮，因此统称为燃气涡轮发动机。

航空燃气涡轮发动机仍属于热机的一种，因此从产生输出能量的原理上讲，燃气涡轮发动机和活塞式发动机是相同的，都需要有进气、加压、燃烧和排气这4 个阶段。

涡轮喷气发动机如图 8 - 25 所示。

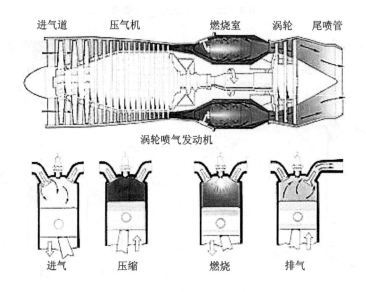

进气道　　压气机　　　　　燃烧室　　涡轮　　尾喷管

涡轮喷气发动机

进气　　　　压缩　　　　燃烧　　　　排气

图 8 - 25　涡轮喷气发动机

8.2.4　飞机机载设备系统

飞行机载设备系统是为了完成飞行任务而安装的各种设备的总称，主要包括状态参数的测量与显示设备、飞行控制系统、其他机载设备（导航、通讯、雷达、电气）。

8.3 飞机维修方面的常识与要求

飞机维修基本技能是指机务人员对飞机进行维护的基本技术能力,包括擦洗涂油、充添加挂、拆装分解、焊接测量、加固保险和校验调整等,通常被称为机务人员的"六项技能"。

8.3.1 常用的工具

解刀:主要用来紧固或拆卸螺钉。按刀口形状分为一字解刀和十字解刀;按外形分为直解刀、弯解刀、丁字解刀;按构造分为木柄解刀、夹柄解刀、串心解刀和塑柄解刀。

钳子:用来夹持或切断金属丝的工具。在飞机上使用的有尖嘴钳、克丝钳、平口钳、鱼嘴钳、铅钳和剥线钳。

扳手:用来紧固或拆卸螺栓、螺帽的工具。常用的有开口扳手、梅花扳手、套筒扳手、内六角扳手、钩形扳手、测力矩扳手、活动扳手和棘轮扳手。

8.3.2 工具的保管和使用要求

① 立清单、做标记、专人保管;
② 勤清点、不乱放、防止丢失;
③ 不乱用、不抛掷、以防损坏;
④ 常擦洗、防锈蚀、保证良好。

8.3.3 常用量具

塞尺:又称千分垫,由薄厚不同、数量不等的港片组成,主要用来测量机件平面之间的间隙。

游标卡尺:又称钢卡尺,可用来测量零件的长度、内径和外径,带深度尺的还能测量零件的深度,带划线脚的还可以用来划线。

钢索张力计:又称钢索张力表,是用来测量钢索张力的专用工具。

气压表:又称压力表,是用来测量某些机件内部空气压力的专用量具。

8.3.4 量具的保管及使用要求

① 各种量具应立清单、做标记,妥善保管;

② 在使用前应查明量具是否准确,并明确其用途及使用方法,按照不同的用途及使用要求严格执行规定,使用中轻拿轻放,严禁抛掷;

③ 使用后应擦洗干净,及时存放,不随意放置;

④ 压力表与飞机上的各种仪表一样,要定期检验,保证指示的准确性。

8.3.5　地面设备

地面设备是飞机进行维护工作的重要保障。主要包括:

① 工作梯:专供机务人员进行飞机检修和飞行准备时使用的攀登设备;

② 千斤顶:飞机的起重设备,有机械式和液压式两种;

③ 轮挡:飞机停放时挡住机轮,以防飞机滑动。

8.3.6　机件的连接(不可拆卸连接和可拆卸连接)

不可拆卸的连接:焊接、铆接、胶接。

可拆卸的连接:螺钉连接、螺栓连接、罗桩连接、销子连接、卡箍连接、螺纹接头连接、铰链连接、夹布胶管连接、锁扣连接、插销接头连接、导线连接。

螺钉连接:用来连接和固定蒙皮、盖板等较薄的机件。其连接方法是将螺钉穿过机件的安装孔,然后再拧入另一个机件的螺纹孔内,这样机件就能被连接起来了。

螺栓连接:飞机上采用较多的一种受力较大的连接方法,通常与垫片、螺帽、开口销配合使用。

销子连接:又叫固定销连接,用在经常拆卸的机件上;卡箍连接技术也称沟槽管件连接技术,使复杂的管道连接工序变得简单、快捷、方便,已成为当前液体、气体管道连接的首推技术,适用于消防水系统、空调冷热水系统、给水系统、石油化工管道系统、热电及军工管道系统、污水处理管道系统等。

螺纹接头连接:利用接头和螺帽由螺纹将两个机件连接在一起的一种连接方式,通常有导管接头、连杆接头、钢索松紧螺套接头等,主要用来连接导管;铰链连接又称合页连接,是用来连接两个固体并允许两者之间做相对转动的机械装置。铰链可由可移动的组件构成,或者由可折叠的材料构成。

夹布胶管连接:利用夹布胶管,将两根金属导管的端头套住,然后再用固定卡箍紧固,将两根导管连接起来。

插销接头连接:主要用来连接电缆。

8.3.7　零件的保险

保险的作用：防止零件松动。

保险的种类：

① 保险丝：用来拴住零件进行防松保险的金属丝；

② 别针保险：常用于经常拆卸而且受力不大的部位；

③ 保险片保险：利用带孔的钢片——地主螺帽而防止松动的一种保险方法，多用在温度变化较大和受力较大的部位。

8.3.8　螺纹零件的拆装

螺纹零件拧转方向的判定：飞机上的螺纹零件绝大多数是右旋螺纹，又叫正螺纹。通常对螺纹零件拧转方向的判定方法是，面对螺纹零件退出的方向看，顺时针方向旋转，螺纹零件拧进；反时针方向旋转，螺纹零件退出（顺进逆退）。另一种方法是将右手拇指伸直，其余四指弯曲，如将拇指指向螺纹零件运动方向时，则四指弯曲所指的方向，就是零件应该旋转的方向（左旋螺纹与之相反）。

1. 螺钉的拆卸：（解刀）

拆装一字螺钉时，刀口的宽度应略小于螺钉槽的长度，刀口的厚度应略小于螺钉槽的宽度；拆装十字螺钉时，十字解刀的锥度应与十字凹槽大致相同。

通常螺钉与机件或蒙皮的连接平齐后再拧紧 1/4 圈最好。

安装螺钉时，严禁一开始就用解刀将螺钉直接拧入。

2. 螺帽的拆装：（扳手）

（1）螺帽的拆卸

① 拆除螺帽保险（禁止在未除掉保险的情况下直接拧松螺帽）；

② 选择合适的扳手；

③ 全卡螺帽、扳口且平；

④ 扶助扳手，防止滑脱（螺帽已经拧松后，最后用手将螺帽拧下，这样既可以防止螺帽滑脱丢失，又可以加快拧转速度，提高工作效率）。

（2）螺帽的安装

① 垫上垫圈；

② 用手将螺帽拧到螺杆或螺栓上；

③ 用扳手将螺帽拧到合适的紧度（9 mm 以下的螺帽，用手指力量拧紧）。

3. 螺栓的拆装

（1）螺栓的拆卸

① 拆除保险，拧松螺帽；

② 取下垫圈，拔出螺帽；

③ 如果螺栓不能取出时，可在螺栓的末端置一个铜冲或铝冲，再用榔头敲打，可将螺栓打出；在使用冲子时，冲子一定要方正，防止损坏螺纹；禁止用钢榔头直接敲打螺栓头。

冲击螺栓时，如果螺杆发出清脆的响声，榔头柄上也应感到有较大的反作用力，若螺栓还不退出，此时则不易强行冲击，而应查明原因。

（2）螺栓的安装

① 对正安装孔；

② 装入螺栓；

③ 装上垫圈和螺帽，并按规定的力矩将螺帽拧紧；

④ 对螺帽进行保险。

4. 松紧螺套的拆装

松紧螺套主要用来连接各操纵系统中的钢索，拧动松紧螺套可使钢索拉紧或放松，从而改变钢索的张力，以调整钢索的松紧程度。

（1）拆卸松紧螺套

① 拆除保险；

② 固定住松紧螺套两端的螺杆；

③ 穿针插入螺套的小孔内，向松紧螺套伸长的方向转动螺套，即可拆下。

（2）安装松紧螺套

① 将螺套与任何一端的螺杆接头对上，并拧入 1～2 扣；

② 连接另一端；

③ 将两端螺杆固定住，再向使松紧螺套缩短的方向转动螺套，即可接上。

松紧螺套的拧紧程度，要根据钢索的张力大小来决定，可由钢索张力计测得。安装松紧螺套时必须注意，松紧螺套安装好以后，两端螺杆的螺纹不能外露太多，螺杆应有足够的拧入量，以保证螺纹接合处有足够的强度。

5. 进行保险

进行保险分为编花保险、双股不编花保险、单股不编花保险。

6. 导管接头的拆装（导管接头的连接大多数是通过接头与螺帽来完成的）

（1）拆卸导管接头

① 做好拆卸前的准备工作；

② 拆除保险；

③ 拧松接头螺帽；

④ 堵住开口，妥善保管。

（2）安装导管接头

① 取下堵在或包在接头和导管口上的堵盖、堵布或抹布；

② 将导管喇叭口与接头的锥面对正贴紧；

③ 拧紧螺帽；

④ 拧紧导管接头螺帽的力矩，应根据导管材料、直径及工作压力大小来确定，不可拧得过紧；

⑤ 检查安装质量应符合要求；

⑥ 增压检查接合处应无渗漏现象。

8.3.9 常用的垫圈和密封、绝热材料

飞机上常用的垫圈和密封材料，主要用于飞机和发动机各工作系统的附件、零件之间的结合处，以保证其紧密，防止渗漏、压伤、磨损或震坏；同时，垫圈还可以用来调整间隙。绝热材料，主要用来对高温管道隔热，避免与高温部件直接接触的零件附件过热，防止因高温影响正常工作。

1. 垫 圈

垫圈是由不同材料制成的圆形薄垫，故称垫圈或垫片。

垫圈主要用在螺帽下面，以保护被连接件表面不被螺帽擦伤，并可增大螺帽与连杆之间的接触面积，降低螺帽作用在被连接件表面的压强，有的垫圈则用来对连接件进行密封或调整间隙。

垫圈的分类：

① 金属垫圈（采用塑性较好的金属制成，主要用在受力较大的零件结合部位）：包括钢垫圈（主要用来防止机件磨损和调整机件间的间隙）、铜垫圈（与钢垫圈相比，强度较小，但塑性较好）、铝垫圈（有纯铝垫圈和硬铝垫圈两种，一般只能用一次）；

② 橡胶垫圈：通常用在漏水、漏气的密封处；

③ 纤维垫圈是由纤维材料制成的一种抗油性好、能绝缘的密封垫,主要包括以下两种:

a. 纸垫圈:抗油性好,容易吸收水分;

b. 钢纸垫圈:具有良好的抗油性,并有一定的弹性和绝缘性;

④ 复合垫圈:大多数是由两层薄铜片夹石棉压制而成,具有耐高温、高压的特征,但不坚固,易撕裂和磨损。

2. 密封材料

封口胶:又叫密封润滑脂。主要用在密封燃油、滑油、液压、防冰和冷气系统的导管接头及开关部位的结合处。

常用封口胶:

① 5 号耐油封口胶(ZA10 - 5)是一种棕色到深棕色的均质软膏,不易溶于汽油中,但能溶于酒精中,主要用于密封燃油、滑油系统附件的螺纹结合处;

② 2 号多效封口胶(ZB10 - 2)是一种浅色或灰色的凡士林状油膏,耐高温且不易溶解于各种溶剂,如酒精、甘油等;主要用在密封酒精、甘油、水、冷气系统附件的螺纹结合处,也可用来润滑急速改变转速的滚棒轴承,还可以作为 5 号耐油密封口胶的代用品。

3. 绝热材料

在飞机上,为了减少各种加热装置的热损失,以及避免与发动机和高温部件接触的零件过热,常用绝热材料来保温和隔热。

石棉,不燃烧,具有很好的耐热性,使用温度可高达 600 ℃～800 ℃,是良好的隔热材料,它还有很好的抗酸性和较小的吸湿性。其缺点是强度较小,质脆易断。

石棉制品在飞机上主要用作高温零部件的隔热材料和密封材料,如发动机附件受高温影响的导管、导线的绝热层,高温导管的隔热层等。

8.3.10 常用擦洗剂

1. 常用擦洗剂

1 号航空煤油或 2 号航空煤油——无色透明液体,不易挥发,能去污垢、火药的残渣和积炭,常用来擦洗一般机件上的锈蚀、油垢或代替洗涤汽油擦洗飞机蒙皮。但是其对机件有一定的腐蚀性,对皮革有破坏作用。

2 号航空汽油——无色透明液体,去油垢的能力较强,渗透力强,容易挥发,且无毒性,是一种很好的擦洗液体。但对机件的保护层,特别是氧化层、油漆,以及对橡胶有一定的破坏作用,挥发后的气体容易起火。

洗涤汽油——无色透明液体,是目前使用最为广泛的一种擦洗液体。其洗涤性能与70号航空汽油相同,且价格较低。

酒精——能去污垢和积炭,挥发性较好,常用来擦洗光学镜片和电器机件。

中性肥皂水——用35～40 g液体中性钾肥皂加入1 L水中配制而成。它能去油垢,且不腐蚀机件。因此,常用它代替洗涤汽油擦洗飞机的蒙皮、蒙布等。

2. 擦洗的一般方法

① 对机件上的尘土和水,一般可用干净的抹布擦净,也可用冷气吹除;

② 对机件上的油垢,可用毛刷蘸洗涤汽油或70号航空汽油擦洗,而后用抹布擦;

③ 对机件上的沟槽、油孔、拐角、螺纹等部位的油垢,可用抹布包在竹签或解刀上进行擦拭;如果旧油干涸或油垢过多,不易擦净,可用洗涤油清洗,再用抹布把油擦净或用冷气吹干,也可用洗涤汽油加压缩空气吹洗,然后再用抹布擦干净;

④ 对密轴承和半密封轴承上的尘土,应用抹布擦净,严禁用汽油清洗,以防止油液渗入轴承内使润滑脂变质,引起轴承锈蚀;

⑤ 对机件表面有轻微锈蚀,可用抹布蘸煤油擦除;

⑥ 对钢索有轻微锈蚀,可用抹布蘸煤油擦除;

⑦ 对橡胶制品上的尘土,可用抹布擦除;

⑧ 对有机玻璃上的尘土和油垢,应用绒布或麂皮布擦干净,也可用绒布蘸中性肥皂水擦拭;

⑨ 对电气设备上的尘土和水,可用麂皮布、绸布或白布带擦洗;

⑩ 擦洗机件的顺序一般应由里到外,先上后下。

3. 常用润滑脂

932号低温润滑脂——浅黄色或深黄色的均匀性油膏。具有很好的润滑性能,耐水耐寒,能在−60 ℃～120 ℃范围内使用,常用于润滑飞机上各活动连接点、操纵系统的密封轴承、钢索及滑轮轴等。也可用于固定接头、镀铬螺栓及活塞杆的外露部分,防止机件生锈。这种润滑脂应用范围较广,但时间长了,润滑油与稠化剂容易分离,使得润滑性能与防锈性能降低,所以要定期更换。

931号高温润滑脂——黑绿色均匀性油膏。耐高温性能好,可高达180 ℃,故用于机轮轴承和发动机的高温部位。它的缺点主要是遇水后容易变质。

工业凡士林——味淡,褐色光滑性油膏。防锈性能好,不易变质,但高温时容易分解,常用来油封机件。

8.3.11　机件外部正常时的要求

1. 机件外部正常时的特点

① 机件应当清洁;

② 机件应当完好;

③ 机件的连接应牢靠;

④ 机件的密封性应当良好;

⑤ 机件的运动应灵活无卡滞。

2. 机件外部检查的一般方法

机件的外部检查,一般是指检查机件的外形、固定性和密封性等情况。

机件外部检查的一般原则:凡被检查的机件、附件应检查其表面是否清洁,外形是否完好无损;凡无漆层的机件或漆层脱落的部位,要检查其表面有无锈蚀;凡是可拆卸的固定连接部分,应检查其是否松动;凡是活动连接的部分,应检查其间隙是否符合要求,有无磨损;凡不可拆卸的焊接件应检查焊接缝有无裂纹,铆接处铆钉有无松动和断裂;凡承受较大载荷的部分应检查其有无变形、裂纹;凡内部有油、水和气的导管、附件的连接处,应检查其有无渗油、漏水和漏气现象。

在检查中,一定要做到“四到”,即该看的要看到、该摸的要摸到、该听的要听到、该嗅的要嗅到。

检查飞机的一般方法可归纳为看、摸、拍、摇、听、嗅、测量、校验 8 项。

① 看——检查中最基本的方法,除直接用眼睛观察外,必要时还可以根据需要使用放大镜、反光镜或窥探仪等辅助工具进行间接观察;

② 摸——主要用于不易看清或不易看到的部位检查,如依靠手摸来判断机件有无渗油、漏气和外来物等;

③ 拍——用手指轻轻拍打蒙皮、舱盖等薄壁部位,以便检查螺钉、铆钉是否松动或断裂,内部有无外来物,窗盖是否盖紧;

④ 摇——用手适当摇动机件、螺栓、导管、固定卡子和支架等,检查其固定是否牢靠,有无松动现象;

⑤ 听——根据声音来判断是否有漏气、撞击和摩擦等不正常现象的一种检

查方法；

⑥ 嗅——可从气味中区别渗漏油液的种类，以便判断是哪个系统及部位的渗漏；

⑦ 测量——必要时利用直尺、量角器、千分垫、压力表和三用表等测量工具，来测量各种距离、开度、间隙和压力等参数是否符合规定的检查方法；

⑧ 校验——通过机件和系统的工作状况来验证其工作是否正常，并可以寻找故障。

3. 机件常见故障和缺陷的检查方法

① 松动（通过看、摇、撬、进的方法来检查铆钉、螺钉和螺栓是否松动）；

② 渗漏（漏油：主要是眼看、手摸、鼻嗅；漏气：主要是耳听、手摸、涂肥皂水）；

③ 变形（主要是眼看、手摸、测量等）；

④ 裂纹（用无损探测的方法）；

⑤ 机件的摩擦、磨损（主要是眼看、耳听、手摇和测量）；

8.3.12　机体的维护

1. 蒙　皮

飞机的蒙皮一般是由硬铝制造的，可能产生的故障和缺陷主要有腐蚀、刮伤、裂纹和压抗等。

腐蚀现象是蒙皮表面的保护层被破坏后，在潮湿空气，特别是沿海地区含盐分较多的空气侵蚀下产生的。在它的表面有灰白色的斑点或黑色小孔。

维护时的注意事项：在日常维护工作中要特别注意不使保护层受到破坏；在蒙皮上工作时，必须穿干净的软底鞋或铺上垫布；工具、附件不得直接放在蒙皮上；防止酸、碱盐一类有腐蚀作用的溶液与飞机蒙皮接触；保持蒙皮的清洁，每次飞行结束后应及时将飞机上的尘土、油垢擦洗干净，并定期用清水清洗飞机表面，保持漆层完好。

2. 框　架

起落架是飞机在地面停放、滑行、起降滑跑时用于支撑飞机质量、吸收撞击能量的飞机部件。其可能产生的故障和缺陷主要有腐蚀、变形、裂纹。

起落架的维护保养要求：

① 加强对承力构架的检查并及时发现、正确处理裂纹；

② 保持各活动关节、固定关节的间隙润滑；

③ 保证减震支柱、减震器和轮胎的灌充量正常。

3. 操纵系统

操纵系统主要用来供飞行员操纵飞机的各动翼面偏转，以改变或保持飞机的飞行姿态。操纵系统工作的好坏，直接影响飞机的平衡、安定和操纵性。

飞机的操纵系统目前一般分为有助力操纵和无助力操纵，其传动有硬式(传动杆)和软式(钢索)两种。其主要缺陷和故障有间隙过大、摩擦力过大、钢索断丝和渗漏等。

操纵系统的维护要求：

① 保持操纵系统的灵敏性；

② 保持操纵系统的灵活性；

③ 保持操纵系统工作的可靠性；

④ 保持操纵系统操纵动作的准确性。

4. 冷(氮)系统

冷气系统是利用冷气膨胀做功原理传动部件工作的，工作中具有高压和流动的特点。因此，在使用中要保证冷气能顺利地输送到各传送部位进行工作。

冷气系统的维护要求：

① 保证系统有良好的密封性；

② 保持系统正常；

③ 保持系统工作准确可靠。

5. 液压系统

飞机的液压系统是产生和存储液压能，并将液压能转变为机械能，用来操纵有关翼面、收放起落架，以及前轮弯、机轮刹车和风刮挡水器的系统。

液压系统维护使用的注意事项：

① 保持油液的纯净和系统的清洁；

② 防止气体进入系统内部；

③ 保持系统密封性良好。

6. 燃油系统

燃油系统是飞机动力的能源。常遇到的故障缺陷有渗漏，燃油中有水分、杂质使系统堵塞，附件磨损、腐蚀和操纵失灵等。

燃油系统的维护要求：

① 保持系统清洁和油液的纯净；

② 保持系统的密封性。

7. 滑油系统

滑油系统的功用是依靠纯净的滑油和良好的循环对发动机内部各摩擦面之间进行润滑，以减小摩擦力，并将各机件摩擦产生的热量和金属沫等杂质带走。

滑油系统的维护工作主要是：保持滑油纯净，防止滑油变质；保持系统供压正常，防止内部和外部渗漏；保持润滑油路畅通。具体包括：

① 确保添加的滑油质量符合要求；

② 按《飞机维护规程》的规定，定期清洗检查滑油虑、滑油箱和散热器等附件，定期更换滑油，保持滤芯清洁完好；

③ 正常使用发动机，防止滑油温度过高；

④ 确保对滑油消耗量的检查。

8.3.13 故　障

故障是指机件或系统的性能偏离了规定标准，致使不能正常工作，甚至丧失功能的现象。

缺陷是指机件或部件的特性未丧失规定功能，但达不到规定标准的现象。

1. 故障的分类

故障分为：

① 机件的磨损超过技术规定标准；

② 机件和系统的性能偏离了技术要求规定和使用要求规定；

③ 因维修不正确或责任心不强而出现的人为故障。

故障都是由量变到质变，由渐变到突变的过程。发现故障的一般方法有以下 4 种：

① 向飞行员了解飞机在使用过程中的工作情况；

② 依照飞行科目、季节、地区的特点，确定飞机的重点检查项目和内容，随时掌握机件、系统的外部状态变化；

③ 从机件、系统的使用时间、工作条件、修理次数和程度着手，注重性能上的变化，抓住微小差别进行试验分析，及时发现故障；

④ 充分利用各种检测仪器和设备，正确实施科学鉴定，提高发现故障的

效率。

2. 判断故障的方法

（1）弄清故障现象，了解有关情况

① 向飞行员了解飞机的使用情况及故障发生经过；

② 对可疑部分进行检查试验；

③ 查阅技术资料，了解机件的相关历史。

（2）综合分析故障现象、正确判断产生故障的原因

① 列出可能产生故障的原因；

② 缩小范围，确定故障产生可能性较大的部位；

③ 检查、试验，找出产生故障的原因。

查找故障产生原因的方法有：

① 比较法（数据比较、声音比较、颜色比较、从运转和运动的情况上相比较）；

② 分段法；

③ 换件法。

8.3.14　飞机蒙皮和有机玻璃的擦洗

为了保持飞机表面的清洁，要经常将飞机上的尘土、水份和油污用软抹布和布拖把擦拭干净，擦洗用具应无沙土、钉子、铁丝等物，防止划伤蒙皮。

1. 飞机蒙皮的擦洗

① 尘土擦洗；

② 油垢擦洗；

③ 水份擦洗。

2. 有机玻璃的擦洗

有机玻璃硬度较低，表面容易划伤，擦洗时应用清洁的绒布或麂皮布，不能用粗糙的抹布，也不允许用毛织品和丝织品，以防产生静电荷而吸附尘土。

有机玻璃擦洗的注意事项：

① 有机玻璃表面有灰尘时，应轻轻拂去，不能来回用力乱擦；

② 有昆虫血迹时，可用清水侵润后再擦，切不可干擦硬刮；

③ 有机玻璃上沾有油垢时，不得用酒精或其他有机溶液擦洗，如丙酮等溶液，应先用脱脂棉或绒布沾中性肥皂水进行擦洗，再用清洁温水擦洗，最后用绒

布擦干；

④ 做喷射防冰液试验后，风挡玻璃上有残留的酒精，应用脱脂棉或绒布沾水擦净；

⑤ 在座舱内或座舱附近工作时，要防止工具、机件划伤有机玻璃。

8.3.15　飞机停放的基本要求

对飞机停放的要求，即做好停、插、刹、挡、系、摆、收、锁、夹、顶、放、堵、盖、接、封等各项工作。

① 停——停飞机要尽量迎风摆放；

② 插——插好起落架的地面保险销；

③ 刹——刹好机轮刹车，并将飞机锁在停放刹车的位置，刹车压力应保持在规定的范围内；

④ 挡——挡好机轮；

⑤ 系——系好飞机系留绳；

⑥ 摆——摆正前轮（或尾轮），摆平桨叶；

⑦ 收——收好飞机各活动翼面；

⑧ 锁——锁好飞机操纵系统中各种操纵的中立位置锁；

⑨ 夹——夹好舵面夹板；

⑪ 放——放出飞机用水；

⑫ 堵——堵好各种堵盖或堵塞，并套好各动压头的布套；

⑭ 接——把飞机接地线确实、可靠地接地；

⑮ 封——封好舱门。

停机坪上的日常性工作是指在飞机上进行机务准备、定期检修等工作前所做的准备工作。主要包括飞机的交接、各舱门的开关、地面电源的使用、冷气的灌充、飞机的顶起和放下、飞机的牵引、发动机启动前的准备工作，以及地面灭火设备的使用和保管等内容。

发动机启动前的准备内容和规定：

① 飞机应迎风停放（顺风启动，风速不能大于 10 m/s），使附近的设施和建筑物不在危险范围内；

② 清除发动机前部或螺旋桨下部的杂物，保证在规定范围内的地面清洁，必要时应清扫干净；

③ 摆正前轮，将主机轮轮挡挡在轮子前部，冬季应清除机轮和轮挡下的冰雪；

④ 取下飞机、座舱、发动机和轮胎的蒙皮、布罩、堵塞、堵盖等，清点后摆放在规定的位置；

⑤ 确保发动机进气道和喷气管内无外来物，并确保转子转动灵活、内部无杂音；

⑥ 机身、机翼和发动机的各检查盖板应该盖好，起落架地面保险销插好，飞机外部无油液渗漏痕迹；

⑦ 进行"放水"，应从每个"放水"口放出 0.5～1 L 燃油，并检查油中是否无水分、水粒和机械杂质；

⑧ 接上地面电源、气源和耳机线；

⑨ 准备二氧化碳灭火瓶，并指定专人负责；

⑩ 所有无关设备和人员应撤离飞机和危险区。

8.3.16　发动机的启动和试车规定

① 发动机启动前，应取下相邻发动机的蒙布和堵塞；

② 启动前，发动机（或螺旋桨）下部、前部和轮子周围的砂石、冰雪和其他杂物应清除干净；

③ 启动前应挡好轮挡刹好车，并检查刹车压力是否符合规定，如果压力不足，应增压后启动；

④ 启动前，应检查人员和设备确实脱离危险区；

⑤ 发动机开车时，应停止影响试车的其他一切工作；发动机工作时，禁止操纵前轮转弯；

⑥ 试车时，所有舱门、窗口都应关好；

⑦ 必须备有良好的灭火设备；

⑧ 断开地面电源和气源时，必须得到机上人员发出的信号时才可断开；在拔开接头时，应避开发动机的进气口、喷口和螺旋桨；

⑨ 发动机启动完毕后，应迅速指挥并保证车辆离开飞机；

⑩ 停车后，在发动机未停止转动前，不得靠近发动机的进气口和螺旋桨。

8.3.17　发动机停车后的工作

① 挡好轮挡；

② 插好起落架地面保险销；

③ 确保飞机接地线良好，并接地；

④ 根据刹车盘的温度，确定是否用刹车风扇进行扇风；

⑤ 在有雨、雪、风沙的天气时，应立即将发动机的进气道端盖堵上；

⑥ 大气温度在 0 ℃ 以下时，应立即放出系统和马桶内的水，以防止结冰；放水时，各开关必须全部打开，将水放尽，并用冷气将管道内的余水吹净；

⑦ 机务人员向飞行人员了解飞机的使用情况，并查看飞行记录单上空勤人员填写的使用意见；

⑧ 认真做好飞行后的各项检查工作。

8.3.18　机务准备的基本要求

机务准备的基本要求：

① 确保准备质量，缩短准备时间；

② 深入检查飞机，严肃对待故障；

③ 加强作业指导，严密现场组织。

1. 飞行机务准备的分类及其主要内容

运输机的机务准备一般分为预先机务准备、直接机务准备、再次出动机务准备、机械日和特殊任务准备 5 种。

（1）预先机务准备的主要内容

① 按照飞行后需要检查的内容检查飞机；

② 排除在飞行中和检查时所发现的故障缺陷；

③ 加添燃料、润滑油和特种液体，并灌充气体；

④ 进行擦洗、润滑等保养工作；

⑤ 根据飞行任务的需要，进行某些附加设备的准备工作。

（2）直接机务准备的主要内容

① 按照飞行前的检查内容检查飞机；

② 补充燃料、润滑油和特种液体、气体；

③ 根据飞行任务的需要，安装或拆卸附加设备。

（3）再次出动机务准备的主要内容

① 按再次出动飞行前的检查内容检查飞机；

② 排除所发现的故障；

③ 补充燃料、润滑油、特种液体和气体等；

④ 根据下次飞行任务的要求安装或拆卸附加设备。

航空兵部队每经若干飞行日之后统一安排对飞机及其地面维护设备进行检查、校对、维护保养。通常每经 3～4 个飞行日安排一个机械日。根据《航空工程条例》规定，机械日的工作内容主要包括：完成上级航空工程部门指示的工作和特定检查；按照规定对某些设备、机件进行周期性的检查校验；根据飞行具体情况和尔后的飞行任务，完成需要进行的其他维护保养；进行地面维护设备的擦洗、润滑和检修等。

2. 不同条件下的机务准备特点

(1) 夜间飞行机务准备的特点

① 分工明确，责任落实；

② 检查飞机时，要特别注意按照检查线路进行；

③ 由于夜间温度较低，液体系统容易产生渗漏，加之光线暗、能见度差，隐蔽位置的渗漏不易被发现，因此，检查流体系统时要特别细致认真；

④ 在各种保障车辆靠近飞机前，应将飞机上的航行灯光打开，以示飞机位置，避免车、机相撞；

⑤ 要熟记夜间灯火、信号的使用和灯火管制规定。

(2) 复杂气象飞行机务准备的特点

复杂气象是指雨天、雪天飞行和穿云飞行等。

① 做好防冰加温工作，确保防冰系统和加温设备工作良好；

② 加强点火系统的试验检查，确保点火系统的外部绝缘、防波装置完好，各附件工作性能良好；

③ 加强对各附件和飞机外表油漆层、保护层的检查和修复工作，防止复杂气象飞行后机件产生锈蚀；

④ 保持飞机上的通气孔和排水孔畅通，并做好飞行后的排水和通风工作；

⑤ 加强操纵系统的检查和润滑工作，确保操纵系统工作正常可靠、润滑良好，并及时更换易变质的润滑脂。

(3) 转场飞行和单独执行任务时机务准备的特点

转场飞行和单独执行任务时机务准备的特点是脱离了本部队、本基地的领导和供应，以及地区、自然条件的变化。

8.3.19　定期检修

定期检修是在飞机使用到一定时限或次数以后,所实施的周期性地维护保养工作,是保证飞机经常处于良好状态的重要手段。

1. 飞机、发动机和起落架定期检修的主要内容

① 深入检查其技术装备的状况;

② 及时发现零件、机件内部的早期磨耗和损伤;

③ 彻底排除所发现的故障缺陷,并进行调整、清洗、润滑等保养工作;

④ 保持和恢复飞机战术、技术性能。

2. 实施定期检修的基本要求

(1) 工作前的基本要求

① 制定工作计划;

② 组织全体参加工作的人员学习计划,下达任务,明确要求;

③ 进行专业技术准备;

④ 准备所用工具、设备、器材和油料等;

⑤ 布置工作场所。

(2) 工作过程中的基本要求

① 严格按照技术操作规程办事;

② 使用良好的仪器设备;

③ 认真对待故障;

④ 保证拆装质量;

⑤ 维持工作秩序,随时注意安全;

⑥ 及时填写技术文件。

(3) 质量检查的基本要求

① 加强请示报告制度,明确定期检查内容、检查时机和检查方法;

② 定期检修工作完成后,应对工作质量进行全面的检查鉴定;

③ 进行定期检修的飞机,只有完成了规定的全部工作内容,排除了全部故障、缺陷,经过检验鉴定确属良好,并按规定填完了履历本之后,才可交付使用;

④ 飞机按飞行时间定期检修,一般分为(100±10) h,(300±15) h,(600±20) h,(2 400±20) h,(4 800±50) h,(6 000±100) h 6 种;发动机的定期检修按工作小时一般分为(100±10) h,(300±20) h,(600±20) h,(1 200±30) h,

(2 400±30) h,(4 800±30) h 6 几种;着陆器装置的定期检修按飞机起飞和着陆次数一般分为 100±10,300±15,600±15,1 200±15,2 400±15 次起落,以及按年限计算等。

8.3.20　冬季寒区飞机的维护

1. 冬季寒区气象特点

① 日照时间短,气候寒冷;

② 低温持续时间长;

③ 温差大;

④ 降雪期长。

2. 严寒对航空材料的影响

(1) 对金属材料的影响

温度降低时,金属材料的硬度、强度和抗疲劳性通常会提高,但当材料产生应力集中时强度和抗疲劳性又会下降,其塑性和韧性在温度降低时通常会减小。

(2) 对非金属材料的影响

橡胶:飞机上使用的橡胶,耐低温性能较差,随气温的降低,橡胶变硬、变脆,有的甚至到 15 ℃就完全失去弹性。

塑料:飞机上常用的有有机玻璃、酚醛塑料、聚氯乙烯等。塑料在低温时,变硬发脆,受外力后容易发生裂纹,甚至破碎。有机玻璃在低温时受到震动,容易产生裂纹,气温急剧变化时还会产生银纹。

燃料:燃料的溶解能力与温度有关,当温度升高时,燃料对水的溶解能力变强,使燃料中溶解水的含量增加。相反,当温度下降时,燃料对水的溶解能力变弱。如果原来燃料中的含水量达到或接近饱和程度,随温度的下降,燃料中溶解的水析出而变为游离水,当温度急剧变化时,燃料中的游离水也增加的较快。析出的游离水,容易结冰,使燃料系统附件工作失灵,甚至导致空中停车。

3. 严寒对技术装备的影响

① 渗油漏气现象比较普遍;

② 容易结冰;

③ 松动、断裂故障增多;

④ 有些活动机件出现卡滞现象;

⑤ 电接触部位故障增加;

⑥ 发动机参数发生变化。

4. 严寒条件下航空技术设备的维护特点

(1) 入冬前的准备工作

① 进行冬季使用、维护教育;

② 搞好冬季换季工作;

③ 整修地面设备。

(2) 正确维护使用航空技术装备

① 做好发动机加温和保温工作;

② 正确掌握油、气泄漏量;

③ 掌握温度的降低幅度;

④ 正确地进行机件性能调整;

⑤ 正确地维护军械设备;

⑥ 注意电气线路的维护;

⑦ 严寒季节拆卸电子设备送内场检修排故时,应使设备在室内停放较长时间后方可打开机壳,以防止热空气遇冷,使得机件接触后产生水珠,使设备内部受潮;

⑧ 严寒季节仪表轴承的润滑黏度增大,使得摩擦力矩增大,导致仪表启动时间增长。

(3) 防冻和防冰工作

① 飞机在停放期间,应该盖好各种蒙布、布罩、护套,堵好各窗口;

② 进入座舱内工作时,应注意勿将鞋上的冰雪带入座舱;

③ 低温时,座舱盖有机玻璃变脆,在关闭座舱盖时动作要柔和,防止猛烈震动引起座舱盖产生裂纹;

④ 露天停放的飞机,座舱玻璃温度较低,进入座舱工作时应将舱门、舱盖打开,防止人体排出的水分附着在风挡和座舱盖的内壁形成雾层;

⑤ 应防止冰、雪落入油箱内,飞机油箱里的油料应按规定加满,以减少油箱内的大气容积,并按规定在油箱底部开关处放出一些燃料,检查燃料中是否有水分或水粒;

⑥ 风雪后,应仔细检查起落架及轮舱内的各个活动关节、锁钩、锁扣,以及刹车盘内有无冰霜和冻结现象。

（4）防地面事故

① 严防火灾；

② 试车时防止飞机滑动；

③ 防冻伤；

④ 注意地面工作秩序。

8.3.21　炎热天气飞机的维护

炎热天气大气温度较高，日光强烈。有的地区最高温度可达 40 ℃ 以上。在这样的天气下，发动机和机件工作时散热困难，温度容易过高；燃料易于蒸发；润滑脂变稀，润滑性能降低；塑料和橡胶制品变软，易于老化；有机玻璃和油气层变黄、发软等。另外，各种昆虫会繁殖较快，到处结巢。

1. 炎热季节的气象特点

① 气温高，日光强烈；

② 水蒸气大。

2. 炎热对金属材料的影响

① 各种金属材料具有不同的膨胀系数，在炎热季节，飞机温度可达 50 ℃ 以上，散热、通风变差，当机件受到震动时，不同材料的结合处容易产生裂纹、松动或脱焊；

② 温度变化会改变钢索的张力。

3. 炎热对非金属材料的影响

（1）对燃料的影响

① 汽油在氧气、高温和阳光的作用下会加快汽油的胶化；

② 汽油受热会加快抗爆剂四乙基铅分解沉淀；

③ 燃料在高温时极易挥发。

（2）对润滑脂的影响

飞机上使用的润滑脂主要是 932 润滑脂，极易挥发变干。

（3）对液压油的影响

高温会加速橡胶的溶解，促使胶垫、胶管、橡胶活门座等老化。

（4）对滑油的影响

① 滑油受空气中氧及高温的影响，能与金属发生作用，从而使润滑和防锈性

能变差；

② 滑油温度过高,黏度下降,易造成液面承受的极限负荷降低,使发动机齿轮处于半干面摩擦状态,从而使滑油温度更高,损坏油泵和发动机。

(5) 对橡胶和塑料的影响

在阳光、高温及空气的氧作用下,橡胶、塑料都会发生老化。

(6) 对油漆的影响

紫外线和湿热能减弱油漆的大气稳定性,从而使遮盖能力、弹性等性能降低。夏季还会由于空地温差大,飞机、机件会产生膨胀和收缩的内应力,促使其表面油漆层脱落。

4. 炎热对航空技术装备的影响

① 活塞式发动机散热困难；

② 涡轮喷气发动机在夏季有如下特点：加速性变差,加速过程中易发生冷悬挂；启动温度指示早、上升快、易超温；最大或额定转速下降,发动机推力减小；低温、高速飞行时,容易发生喘振；慢车状态工作时,滑油低压警告灯易亮；

③ 夏季飞机平飘距离和着陆速度增大；

④ 电子元件和电气元件故障增多。

5. 炎热条件下机件维护的特点

① 通风；

② 遮光；

③ 隔热；

④ 防火。

8.3.22 雨季飞机的维护

雨季雨水多,空气潮湿。若雨水和潮湿空气侵蚀机件和设备,会使机件锈蚀、润滑油变质、棉制品发生霉烂、绝缘材料性能降低,甚至会发生短路烧坏机件等,造成机件和设备不能正常工作或损坏。

1. 雨季气象特点

① 降雨日数多；

② 降雨集中量大；

③ 空气湿度大。

2. 雨水、潮湿对材料的影响

① 对金属材料的影响：使金属生锈；

② 对非金属材料的影响：对燃料产生影响（降低燃料的安全性）；对滑油产生影响（含有盐分较多的雨水对滑油是一种催化剂，会加速滑油的氧化反应，使滑油的理化性质变差）；对润滑脂和红油产生影响；对绝缘材料和吸湿物质产生影响。

3. 雨水、潮湿对航空技术装备性能的影响

① 使机件产生锈蚀；

② 使运动机件卡滞；

③ 使电门、插头短路。

4. 阴雨气候条件下机件的维护特点

阴雨气候条件下机件维护的特点包括盖、堵、涂、防、除、换、查和烘烤。

8.3.23 风沙季节飞机的维护

风沙季节的特点：风速大、大风持续多日、风暴凶猛。

1. 风暴对飞机的危害

① 风暴对飞机通讯有影响；

② 风暴对飞机受力有影响；

③ 风暴影响飞机维护进度与质量。

2. 沙暴对飞机的危害

① 沙暴可使飞机铝蒙皮打上麻点、凹坑，破坏保护层，加速腐蚀；可将布质翼面漆层打掉；破坏钢机件镀铬层的光洁度；能把有机玻璃、无机玻璃打成"毛"玻璃，严重影响透明度；

② 沙尘落入压缩器内，在离心力作用下沉积在机匣内表面和压缩器叶片尖部使压缩器效率和喘振谷度降低，还会侵蚀叶片，改变叶片的振动频率，使叶片的有效应力增大，造成叶片提前产生裂纹；

③ 沙尘落到活动机件接头上，会恶化润滑质量，在接触表面上形成磨伤，可能导致活动关节卡滞，破坏其正常工作；

④ 沙尘落入油料中，会污染油料、破坏系统工作；

⑤ 沙尘会划伤座舱玻璃，通过机件的缝隙或小孔进入设备内部，造成接触不

良,加剧活动部分的磨损并会改变间隙,使继电器、接触器、电门等工作失灵;

⑥ 沙尘易堵住动、静压传感器、漏泄口、通气管路,破坏飞机的正常工作。

3. 风沙条件下飞机的维护特点

① 注意了解驻地气候变化的特点,做好防风沙的准备工作;

② 盖好驾驶舱罩布和发动机蒙布,套好各种护套;

③ 有洞库的机场,应将飞机推入洞库;

④ 保持飞机周围清洁;

⑤ 避免在有风沙的天气里拆装机件或给飞机加油,必须加油时,要采取防风沙措施。

8.3.24　高原地区飞机的维护

1. 高原地区气象特点

① 大气压力低,空气密度小;

② 太阳辐射作用强,昼夜温差大;

③ 地面风力强;

④ 气候变化骤然,常有冰雹降落。

2. 高原地区对航空技术装备的影响

① 飞机起飞速度和滑跑距离随机场高标增高而增大;

② 着陆速度大,减速效果差;

③ 座舱玻璃易老化,出现"银纹"和裂纹,高原机场空气稀薄、紫外线照射强烈,加之温差大,会加速座舱、玻璃老化,强度降低,使得玻璃易出现"银纹"、裂纹;

④ 橡胶制件易老化,渗漏故障多;

⑤ 发动机推力随机场高标增高而下降;

⑥ 启动温度指示早、上升快,超温故障多;

⑦ 慢车转速增大;

⑧ 发动机加速时间变短。

3. 高原机场飞机的维护特点

① 缩短着陆装置检查周期,增加检查次数,扩大检查范围;

② 适当增大轮胎气压和最大刹车压力;

③ 加强对机轮的检查；

④ 加强发动机进气、排气装置的检查，及时发现、排除烧伤、裂纹、松动等；

⑤ 做好仪电设备的维护；

⑥ 做好防风沙、防日晒工作；

⑦ 做好防冰雹工作。

8.3.25　沿海地区飞机的维护

1. 沿海地区的气象特点

① 雨季时间长，雨量大；

② 空气湿度大，且含盐量多；

③ 雷暴雨天气多；

④ 台风多。

2. 沿海地区对航空技术装备的影响

① 腐蚀问题突出；

② 雷电危害；

③ 台风危害。

3. 沿海地区飞机的维护特点

① 防雨水；

② 防雷击：保证飞机各部分搭铁良好；保持飞机接地线的完好、接地可靠；防止和减少对电子设备的干扰；在雷暴区飞行过的飞机，应检查蒙皮有无烧伤、打伤的痕迹，各电子设备与无损坏，罗盘有无误差）；

③ 防台风。

8.3.26　夏季、冬季换季工作

1. 夏季换季工作

① 完成基本维护工作；

② 做好防潮、除锈工作；

③ 测量各种气压；

④ 检查飞机放电刷、搭地线、接地线完好、可靠；

⑤ 各舱门、应急窗口、风挡玻璃和工作盖板的密封装置应完好、密封性良好，

必要时可用水冲洗检查,如发现漏水应予以处理;

⑥ 检查空气、空调(高空)等系统的密封性和工作可靠性,并检查某些附件的工作情况是否正常;

⑦ 检查操纵系统的传动机构及各附件是否正常,对拉杆接头进行涂油,并检查钢索张力是否良好;

⑧ 检查灭火系统是否良好,吹通导管,并对灭火瓶进行称重检查;

⑨ 检查并维修各种工具、量具和设备。

2. 冬季换季工作

① 完成基本维护工作内容;

② 检查防水加温设备的状况;

③ 进行水系统增压试验,并确保系统各附件完好无锈蚀、导管畅通无渗漏现象,排水畅通,开关密封;

④ 对马桶进行消毒;

⑤ 检查救生和安全设备是否良好;

⑥ 检查缓冲支柱的油、气灌是否符合规定,并检查有无渗漏现象;

⑦ 检查防火、灭火设备是否良好;

⑧ 检查飞机操纵系统和发动机操纵系统的钢索张力是否符合规定。

8.4　维修执照的要求

为全面彻底落实国务院文件要求,同时促进行业发展,提高维修质量,进一步加强民用航空器维修人员资质建设,深入落实"放管服"工作要求,规范维修人员,尤其是航空器放行人员的基本素质和水平,夯实航空安全基础,根据《中华人民共和国民用航空法》《中国人民共和国民用航空器适航管理条例》《中华人民共和国行政许可法》以及其他有关法律、法规,结合行业实际,合理降低通用航空常见航空器类别的培训和考试要求,中国民用航空局修订并颁布了最新的 CCAR-66R3《民用航空器维修人员执照管理规则》。

8.4.1　执照类别

① 涡轮式飞机(TA);

② 活塞式飞机(PA);

③ 涡轮式旋翼机(TR);

④ 活塞式旋翼机(PR)。

8.4.2 执照申请条件

① 年满 18 周岁;

② 无影响维修工作的色盲或者色弱;

③ 具有大专以上(含大专,下同)学历;

④ 完成航空器维修基础知识培训;

⑤ 具备至少 1 年的民用航空器或者航空器部件维修经历,或者为理工科专业大专以上学历人员并完成航空器维修实作培训;

⑥ 通过航空器维修人员执照的考试;

⑦ 完成航空维修技术英语等级测试;

⑧ 民航行业信用信息记录中没有航空器维修相关的严重失信行为记录。

8.4.3 执照颁发

审查合格的,民航局自受理之日起 20 个工作日内颁发,长期有效且 APP 实时显示(取消纸质执照)。

8.4.4 机型签署的申请条件

① 通过机型维修培训和考试;

② 首次申请某一类别机型签署的,至少要有 6 个月对应机型的维修实习。

8.4.5 机型签署规范

机型签署与执照类别对应,按照航空器评审报告确定的规范签署。

备注:按照 AEG(民航局飞行标准司建立的航空器评审组,简称 AEG)报告对机型签署进行规范,避免重复签署。

8.4.6 机型签署的颁发及有效性

地区管理局在 20 个工作日内完成信息核准,直接通过民航局航空器维修人员信息系统更新电子执照,列明签署的机型及有效期。机型签署的有效期为 24 个月。机型签署有效期满需要延续的,向原机型签署机关提出申请,并提交其对应机型的维修放行工作记录。

8.4.7　执照持有人权利

① 按照执照类别,对非复杂航空器实施维修放行;

② 按照执照类别和机型限制,对复杂航空器实施维修放行;

③ 按照维修单位的授权和管理要求,对航空器部件实施维修放行。

第9章 通用机场建设与运营

9.1 通用机场分类与颁证

9.1.1 通用机场分类办法

2017年4月14日,中国民用航空局发布《通用机场分类管理办法》(以下简称《办法》),对通用机场实施分类分级管理。

《办法》按照通用机场是否对公众开放分为 A,B 两类。A 类为对公众开放的通用机场,允许公众进入以获取飞行服务或自行开展飞行活动;B 类则为不对公众开放的通用机场。另外,基于其对公众利益的影响程度,《办法》又将 A 类通用机场分为三级。其中,含有使用乘客座位数在 10 座以上的航空器开展商业载客飞行活动的为 A1 级通用机场,使用座位数在 5~9 座之间的航空器开展商业载客飞行活动的为 A2 级通用机场,其余均为 A3 级通用机场。(编者注:CCAR - 138 部正在征求意见,有可能对分类办法进行调整。)

A 类通用机场需要取得通用机场使用许可证方可投入使用,由机场所有人或运营人向民航地区管理局提交颁证申请;B 类通用机场实施备案制,机场运营人应当通过通用机场信息管理系统填报备案信息,提交备案申请,完成备案后向社会公众发布机场相关信息。

9.1.2 通用机场颁证应当具备的条件

申请 A 类通用机场许可证的应当具备下列条件:

(1) 运营人具有法人资格;

(2) 运营人对机场具有运营权;

(3) 机场飞行场地满足相关技术标准要求;

(4) 具有对飞行场地进行检查和维护的制度安排;

(5)《机场手册》。

对于 A1 级和 A2 级具有跑道供固定翼飞机起降的机场(以下简称"跑道型机场")和表面直升机场,除需具备上述条件外,还应当具备下列条件:

(1) 具有机坪运行管理制度;

(2) 具有满足相应要求的消防能力;

(3) 具有针对航空安全突发事件的应急预案。

对于 A1 级跑道型机场和表面直升机场,除需具备上述条件外,还应当具备下列条件:

(1) 具有为防止未经授权的人员、车辆误入机场活动区以及体型较大的动物进入机场活动区的管控措施;

(2) 具有残损航空器搬移预案。

9.1.3　通用机场颁证流程

申请 A 类通用机场许可证,机场运营人应当向民航地区管理局报送《A 类通用机场使用许可证申请书》及申请书列明的完整有效的附件材料,民航地区管理局应当自受理之日起 20 个工作日内完成审查。对符合规定条件的,应当作出准予许可的决定,并向申请人颁发 A 类通用机场使用许可证,同时报送民航局;对不符合条件的,应当作出不予许可的决定,并将不予许可的决定及理由书面通知申请人,并告知申请人享有依法申请行政复议或者提起行政诉讼的权利。

9.1.4　B 类通用机场备案流程

B 类通用机场运营人(以下简称"运营人")应当通过通用机场信息管理系统(http://gaa.caac.gov.cn,以下简称"信息系统"),填报备案信息,提交备案申请。备案信息应至少包含场址说明与审核意见、机场坐标、飞行区指标、服务项目、联系电话等内容。运营人应对信息的准确性负责,并在信息发生变动后及时提交修订信息。B 类通用机场停止运行时,运营人应通过本系统进行注销。

B 类通用机场符合相关规范和要求时,运营人可申请升级为 A 类通用机场。

9.1.5　通用机场命名规范

B 类通用机场的命名应当以确定机场具体位置并区别于其他机场为准则,且应符合下列要求:

① 机场名称一般由所在地县级以上行政区划名称,并后缀机场所在地具体

的地名名称组成；

② 机场专名通常使用机场所在地乡（镇）、村名称，并不得与同行政区划内的其他机场专名重复。

城市市区内的直升机场专名可自行确定，但不得带有歧视性、侮辱性语言，不得违反公序良俗。

9.1.6　机场信息变更管理

取得 A 类许可证的通用机场在运营过程中相关信息发生变化，与许可证或《机场手册》载明信息不符的，通用机场运营人应当向民航地区管理局报告，并提交变更部分的说明资料。民航地区管理局收到说明材料后，应当在 5 个工作日内予以答复。

9.2　通用机场筹建报批

9.2.1　通用机场建设审批权限

国务院于 2014 年 10 月 31 日发布的《政府核准的投资项目目录》（2014 年本）中明确规定新建通用机场项目由省级人民政府核准，军方审批权限目前由中央军委联合参谋部审批，民航审批权限目前由地区管理区审批。

9.2.2　地方政府通用机场审批流程

通用机场在项目启动建设之前，应符合省政府通用航空发展规划或通用机场布局规划，除常规的规划、土地、环评手续外，通用机场项目立项还涉及到军方场址以及民航场址审查等前置意见。

考虑到通用机场项目的特殊性，从确保项目顺利实施的角度出发，通用机场项目应充分考虑预选场址的空域资源、军民航飞行矛盾、本场净空条件以及土地属性等关键问题，同时应事先征求文物、地震、交通、水利、环保等部门对预选场址的评估意见。

通用机场工程建设以及设备安装调试结束后，建设单位应组织竣工验收，对于验收中发现的问题应在限定时间内组织整改。

申请各类财政资金和建设补贴的通用机场，应做好项目立项、土地手续、图纸设计、招投标、建设管理、竣工验收、预算决算等各环节的资料申报和管理工作。

9.2.3　民航通用机场审批流程

通用机场建设单位应向民航地区管理局提交拟选场址的说明材料,包括场址的基本情况,如地理位置、场地状况、建设内容(含可能的未来规划);机场运行的相关影响因素,如空域条件、气象条件、电磁环境、净空环境、环境影响以及与城乡建设和土地利用规划的相容性。

民航地区管理局对场址说明材料进行审核,必要时组织现场探勘,场址说明材料补充完成后 20 个工作日内,管理局出具行业审查意见。

通用机场项目完成竣工验收后,运营企业可按规定向民航地区管理局申请颁发通用机场使用许可证。

通用机场进行扩建时,应对扩建部分所涉及到的空域方案和飞行程序变动以及与周边军民航机场的关系进行分析并向民航地区管理局提交申请。扩建完成后,应在竣工验收之后修订《机场手册》和《机场细则》并向民航地区管理局进行备案。

9.2.4　军方通用机场审批流程(现行)

空军汇总省级人民政府申请及《通用机场选址报告》《航行分析报告》,每季度呈报中央军委,由军委联合参谋部会同军委后勤保障部、国防动员部、战略规划办公室进行审核,并征求相关战区和军种意见,经中央军委批准后由空军函告相关省人民政府。依据核准意见,由空军商相关战区后授权战区空军与省级人民政府签订协议,并报送中央军委备案,军委联合参谋部会同军委后勤保障部、国防动员部、战略规划办公室进行备案审查。

通用机场项目建设单位应向相关军方空域管理单位提交机场空域方案和飞行程序,由军方空域管理单位组织相关军民航飞行管理部门进行会商,根据会商结果对空域方案和飞行程序进行修订。

通用机场启用前应组织军方验收并签订军民航管制保障协议。

通用机场运行后,飞行区有关主要指标进行扩建或调整的,应向军方相关审批部门进行申报,获得批准后方可开工。

9.2.5　通用机场项目资质要求

通用机场项目的选址报告、航行分析报告、设计方案（空侧）、空域方案、机场细则等专业报告编制单位，应具备相应的民航咨询资质。

通用机场工程项目中的场道、灯光、导航等工程的施工企业应具备相应的民航专业工程施工资质。

通用机场项目应根据业务发展需要配置必要的设备，其中通信、导航、灯光、安检、油车、撬罐等设施设备应具备民航或地方管理部门的认证或许可。

9.2.6　通用机场前置审批事项

通用机场的电台、导航、气象等设施的场址应在机场取得立项批复后进行审批或备案，机场电台频率应同步取得民航和地方政府无线电管理部门的审批手续和开放许可。

通用机场的飞行程序和空域方案应结合机场工程施工进度同步完成，并取得军民航管理部门的同意。

9.3　通用机场运行管理

9.3.1　通用机场运行前的准备工作

除颁证申请所需要具备的条件之外，通用机场正式运营前还应具备以下必要条件：

① 具有与业务种类相适应的专业岗位持证/照人员；
② 与有关外部单位签订保障协议；
③ 具有通信导航设施准许开放使用的批文；
④ 机场运营团队进行必要的岗前培训；
⑤ 组织启用前要进行单项和联合运行演练；
⑥ 做好运行台账和设备档案的分发与记录工作。

9.3.2　通用机场组织架构

与运输机场相比，通用机场所承载的业务规模相对偏低，机场设施设备相对简单,因此,通用机场的管理架构也相应简化,常见的业务部门设置包括综合管理、安全管理、航务保障和地勤服务,根据业务规模和发展需求可设立市场经营、工程管理等部门。

通用机场宜设立安全管理委员会,成员单位包括机场运营人以及所有驻场运营企业安全负责人。

通用机场宜设立安全信息管理员,负责机场安全生产体系建设与自查工作,接受军民航安全管理文件和指令,落实安全管理委员会的工作部署。

9.3.3 通用机场人员配置与专业资质

根据业务类型和规模的需要,通用机场应配置相应数量的管制员、通信员、气象员、安检员、加油员和场务员,此类人员应具备局方颁发或认可的专业岗位资质,其中通用机场的运行负责人一般应具有机场运行或通航运营从业经历,在机场正式启用前,应参加民航相关安全培训并取得结业证书,加油员可参加地方安监部门组织的资格培训,气象员、安检员、场务员可委托专业院校或其他运营中的机场公司代为培训。

通用机场运营企业可根据机场业务种类和规模情况实行岗位兼职,以减少人员成本,兼职人员应具备必要的资质和培训经历。

通用机场消防工作可通过与当地消防部门签订协议的模式进行保障。

9.3.4 通用机场安全管理

通用机场安全管理工作应符合行业管理规范,严格按照《机场手册》载明的内容具体实施。安全管理工作应涵盖通行证管理、控制区管理、飞行区巡查、净空巡查、应急救援等相关内容,机场运营企业还应建立安全管理相关制度,包括安全责任书、安全自查、运行例会、安全培训等。

通用机场运营企业应编制应急救援预案并定期组织演练,包括桌面演练、单项演练以及与地方政府有关部门共同实施的联合演练。

机场安全信息管理员负责日常安全工作督查以及与民航管理部门进行安全信息报送、文件收发、事务对接等工作。

9.3.5 通用机场航务管理

通用机场航务保障部门应做好本机场的计划申报、飞行指挥、空域协调、气象观测、情报服务以及救援告警等航务保障工作,同时应做好与周边机场以及军民航管理部门的协调对接工作。

通用机场运营企业应科学设定本机场的最低能见度标准,通用航空公司有特殊要求并得到局方批准的,按照通用航空公司标准执行。

通用机场航务保障部门应在通用航空企业运行前至少1 h内提供本机场的气象观测数据,预计气象条件将发生重大变化并有可能影响飞行安全时,应立即向驻场通用航空企业进行通报。

飞行服务站可在设定区域内按类别提供计划申报、飞行监控、空中指挥(仅 A 类站具备)、气象服务、情报服务和救援告警工作。

通用机场运营企业可与飞行服务站运营机构开展联合与合作,共同为本区域通航飞行提供保障和服务。

9.3.6　通用机场地勤服务

通用机场地勤服务部门应做好机场飞行区设施设备的巡视、检查工作,包括围界、道面、灯光、目视助航设备、安全区、排水、鸟情以及周边障碍物情况,对发现的问题及时上报,影响飞行安全时,可采取停止运行、消除隐患的措施。

在飞行区内进行保障、施工、维修、巡查的车辆及人员应悬挂、佩戴通行证件,进入航空器运行区时应注意避让航空器,防止发生地面碰撞安全事故。

人员及车辆进入或穿越跑道时,应向塔台进行请示,得到许可后方可通行,作业结束退出跑道后,应立即向塔台报告。

车辆在飞行区内不同位置的行驶速度应符合民航相应规范,接紧或接靠航空器时,应有专人进行监控引导,车辆停止后放置轮挡。

机场地勤服务部门应根据通用航空企业以及业务需要,提供安检、监护、引导、候机、登机、贵宾室等服务。

9.3.7　通用机场净空管理

通用机场取证后,运营企业应向当地人民政府提报净空和电磁环境保护申请及相关技术资料,由人民政府发布通用机场净空和电磁环境保护通知。

机场应制定净空管理制度,场务人员应定期对机场净空保护范围内的新建设施、林木等进行巡查,发现超高障碍物时,应立即按照净空管理制度进行报告和处置,必要时报请民航地区管理局进行协调。

对于机场净空保护区内的建设项目,地方政府规划部门在受理和审批过程中应与机场运营企业进行沟通和协商,确保不出现影响净空保护的建筑物。

9.3.8 通用机场应急救援

通用机场取证后,建设单位或运营企业应及时与地方政府应急管理部门沟通,将机场纳入地方应急救援工作体系内,建立信息沟通机制,同时应与医院、消防、吊装搬运等单位签订保障协议。

通用机场运营企业应编制机场应急救援预案,储备必要的应急救援物资,每年组织一次单项演练,每两年组织一次联合演练,演练参与单位应包含驻场通用航空企业。

通用机场应制作应急救援网格网并放置在应急救援指挥场所或塔台区域,便于紧急情况下确定并发布救援位置信息。

9.3.9 通用机场设施设备管理

通用机场运营企业应建立设施设备管理制度,定期对设施设备进行巡检、维护、维修,对于需要周期性检定的设备,如导航、电台、气象、特种车辆等应在规定期限内进行检定。

通用机场运营企业应制定设施设备故障应急预案,包括抢修、替代、外部支援、转手工等措施。

当电台设备故障且无备份设备时,应立即采取应急措施,通知飞行中的航空器和相关军民航保障单位,故障消除后,应在恢复正常运行后向有关部门发出恢复运行信息。

9.3.10 通用机场台账管理

通用机场运营企业应做好往来文件和运行台账的记录和管理工作。每日运行记录应清晰、完整,工作交接明确,设备维护检修工作及时准确记录,语音记录仪、监控系统工作状况应每日进行检查。

各类文档和台账应妥善保管,不得进行事后篡改和补充,语音记录、视频监控数据应至少保存3个月。

9.4 通用机场经营管理

9.4.1 通用机场运营收入

通用机场运营收入来源分为航空性收入和非航空性收入,航空性收入主要包括机场使用、航务保障和与飞行保障相关的地面服务;非航空性收入主要包括物业租赁、餐饮住宿、商业零售、广告媒体、休息室冠名、展会论坛、商业活动以及与飞行保障无关的地面服务。

为吸引更多通用航空企业驻场运营,鼓励丰富产品种类,提高飞行小时数,避免停场但不飞行或较少飞行的情况出现,可考虑采取基于飞行产品种类和飞行小时数的激励性措施。

通用航空运营企业应在确保安全生产的基础上积极开展非航空性业务拓展,拓宽市场渠道,探索异业合作,实现跨界发展。

通用机场建设单位及运营企业应积极申请政府建设资金和运营补贴。

具备开通短途运输航线条件的通用机场,应积极配合通用航空公司开辟航线,并及时向民航地区管理局提报专项补贴。

9.4.2 通用机场成本控制

通用机场建设单位应在机场选址、立项、设计阶段将成本控制纳入评估体系,精准定位,规模合理,避免不必要的投资,降低后期运营成本。

通用机场运营企业应积极探索管理创新,采取人员兼职、非核心业务外包、信息化管理等措施,降低运营成本。

第10章　无人机基础知识与管理

10.1　无人机技术及运用

10.1.1　无人机分类

无人机是无人驾驶飞机的简称(Unmanned Aerial Vehicle,UAV),是利用无线电遥控设备和自备的程序控制装置的不载人飞机,包括无人直升机、固定翼机、多旋翼飞行器、无人飞艇、无人伞翼机。广义地看,无人机也包括临近空间飞行器(20~100 km 空域),如平流层飞艇、高空气球、太阳能无人机等。从某种角度来看,无人机可以在无人驾驶的条件下完成复杂空中飞行任务和各种负载任务,可以被看作是"空中机器人"。

无人机的范畴很广,从构型上可以分为固定翼、直升机、多旋翼、特种飞行器等,质量上从像全球鹰一样的巨无霸到如苍蝇一样的微型飞行器都是无人机的范畴。无人机的产品用途可以是军用也可以民用,其特点也是千差万别,不能一概而论。

按照机身构造分类,无人机可以分为固定翼、旋翼、复合翼,而其中旋翼无人机又可以分为单旋翼、多旋翼、倾转旋翼。不同类型无人机的特点如表 10 - 1 所列。

表 10 - 1　不同类型无人机的特点

无人机类型	特　　点
固定翼无人机	由动力装置产生推力或拉力,由机翼产生升力,机翼位置和掠角等参数在飞行过程中保持不变。滑翔性能好,续航长,航程远,飞行速度快,飞行高度高,但不适合气流变化剧烈的环境
单旋翼直升机	通过主桨切割空气产生推力,尾桨保持平衡,无须助跑,可垂直起降和稳定悬停,飞行灵活性和可靠性优于固定翼无人机

续表 10 - 1

无人机类型	特　点
多旋翼无人机	以 3 个或者偶数个对称非共轴螺旋桨产生推力上升,以各个螺旋桨转速改变带来的飞行平面倾斜实现前进、后退、左右运动,以螺旋桨转速次序变化实现自转,垂直起飞降落,场地限制小,可空中稳定悬停。飞行稳定性高,动力学结合简单,价格低廉,但载质量低、续航时间短

按照用途分类,无人机主要可以分为军用无人机和民用无人机,而目前全球 70% 的无人机用于军事用途。根据美国国防部的一级分类,战斗无人机主要分为靶机、战术无人机、战略无人机和无人战斗机。不同类型无人机的功能如表 10 - 2 所示。

表 10 - 2　不同类型无人机的功能

无人机类型	功　能
靶机	研究空战和放空技术;训练战斗机飞行人员、高炮和地空导弹及雷达操作人员;模拟飞机或导弹的攻击威胁
战术无人机	完成侦察、搜索、目标截取的任务,进行部队战役管理与战场目标和战斗损失的评估等
战略无人机	利用光电、红外、生化等手段对敌方部队的动向进行长期跟踪,获取工业情报及武器系统试验监视等
无人战斗机	装备先进的武器,主要任务是攻击、拦截地面以及空中目标

10.1.2　无人机的市场应用情况

根据蒂尔集团的市场分析,无人机(UAV)将是未来十年航空航天领域最有活力的领域。比照 2020 年和 2021 年的市场增长速度估计,无人机产量将从 2020 年全球 56 亿美元增加到 2029 年的 140 亿美元,总产量为 955 亿美元。军用无人机研究支出将再增加 645 亿美元。民用无人机领域,中国无人机企业仍占整个无人机市场的 77%。截至 2021 年 7 月 2 日国内无人机的注册数量突破 64 万,比 2020 年同期高出 52%,操控人员超过 10 万。截至 2021 年 6 月底,全国共有无人机通用航空企业 11 430 家,运营商用无人驾驶航空器超过 14 万架,同比分别增长 38.63% 和 26.73%。预计到 2030 年,无人机市场规模将达到 920 亿美元,复合年增长率为 25%,超过 2020 年的年收入 95 亿美元,其中 70% 来自商业领域。

目前,无人机注册数量最多的是美国,拥有约170万架民用无人机驾驶员和40万无人机商业运营商。中国无人机行业正在追赶,已经拥有64万架无人驾驶飞机,而在欧洲无人机的注册数超过了100万。无人机最大的应用市场是在公共安全和工业巡查,农化作业和应急救援领域的应用也在急剧地增长。

10.1.3 无人机市场的未来发展

无论是军用无人机还是民用无人机,都将在未来得到迅速发展。最初,无人机主要应用于军事。但近年来,无人机产业发展不断加快,并逐渐从军用领域延伸到了民用领域,并且民用无人机市场呈现出迅猛增长的态势。2017年,中国无人机市场规模约为151亿元,2019年,我国无人机市场规模中民用无人机占比为60%,军用无人机占比40%。民用无人机主要分为消费级无人机和工业级无人机。从市场规模结构上看,2019年,在民用无人机市场中,工业无人机市场份额占比34.88%,至2020年工业级无人机市场占比达到45.6%,未来市场占比仍将保持增长趋势。

1. 军用无人机

军用无人机发展方向如表10-3所列。

表 10-3 军用无人机发展方向

发展方向	主要内容
提升机动性能及载荷能力	利用太阳能提供动力支持,小型或微型化的大推力发动机的研制与应用等
增强智能化及环境适应能力	工作智能化:地面遥控、微型链路控制等;适应环境智能化:水下发射,水陆空三栖工作
自卫与攻击破坏能力	雷达告警装置、光电告警装置、先进性武器、破坏电子系统、信息系统和指挥控制系统
载荷高度集成	雷达、通信与电子战载荷一体化
微型隐身化	结合仿生学,使无人机更小,更利于靠近目标,增强隐蔽性

美国军用无人机占据全球一半以上的市场份额。从全球来看,美国和以色列的无人机技术较为领先,特别是美国,其无人机技术先进、种类多,既有战略、战役、战术各层次的无人侦察机,也有能够实现察打一体的攻击性无人机和用于运输的无人机。目前,全球中高端军用无人机主要由大型飞机专业公司研发,美

国格鲁门和通用原子两大制造商牢牢把握着市场份额前两名的位置,占据了全球一半以上的军用无人机市场份额,其他有竞争力的制造商主要分布在英国、以色列、中国和俄罗斯。

军用无人机将成为以后各国空军的中坚力量,据专业从事航空工业市场研究的蒂尔集团分析预测,2018 年全球军用航空平台新交付价值中无人机将占15%,而无人战斗机所占比重也将增加。以色列空军也计划在 2030 年打造一支无人机占 50%以上的新型空军机队,预计我国 2030 年战斗机配置至少需要1 500~2 000 台三代和四代战斗机,其中无人战斗机将占全部数量的 50%。

中国的无人机虽然起步较晚,但发展迅速。目前,中国无人机行业百家争鸣,而军用无人机的研制单位主要是军工集团、高校和民营企业。国内高校是最早研制无人机的单位,南京航空航天大学、北京航空航天大学研制的"长空一号""长虹一号"开启了国内无人机研制的先河。进入 21 世纪后,中国军用无人机开始呈现爆发式发展,又研制出了"翼龙"系列无人机、"彩虹"系列无人机等性能优良的无人机,并且其中多个机型已经实现出口、走向世界。

此外,中国军用无人机不断出口海外。目前,中国已出口 6 种具备打击能力的军用无人机,包括 ASN-209、彩虹-3、彩虹-4、翼龙-1、翼龙-2、WJ-600。就军用无人机军售销量来看,中国"彩虹"无人机和"翼龙"无人机这两个系列察打一体无人攻击机最畅销,其中,"彩虹"系列无人机总销量占比 50%、"翼龙"系列无人机占比 24%。2019 年 1 月 25 日,中国航空工业集团有限公司自主研制的100 架"翼龙"全部通过验收,已经交付海外用户,创下中国无人机出口的新纪录,这也是中国完全自主知识产权的"翼龙"系列无人机发展道路上一个新的里程碑。

2. 民用无人机

民用无人机应用领域不断扩张,消费级无人机领域一片红海。民用无人机现阶段已经应用于许多领域,未来的民用无人机将向着多元化的方向发展。国外许多国家及大型公司已经将民用无人机的技术应用到许多意想不到的方面。近几年航拍无人机以及无人机灯光秀逐渐火爆起来,2017 年央视春晚上,无人机吸引了一波眼球;而在 2019 年央视春晚深圳分会场上,无人机又再次亮相。此外,无人机还应用于电力巡检、农业植保、警力安防、地图测绘等方面,应用领域不断扩张。值得注意的是,消费级无人机的技术门槛并不高,一套开源程序就可以支持飞行器的起飞和降落,任何人都可以用开源程序做一套无人机平台。入门级的消费无人机产品已经变成红海,各大厂商为很薄的利润而厮杀。但是,消费级无人机的热度不会随之下降,2019年全球消费级无人机的市场规模约为51亿美元,占全球无人机市场规模的40%。

10.1.4 中国民用无人机产业下一步的发展趋势

1. 产业链趋于完善

随着无人机市场规模显著增长,各领域融合应用进展积极,无人机产业将有望从传统的研发、生产、销售等环节,向商业租赁、商业服务、各类培训等方面延伸,从而在经济、社会发展中实现更加深入、广泛的影响,并推动产业链进一步完善。

2. 政策的支持力度持续加大

面对无人机的广阔前景,政府陆续出台了多项政策支持,规范无人机产业发展,例如,鼓励大力发展物流无人机、无人配送等。预计2019年无人机各项相关政策将进一步落地实施,且政策将更为细化、具有针对性,支持力度也有望再度加大。

3. 专业级无人机加快应用

目前,消费级无人机市场进入红海,市场体量、扩容速度减缓,市场保有量也达到高位。相比之下,无人机在行业应用领域仍然处于持续探索的初步阶段,市场成熟度有待继续提升,产业链完善也还有待继续推进。得益于无人机技术的不断进步,以及政策、市场利好加速释放,工业级无人机逐步进入爆发前夜。眼下,工业级无人机无论是在产品设计、技术研发,还是在搭载设备、服务培训等方面,都取得了长足进步。此外,无人机在农业植保、电力巡检等专业领域的应用也有望更加普及。

4. 与新一代信息技术更为融合

如今,人工智能、物联网、大数据等新一代信息技术发展迅速,为民用无人机产品智能化、数字化升级提供了新动力。通过融合应用上述信息技术,无人机既能够在数据收集方面提升效率、创造更大价值,也能在性能提升上获得更多可能,为用户带来更好的使用体验。

10.1.5　无人机关键技术

1. 无人机技术分类方法一

无人机技术,是指无人机系统、无人机工程及无人机相关的应用技术。无人机主要有 5 项关键技术,分别是机体结构设计技术、机体材料技术、飞行控制技术、无线通信遥控技术、无线图像回传技术,这 5 项目技术支撑着现代化智能型无人机的发展与改进。

(1) 机体结构设计技术

飞机结构强度研究与全尺寸飞机结构强度地面验证试验。在飞机结构强度技术研究方面,包括飞机结构抗疲劳断裂及可靠性设计技术,飞机结构强度、复合材料结构强度、航空噪声、飞机结构综合环境强度、飞机结构试验技术以及计算结构技术等。

(2) 机体材料技术

所用材料包括机体材料(包括结构材料和非结构材料)、发动机材料和涂料,其中最主要的是机体结构材料和发动机材料。结构材料应具有高的比强度和比刚度,以减轻飞机的结构质量,改善飞行性能或增加经济效益,还应具有良好的可加工性,便于制成所需要的零件。非结构材料量少而品种多,有玻璃、塑料、纺织品、橡胶、铝合金、镁合金、铜合金和不锈钢等。

(3) 飞行控制技术

提供无人机三维位置及时间数据的 GPS 差分定位系统、实时提供无人机状态数据的状态传感器、从无人机地面监控系统接收遥控指令并发送遥测数据的机载微波通信数据链、控制无人机完成自动导航和任务计划的飞行控制计算机,所述飞行控制计算机分别与所述航姿传感器、GPS 差分系统、状态传感器和机载微波通讯数据链连接。本实用新型采用一体化全数字总线控制技术、微波数据链和 GPS 导航定位技术,可使无人机平台满足多种陆地及海上低空快速监测要求。

(4) 无线通信遥控技术

无人机通信一般采用微波通信,微波是一种无线电波,它传送的距离一般可达几十千米。频段一般是 902～928 MHz,常见的有 MDSEL805,一般都选用可靠的跳频数字电台来实现无线遥控。

（5）无线图像回传技术

无线图像回传技术采用 COFDM 调制方式，频段一般为 300 MHz，实现视频高清图像实时回传到地面，比如 NV301 等。

随着无人机技术的成熟，利用无人机完成一些人类难以完成的高难险和有毒有害工作成为可能，通过无人机可以进行植保、测绘、摄影、高压线缆和农林巡视，无人机在物流等领域也拥有广阔的应用空间。

2. 无人机技术分类方法二

无人机系统的 5 个核心子系统技术分别是机体，动力装置，传感器，通信、指挥与控制（C3）系统以及信息技术。这些技术的进步将促进军用和商业无人机市场的发展。这些子系统的发展速度不尽相同，取决于研发投入和市场收益。其中信息技术，由于用户需求和基于 Web 服务的快速发展，促使无人机技术在这一领域取得了长足进步。当前能够驱动无人机系统技术发展的任务特点和需求包括轻量化（复合结构）、长航时、高负荷承载能力，以及具备可交换性的标准化负载模块。同时，持续的小型化、传感器融合、C3 标准化，以及基础设施一体化，将使无人机变得更小，功能更强大。

3. 其他技术

同时定位与建图（SLAM），为啥要有 SLAM，因为飞机上基本的定位方法是用 GPS，如果飞机真的只能用 GPS 定位，那么这意味着这个飞机在很多地方不能用，尤其是在室内。有人会说"没有 GPS，飞机照样能飞"，确实是这样，然而那种情况下，需要紧紧攥着遥控，因为若不进行手动调整的话，飞机很快就会飘走。其实这方面大疆创新（DJI）已经有一款不错的产品——Guidance，这个还装在很多 DJI 自己的飞机上——精灵 4、mavic，新出的 spark 似乎也有。SLAM 随便在一个扫地机器人上都会找到（这里用的是激光的），那些做增强现实（AR）的人也在做 SLAM（视觉的），还包括做无人车（视觉、激光都会有）的公司。像 SLAM 这种定位方法，只要找到代码，就能在图像数据集上跑出像模像样的效果。另外，避障、手势操作、电子增稳等技术就是即将迈入工业界的技术。

GPS 定位系统即全球定位系统（Global Positioning System），是一种以全球 24 颗定位人造卫星为基础，向全球各地全天候地提供三维位置、三维速度等信息的无线电导航定位系统。它由 3 部分构成：

① 地面控制部分，由主控站、地面天线、监测站及通信辅助系统组成；

② 空间部分，由 24 颗卫星组成，分布在 6 个轨道平面；

③ 用户装置部分,由 GPS 接收机和卫星天线组成,四旋翼飞行器身上安装的就是用户装置部分。

陀螺仪又叫角速度计,就是通过一个不断旋转的陀螺记录"姿态"。它的原理跟小时候玩的抽陀螺一样,陀螺一旦转起来,即使地面是斜的,陀螺还是会保持垂直旋转,具有"定轴性",我们可以假定这个姿势是"坐姿"。当四旋翼飞行器"躺下"时,便与坐姿产生了一个夹角,但陀螺仪依然会沿着"躺姿"的轴继续高速旋转,具有"进动性"。利用安装在陀螺仪上的传感器就可以知道这个夹角的大小和方向,从而确定"姿态"的变化。

10.1.6　飞控的分类

飞控技术是无人机实现自主飞行的核心技术。飞控系统硬件一般包括控制计算机、传感器、导航设备、执行机构等设备。以前,无人机飞控系统主要采用开源平台,如德国 MK,美国 APM,PX4,MWC 等公司都带头讲自己的无人机飞控系统进行了开源。2014 年 Linux 也参与了无人机开源系统的合作。这种做法大大降低了飞控的技术门槛,也推动了无人机产业的快速发展。

随着无人机产品逐渐升级换代,避障、机器视觉、跟随(Follow Me)等新兴应用层出不穷。在 2016 年国际消费电子展(CES)上,有多家无人机厂商就展示了最新的避障技术。

目前无人机多用超声、红外和视觉等方式结合进行避障。不同的避障技术优缺点各不相同,针对之前避障方式鲁棒性(Robust)差的问题,Aerotenna 把微波雷达技术引入了无人机,并基于此技术开发了基于微波雷达技术的无人机高度计和 360°全向避障模块。

新需求促使微控制单元(MCU)升级处理器,近几年,电池动力多轴旋翼与机载摄像装置的结合让新手也可以快速学会无人机操控,同时也对无人机自身的电子设备能力提出了很高的要求,即飞行器与地面的通信带宽要大幅增加以传输视频数据;最好拥有障碍探测与规避能力以弥补操控者经验的不足;无人机要和其他电子设备很好地协作,方便操控与实现各类用途,等等。加上上面提到的机器视觉、避障等功能都需要强大的图形运算处理能力和高效的深度算法,因此对于无人机的主控平台提出了越来越高的要求。

传统的单片机已经无法再满足无人机的需求,而处理器厂商正在对无人机领域虎视眈眈。由于无人机的机体通常不会很快损坏,使用年限较长;但核心电子器件的换代会很迅速,每隔一两年就会有更新、更强的芯片面世,以提升无人机的综合能力。为无人机更换处理模块将像为 PC 升级组件一样平常,这就意味着巨大的商机。此外,无人机控制系统需要用到应用处理器,这和手机内部的处理器并无本质区别,另外空中飞行的无人机需要和地面控制人员和设备进行通信,也将给通信芯片厂商带来巨大的商机。

一架售价 1 000 美元的无人机安装的处理模块可能卖到 300 美元,相当于一颗 PC CPU 的售价。未来价值数百亿美元的无人机产业中,芯片企业足以分得100 亿美元甚至更多的蛋糕。此外,由于无人机的很多技术与无人驾驶汽车相通,为前者研发的芯片技术很容易成为后者的积淀。如果能在无人机芯片领域获得领先优势,就可以在更重要的自动驾驶汽车产业成为关键角色。

也正因此,包括高通、英特尔在内的 SOC 公司正在采用比微控制器(MCU)更为强大的 CPU 或是 ARM Cortex - A 系列处理器作为飞控主芯片。这些芯片巨头的加入证明芯片技术在未来无人机发展中的重要性不可忽视,芯片也成为了未来无人机产业的关键核心组件。和智能手机时代一样,无人机制造商也希望高通、英特尔这些芯片制造商能够提供完整的芯片解决方案。将来用户在选购无人机时也要注意其使用了什么等级的 CPU,乃至在专用测试程序中的成绩;也许"不服跑个分"的适用范围又要扩大了。

我们共分了 3 个层次来介绍无人机的技术,最底层是控制,中间层是导航避障相关的环境感知,最高层是任务级的路径、轨迹规划、目标识别等。

10.2 无人机用户管理基础

10.2.1 无人机市场背景及政策背景

近年来,无人机快速发展,无人机被认为是发展我国通用航空的有力推手:

一方面,我国无人机应用场景丰富、市场参与度高。无论是传统的作业领域,例如航空喷洒(撒)、航空摄影、空中拍照、空中巡查、物流配送等,还是载人飞行,例如"亿航184""亿航216"等均已进行验证试飞,在我国均获得较快发展。据统计,2019 年共有 7 149 家企业在线取得无人机经营许可证,比 2018 年增加3 100 家;实名登记无人机 39.2 万架,全年飞行 125 万个飞行小时。

另一方面,无人机应用日渐普及,由此带来的安全问题越来越突出,亟须完善相关制度,加强对无人驾驶航空器的监管。

为有序地促进中国国内无人机的快速发展,中国民用航空局、地方政府、公安机关出台了对应的管理措施,对无人机生产制造、无人机适航审定及无人机运营进行管理。同时,在全国范围内进行并推动扩大无人机综合管理试点范围,通过"放、管、服"助力无人机产业持续发展。

考虑到《中华人民共和国民用航空法》制定时无人驾驶航空器尚未投入广泛应用,相关管理制度缺少针对性。为了给无人驾驶航空器监管立法提供法律依据,修订新增了《中华人民共和国民用航空法》第二百一十四条,授权国务院、中央军事委员会对无人驾驶航空器作出特别规定。这在 2018 年 12 月 29 日,十三届全国人大常委会第七次会议已获通过。

民航局组织修订《通用航空经营许可管理规定》(CCAR - 290 部),在市场准入方面将无人机纳入 CCAR - 290 部管理。起草编写无人机安全管理规章(CCAR - 92 部)。CCAR - 92 部将按照《暂行条例》思路编写,现已形成初稿,可与《暂行条例》的实施基本保持同步,并将根据近期开展的试运行成果,充实CCAR - 92 部内容。以便突破现有空域,尤其是低空空域使用难题,突破现有管理法规约束,密切部门间合作,为民用无人驾驶航空安全、健康发展铺平道路。

根据无人驾驶航空的发展趋势,民航局不断完善相关制度,加强对无人驾驶航空器的安全运行监管。现已制定 7 部规范性文件,涉及无人机的交通管理、实名登记、驾驶员管理、运行管理及数据管理等方面。此外还有无人机围栏、云系统接口两个标准。

民航局按照无人驾驶航空运行的自身特点和规律,基于运行风险,将无人机的运行分为开放类、特定类和审定类三大类;针对不同风险和应用场景分类施策,比如,是隔离空域还是融合空域,是视距内还是超视距,是城市场景还是乡村,是载人还是载货。同时,使用的监管策略包括适航、人员资质、运行和空中交通管理诸多方面,管理的力度随风险的增加而提升。该管的管好,该放的放开,避免管理上的"一刀切"。

民航局本着促进发展、先试先行、分类管理的原则,于 2019 年 2 月 1 日发布《特定类无人机试运行管理规程(暂行)》,同步开展了无人机试运行,这是在运行安全风险评估的基础上,从实际需求出发,逐步规范安全风险较高的无人机运行的有效探索,现已初现成果。

2019 年 10 月 15 日,民航局向迅蚁公司所属的杭州送吧物流科技有限公司颁发《特定类无人机试运行批准函》和《无人机物流配送经营许可》。这是民航局《特定类无人机试运行管理规程(暂行)》新政发布以来,国内首个完成运行风险评估和验证工作的特定类无人机试运行项目,同时也是全球首个获得城市场景无人机物流经营许可的项目(限试点区域内)。亿航载人无人机第一阶段"以物易人"的试运行也已完成运行风险评估和验证工作。2019年6月,在东营机场顺利完成无人机飞行校验首次验证试飞,校验数据实时下传。成功应用特定类无人机运行风险评估方法,有效缓控无人机安全运行风险,实现了飞行校验无人机在民用运输机场空域的首飞和运行安全。伴随各运行场景试运行的开展,相关的标准,如《分布式无人机系统安全操作合格证(DOC)审定标准》《城市场景物流无人机规范(轻小型无人机)》《城市低空无人驾驶航空物流航路划设规范》等将应运而生。

民航局将不断加强政策引导。2020年推出《民用无人驾驶航空试验基地(试验区)建设工作指引》等政策和《民用无人机行业标准(MH)体系框架》及路线图,旨在安全可控的条件下以实践的方式在运行中加快数据积累和标准规范的迭代演进,以体系构建和系统思维为统领,在适航、飞标、空管等运行标准的主要方向上不断迈进,并持续引导科研运行,重点解决支线物流无人机、无人机载人运行等应用前景广阔、更高风险的运行难题。

民航局不断加强国际合作与交流。参加国际民用航空组织(ICAO)A40大会并提交分布式无人机系统安全操作合格证(以下简称"DOC")工作文件。参加ICAO第三次"放飞无人机"专题研讨会。根据ICAO相关专家组的工作计划,从C2技术要求着手,查明对网络通信技术标准的影响,提出对Doc 9880,Doc 9896技术文档的修订意见。主办无人系统规则制定联合体(JARUS)在中国成都召开的2019年第二次全体会议。深度参与到无人机空中交通管理(UTM)、自动化/自主运行、无人机飞行规则的研究,并与其他组织共同主办中欧无人机研讨会。持续参与国际标准制定组织(ISO)的无人机相关工作会议和标准起草工作,不断深入了解国际规则和标准制定进程、提高我国在国际规则和标准制定中的话语权。

民航自2018年末起,已在深圳联合当地政府和军航飞行管制部门,开展了无人机综合管理试点工作;2019年启动了海南无人机综合管理试点的筹备,2020年5月海南试点也正式启动。两地的试点均以民航局无人驾驶航空器空中交通管理信息服务系统(UTMISS)为门户和信息交互枢纽,联通相关管理部门,对民用无人机实施线上监管。下一步,民航局将推动扩大试点范围。民航开展无人机综合管理试点的初衷,是推动低空开放,验证《无人驾驶航空器飞行管理暂行条例》设计的管理思路与流程,为广大无人机飞行爱好者创造守法环境、推动民用无人机在各行业的应用、扩大我国民用无人机产业优势。

民用无人机还处在快速发展阶段,无人机的管理与传统的有人机管理会有很大差异。民航局确立了"制定一部规章、建立一套分类管理办法、搭建一个运行管理平台、形成一套行之有效的引导机制"的无人机管理体系和思路。目前,这四方面工作都在有序开展。特别是在法规、规章及政策落地实施方面,由于无人机具有很强的社会化属性,民航各级监管机构需要与地方政府合作、形成合力,共同保护合法飞行、纠正违法行为,在监管的基础上提升社会化服务水平,为民用无人机在通用航空领域的应用以及未来进入运输航空领域创造良好的基础环境。

10.2.2　实例说明

《深圳地区无人机飞行管理试点工作实施方案》和《深圳地区无人机飞行管理实施办法(暂行)》简称"深圳办法"。

"深圳办法"简单的说就是无人机需要实名注册登记、飞机需要贴上登记二维码,民航 UTMISS 管理系统自 2020 年 5 月开始试行。

1. **"深圳办法"——试点系统**

2020 年 5 月 1 日起,运行轻型、小型无人机驾驶航空器及植保无人机的单位和个人,需接入无人驾驶航空器空中交通管理信息服务系统(UTMISS)。空域管理、公共安全管理等部门信息共享,实现申请在线审批、飞行动态识别、违规飞行告警,特殊空情查证等管理,为有需要进行无人机飞行活动的单位和个人提供了合法合规、便捷畅飞的有效途径。例如,深圳适飞区域内 120 m 以下高度,符合条件的无人机可合法飞行。

2. **"深圳办法"——无人机注册登记**

无人机实名登记系统的网址:https://uas.caac.gov.cn/login。

进入网址后,单击"注册"进入注册界面后,依次填入相关信息,即可完成注册。注册界面如图 10-1、图 10-2 所示。

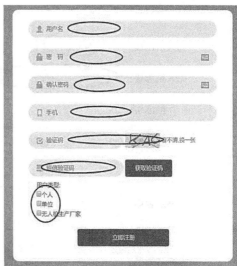

图 10 - 1　注册界面　　　　　　　　　　图 10 - 2　注册界面

以绝大部分飞友的 DJI 无人机为示例,登录成功后,单击"无人机管理→新增品牌无人机"界面如图 10 - 3 所示。

图 10 - 3　无人机实名登记系统

单击"新增品牌无人机"后会弹出如图 10 - 4 所示的界面。

单击"提交"后返回界面,就会看到所登记好的信息如图 10 - 5 所示。

单击生成二维码,可在登录的邮箱中看到一个二维码文件,注册登记就完成了。二维码可打印出来发布查询。

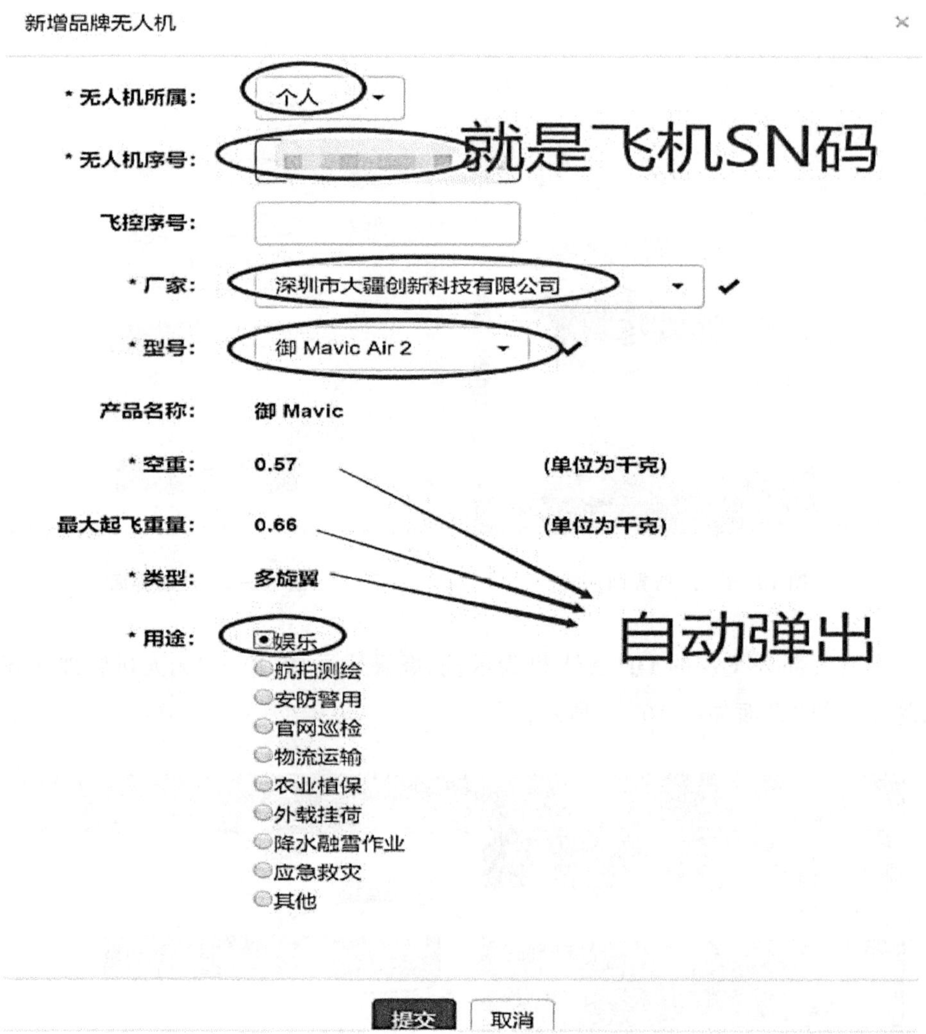

新增品牌无人机
* 无人机所属：
个人
* 无人机序号：
就是飞机SN码
飞控序号：
* 厂家：
深圳市大疆创新科技有限公司
* 型号：
御 Mavic Air 2
产品名称：
御 Mavic
* 空重：
0.57
(单位为千克)
最大起飞重量：
0.66
(单位为千克)
* 类型：
多旋翼
自动弹出
* 用途：
娱乐
航拍测绘
安防警用
官网巡检
物流运输
农业植保
外载挂荷
降水融雪作业
应急救灾
其他
提交
取消

图 10-4　无人机信息登记

无人机管理
新增品牌无人机
新增自制无人机
关键字
搜索
登记标识
序号
型号
类型
用途
厂家
注册日期
有效截止日期
所属
操作
大疆悟 Inspire系列
多旋翼
深圳市大疆创新科技有限公司
30 00:00:00
30 00:00:00
个人
生成二维码|注销
御 Mavic 2
多旋翼
深圳市大疆创新科技有限公司
02 15:25:00
02 15:25:00
个人
生成二维码|注销

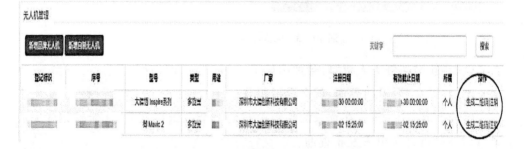

图 10-5　无人机信息展示页面

适飞空域的查询网址：https：//www. utmiss. com/airzonequery ♯/pass-port/login。

进入查询网址后，单击"用户注册"即可进行注册，登录时要选深圳入口。界面如图 10-6 所示。

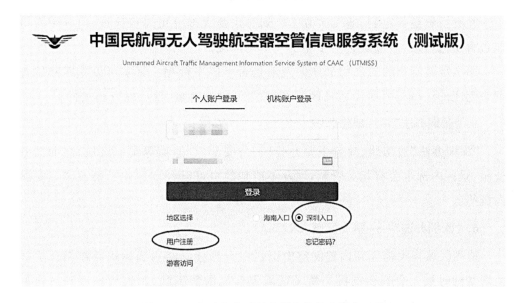

图 10-6　无人机驾驶航空器空管信息服务系统

登录进去后即可进入"适飞空域查询"界面。对于普通玩家飞友来说，绿色框为适飞区域，可在 120 m 高度飞行。可通过鼠标滚轮放大、缩小来查阅具体位置，单击右上角地点即可精准定位查询准备飞行的区域，绿色为适飞区、蓝色为边界限制。在这里，一般飞友能使用的查询功能很清晰，哪里属于适飞空域、可以安心放飞，一查便知。这里也有有关专业用户需要的空域申请等功能。

3."深圳办法"——可以在适飞区飞行的飞机

在相关资料中明确提到的微型无人机，是指空机质量小于 0.25 kg，具备高度保持或者位置保持飞行功能，设计性能同时满足飞行真高不超过 50 m、最大平飞速度不超过 40 km/h、无线电发射设备符合微功率短距离无线电发射设备技术要求的遥控驾驶航空器。

轻型无人机，是指同时满足空机质量不超过 4 kg，最大起飞质量不超过7 kg，最大平飞速度不超过 100 km/h，具备符合空域管理要求的空域保持能力和可靠被监视能力的遥控驾驶航空器，但不包括微型无人机。7 kg 起飞质量以下的，都可在适飞区 120 m 的高度下飞行。以大疆创新的无人机为例,"悟"Inspire2、"精灵"系列、"御"系列、"御 AIR"系列、"晓"都可以在适飞区域中 120 m 的高度以下无需申报即可飞行。

4. **"深圳办法"——适飞区域是否可以任性飞行**

答案当然是否定的,适飞区域已经划分出绝大部分可飞行区域,但其中有可能包含敏感区域,后续会进一步精细化适飞区域。

那么普通玩家的飞友们又如何判断是否可以飞行呢? 其实可以先在网站查询想起飞的区域是否属于适飞区域,然后避开敏感区域,就可以安心飞行了。

5. **"深圳办法"——敏感区域**

"深圳办法"边防线、政府主要办公区、公安部门、监狱等类似区域,深圳部分公园、景区内部也会有相关管制,飞友不清楚的也可以咨询巡逻民警或区域安保人员等。

6. **"深圳办法"——禁飞区域**

禁飞区域在大疆创新内置的空中围栏中大部分已经明确标识并在无合法申请解禁的时候无法解锁电机。禁飞区域包含机场禁飞区、军事管理区等。除去禁飞区、敏感区域,且查询到还在适飞区内,普通的玩家飞友们就可以安心的进行 120 m 以下高度的飞行。

10.2.3 无人机管理的国际发展趋势

中国、美国、欧洲是全球民用无人机制造与应用的主角,从无人机制造、无人机融入国家空域政策、无人机运行技术路线到无人机交通管理系统研发,三方正在开启一个跨越数十年的航空新技术竞赛。无人机是我国具备全产业链优势的新一代航空分支,这场技术盛宴我们不能缺席。

1. 市场结构决定运行管理需求

(1) 消费类无人机存量巨大

2019 年我国无人机制造企业有 1 200 家,产能达 2 000 万架,出货量占全球 70%。但全球无人机拥有量的分布更为均衡。

我国在无人机登记、运行数据获取、驾驶员管理、运营企业监管等领域处于全球领先,欧美各国受限于法律授权的及时性问题,目前仍没有全方位获取运行数据。我国通过出台低层级的管理程序、咨询通告以及红头文件等方式最快速地建立了无人机运行数据收集统计体系(参见表 10 - 4)。

表 10 - 4　中国无人机应用

无人机运行数据	2018 年	2019 年	同比增长
注册无人机	28.7 万架	39.2 万架	36.6%
注册用户	27.1 万家	37.1 万家	36.9%
注册法人用户	3.1 万家	4.7 万家	51.6%
无人机运营企业	4 402 家	7 149 家	62.4%
经营性无人机	54 105 架	80 779 架	49.3%
飞行小时	99 万小时	125 万小时	26.4%
无人机驾驶执照	44 573 本	67 218 本	50.8%

数据来源：民航局各统计报告。

数据说明：运营企业是指利用无人机对外提供商业服务的企业,注册法人用户是指使用无人机的机构用户,后者范围更广。注册无人机是指机构和个人根据民航局适航司《民用无人驾驶航空器系统实名登记管理程序》实名登记的无人机。而经营性无人机是获得无人驾驶航空器经营许可证的企业根据民航局运输司《民用无人驾驶航空器经营性飞行活动管理办法(暂行)》登记的无人机。后者范围更小,主要用于对外开展经营性飞行活动。

(2) 专业级无人机加速增长

据估算,2019 年全球无人机出货量约 370 万架,其中专业类无人机 34.4 万架,约占总量的 10% 左右。2019 年我国民用无人机制造业规模约 120 亿元,专业类无人机销量占比 12%,但销售额占比达到 54.3%。我国无人机注册法人用户、无人机运营企业以及经营性无人机、无人机驾驶员执照增速超过总量数据增长速度,说明无人机企业应用、商用与职业应用将成为未来无人机发展的重要特征。

根据美国联邦航空管理局(FAA)统计,2018 年底,美国注册航模无人机业主 90 万人,拥有大约 125 万架航模无人机,此外,2018 年底 FAA 注册的非航模小型无人机(sUAS,指起飞全重 25 kg 以下的无人机)达到 27.7 万架。FAA 将 1 万美元以下的无人机界定为消费类,其平均价格为 2 500 美元;专业类无人机平均价格约 2.5 万美元,2018 年美国注册的专业类无人机有 1.3 万架,但 FAA 预测,到 2023 年美国非航模无人机将达到 83.5 万架,其中专业级无人机将增长 10 倍,达到 12.5 万架。

目前,欧洲无人机数据统计最薄弱。根据单一欧洲天空空中交通管理研究(SESAR)联合体 2016 年的估算,当年欧洲约有 100 万～150 万架消费类无人机,占全球 30% 的市场份额,其中专业类无人机约 1 万架。

(3) 城市空中交通(UAM)无人机是下一轮增量市场

《欧洲无人机展望研究》预测,2025 年欧洲消费类无人机将达到 700 万架,这一规模将保持到 2050 年。政府和商用无人机则持续增长,2025 年将达到 20 万架,到 2050 年为 40 万架。2035 年欧洲将有约 7 万架快递无人机每年运送 2 亿个小型包裹,载人城市空中交通(UAM)无人机将达到 4 000 架。

美国宇航局(NASA)2018 年发布的《城市空中交通(UAM)市场研究》测算,美国仅机场空中巴士(Airport Shuttle)以及空中的士(Air Taxi)两类市场的潜在市场规模每年就有 5 000 亿美元,但受制于各方面的限制,其初期市场容量每年约为 25 亿美元,每天需要 4 100 架城市空中交通无人机为 8 万名旅客提供 5.5 万次飞行。

无人机对有人航空的替代将在 2040 年后逐步实现。到 2050 年,欧洲大型审定类无人机(包括可选择有人或无人驾驶的机型)将达到 1.2 万架,占全部商业运输机队(含公务机与旋翼机)的 28%。大型货运飞机将全部转为无人驾驶,公务机与旋翼机规模将因替代效应而显著萎缩。

欧洲民用无人机与传统航空器规模预测如表 10-5 所列。

从数据上看,中美欧的无人机规模以及近、中期市场展望结果相近,三方无人机应用市场基本形成均势,如表 10-6 所示,中美欧基本在相近的市场需求基础上开展运行技术开发。

此外,关注无人机的重点不仅是规模,技术特征与运行特征更为关键。尽管消费类无人机在机械性能、物理指标上远弱于有人航空,但无人机是数字时代产品——基于移动互联网的数字航迹、数字控制与数据链传输,无人机运行管理、运行服务与交通控制具备智能化发展的基础。传统航空器发源于机械时代,数字化改造困难。从技术时代来区分,消费类无人机类似哺乳动物中的松鼠,具备进化为人类的潜力,而传统航空器则更像卵生动物的恐龙。

表 10-5　欧洲民用无人机与传统航空器规模预测

千架

无人机类型	年　份								
	2015 年	2018 年	2020 年	2025 年	2030 年	2035 年	2040 年	2045 年	2050 年
开放类无人机*	1 000	5 000	6 000	7 000	7 000	7 000	7 000	7 000	7 000
特定类无人机*	9	45	86	200	373	386	384	390	396
审定类无人机***							2	6	13
军用无人机	1	1	1	1	1	2	2	2	3
城市空中交通 (UAM)无人机					2	4	4	4	4
航班机队	11	12	13	15	17	20	22	25	25
公务航空	7	7	8	8	8	9	8	7	4
旋翼机	2	2	2	3	3	3	3	2	1

数据来源：SESAR Joint Undertaking,European Drones Outlook Study：Unlock the valuefor Europe. November 2016。

注：欧洲航空安全局(EASA)和无人系统规则制定联合体(JARUS)采用一种基于运行风险的无人机运行分类方法。*指运行风险较低,允许开放运行的无人机类型,消费类无人机主要归于此类；**指运行风险较高,需要通过风险评估与风险控制才可开展运行的无人机类型,目前专业类无人机主要归于这类。***指运行风险很高,需要按照航空器适航审定程序进行管理的无人机类型,载人城市空中交通无人机和大型高空长航程载人或载货无人机都归于此类。

表 10-6　中美欧无人机规模比较

国家	注册无人机数量/架	注册专业无人机数量/架	飞行小时/小时	驾驶员执照数/本	运营企业/家	无人机规模预测/架	专业类无人机预测/架
中国	39.2 万 (2019 年)	8.1 万	125 万	6.7 万	7 149	246 万 (2025 年)	37 万 (2025 年)
美国	153 万 (2018 年)	1.3 万 (2018 年)	—	11.6 万	—	208.5 万 (2023 年)	12 万 (2023 年)
欧洲	100 万 (2015 年)	8.6 万 (2020 年)	—	—	—	720 万 (2025 年)	20 万 (2025 年)

2. 无人机运行管理 1.0

由于各国公众和政府对无人机的态度从关注鼓励转向慎重约束,无人机制造技术对市场扩张作用减弱,空域容纳能力(运行管理技术)成为产业短板与技术瓶颈。无人机能否安全、快速、大规模融入国家空域系统成为全球无人机竞争新赛道。

根据出货量估算,全球消费类无人机存量达到 2 000 万架,每年新增无人机规模约为存量传统航空器的 10 倍,各国难以参照有人航空的方式管理无人机。消费类无人机管理的首要任务是解决巨量无人机的信息管理。其解决方案是无人机电子注册、无人机远程识别(RID)技术以及飞行数据云系统(含电子地理围栏等基础功能),目前技术架构基本成熟,已基本实现运行主体、运行轨迹的可追溯。我国在消费类无人机制造技术、无人机信息系统建设以及管理制度出台速度等方面存在明显优势。针对消费类无人机的运行管理 1.0,我国处于领先位置,实用性规章出台最快、运行数据获取最全面;其次是美国,欧洲较慢但正在加速赶上。中美欧无人机运行管理系统 1.0 比较如表 10 - 7 所列。

表 10 - 7 中美欧无人机运行管理系统 1.0

项 目	中 国	美 国	欧 洲
运行管理系统	无人机云交换系统	LAANC	U - space 原型系统
服务范围	理论上包括所有管制空域,主要是 120 m 以下特殊管理空域(如深圳、海南等)	120 m 真高以下的管制空域,非管制空域无人机运行无需申请	120 m 以下 X/Y/Zu 空域(欧洲无人机空域分类)
服务种类	飞行计划与空域申请的互联网中转(根据地方法规,在特定空域飞行无需申请飞行计划与空域授权)	管制空域的计划申请与空域自动授权	计划申请与空域授权:U1 阶段 U - space 服务
服务对象	理论上所有无人机,实际以 25 kg 以下无人机为主	25 kg 以下无人机	25 kg 以下无人机
无人机服务商(USS)	UTMISS 以及 10 个无人机云系统。目前服务限于飞行计划与空域代理申报、飞行数据获取	21 家获得批准、职责范围不同 USS。服务包括 107 部实时批准、107 部协调空域和特殊娱乐飞行	主要由空管部门和新创企业提供测试应用,尚未建立服务商清单

无人机技术发展日新月异,随着专业类无人机成为产业发展的重点,小型快递运输、载人城市空中交通无人机、大型长航程无人机渐次成熟,对无人机运行管理与服务提出全新的需求,无论是规制体系还是技术方案都与消费类无人机解决方案 1.0 不同,全球正在展开无人机解决方案 2.0 的全方位竞赛。

3. 无人机运行管理 2.0

（1）政策法律规章

欧盟在民用无人机领域忧患意识最强，欧盟委员会自 2015 年起连续 5 年在欧洲各地举办欧洲无人机高层论坛，凝聚欧盟共识并每年发布欧洲无人机宣言。通过高层动员、社会宣传与政策制定，欧盟后发而先至，建立了全球最具前瞻性的无人机法规标准体系。欧盟首先提出基于运行风险的无人机分类管理理念，2019 年欧盟出台两部航空条例——DR(EU)2019/945，IR(EU)2019/947 分别从无人机适航与无人机运行两个方面建立无人机管理体系，欧洲无人机交通管理系统（U－space）条例已经完成公开征求意见，进入欧盟委员会立法程序，预计2020 年第四季度颁布实施。如果按期颁布，在欧洲所有 19 部民航法规中将有 3部是无人机法规。

美国无人机法律起步最早，《2012 年 FAA 现代化与改革法案》明确规定了FAA 在无人机融入国家空域系统的责任与义务，根据法案要求，FAA 在 2013 年发布了《无人机融入国家空域系统路线图（第 2 版）》，2016 年出台的《107 部小型无人机系统》建立了 25 kg 以内无人机的运行规则。根据 2017 年 10 月发布的总统备忘录，美国交通运输部选择 10 个地方政府开展无人机一体化试点计划（IPP），美国联邦、州、地方和部落政府通过 IPP 开展紧密合作。

中国民用航空局（简称"民航局"）于 2013 年建立了无人机驾驶员管理机制，2015 年出台了轻小型无人机运行规定，2017 年起建立无人机实名登记制度，2018 年出台了经营性飞行活动管理机制。民航局在 2018 年举办无人驾驶航空国际论坛，并在年底成立民航局无人机管理领导小组与工作组、专家组，2020 年民航局着手推进无人驾驶航空试验区试点。我国深圳市、海南省也推进了无人机管理地方法规的制定。但我国《无人机管理条例》仍处在立法过程，《民航局无人机规章》(CCAR－92 部）仍在等待上位法授权。

过去 5 年，全球出台的无人机法律规章与技术文件超过了 100 年间通用航空的法规体系，验证了各国对无人机的重视程度。

（2）运行安全风险控制工具

欧洲首先建立无人机运行概念，按照运行风险将无人机运行分为开放类、特定类与审定类。针对特定类运行建立了风险评估工具（SORA），通过对特定类运行开展评估风险、采取风险缓解措施等方式建立特定类无人机运行的标准场景，采取相同运行模式的企业按照标准场景开展运行，不再需要局方审定。开放类运行无须审定,审定类运行被纳入适航程序,欧盟将所有无人机纳入法规标准体系。

美国采用安全管理体系(SMS)的风险矩阵工具开展无人机风险管理,企业作为责任主体承担风险评估与运行管理责任。由于风险管理矩阵评估不必限制在小型无人机(107部范围),因此更大型的无人机运行也可以采用此模式实施安全管理,针对物流快递、UAM 等无人机复杂应用,FAA 将其纳入通用航空的空中的士(Air Taxi)审定程序管理。美国充分利用传统安全管理与认证程序解决无人机问题。

我国原则上采纳了无人机规则制定联合体(JARUS)的分类管理理念与 SO-RA2.0 管理体系,但无人机运行概念尚在制定过程中。

(3) 融入空域的技术路线

2018 年 3 月,单一欧洲天空空中交通管理研究计划(SESAR)发布了《欧洲空管主计划:无人机安全融入所有空域的路线图》。欧洲无人机融入国家空域系统提出两条并行路线:

① 大型遥控驾驶航空器系统(RPAS)融入传统有人航空使用空域,RPAS 从仪表飞行能力向仪表飞行/目视飞行双重能力发展,RPAS 从在 A/B/C 空域融合运行向所有空域融合运行发展;

② 针对小型无人机交通管理系统(U-space)划分 4 个发展阶段(U1~U4),但目前暂时只能界定前 3 个阶段 U-space 的功能与技术需求。欧洲无人机融入各类空域的战略如图 10-7 所示。

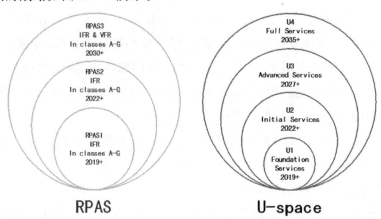

资料来源:SESAR Joint Undertaking,European ATM Master Plan:
Roadmap for the safe integration of drones into all classes of airspace。

图 10-7 欧洲无人机融入各类空域的战略

2018年7月,FAA发布了第二版的《民用无人机融入国家空域系统路线图——五年路线图》,是对2013年第一版的修订。美国按照无人机运行复杂程度由低到高界定了7类运行,分别对其提出无人机运行管理的能力需求,但没有对7类运行能力提出实现时间表,不同类型运行需要具备的运行管理能力如图10-8所示。

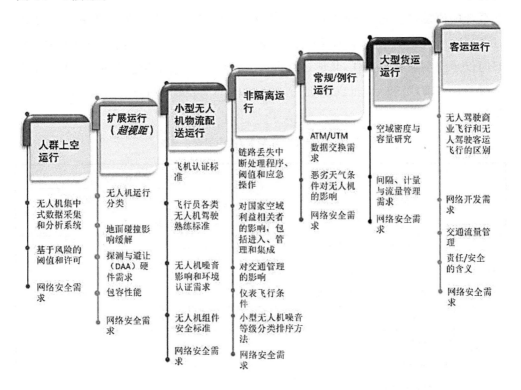

资料来源:FAA,Integration of Civil Unmanned Aircraft Systems(UAS)into the National Airspace System(NAS)Roadmap,Second Edition,July 2018. P36。

图10-8 不同类型运行需要具备的运行管理能力

2017年,民航局提出建立以运行为中心的无人机管理体系,由于空域管辖权的差异,我国没有出台《民用无人机融入国家空域系统路线图》。

(4)无人机交通管理系统(UTM)的运行概念

法律、规章与运行程序可以控制80%的运行风险,剩余20%的运行风险需要技术解决方案。残余风险才是无人机能否大规模扩张以及开展复杂运行的关键。

　　美国 UTM 概念框架首次由 NASA 在 2013 年提出来,到 2015 年,NASA 和 sUAS 运营人明确提出应当建立超低空域的无人机交通管理系统。根据《2016 FAA 延长、安全与安保法案》,FAA 与 NASA 合作推进无人机交通管理试点计划(UPP),NASA 负责 UTM 原型系统的研发,FAA 与 NASA 建立 UTM 研究转化小组(UTM Research Transition Team,RTT),确保 2020 年 9 月之前完成原型系统的研发与交付。FAA 在 2018 年和 2020 年分别发布第一版和第二版的《UTM 运行概念》,界定了 19 种 UTM 服务。在运行管理 2.0 阶段,FAA 和空管部门仅承担空域管理责任,其他运行保障任务由运营人承担主要责任,无人机系统服务供应商(USS)承担次要责任,UTM 参与者/机构的责任分配如表 10 - 8 所列。

表 10 - 8　UTM 参考者/机构的责任分配

功　能		参考者/实体		
		√＝主要责任;S＝辅助责任		
		无人机运营商	USS	局方
间　隔	UAS 和 UAS(视距内和超视超)	√	S	
	视距内无人机和低空有人飞机	√	S	
	超视距无人机和低空有人飞机	√	S	
风险/地形规避	气象回避	√	S	
	地形回避	√	S	
	障碍物回避	√	S	
状　态	UTM 运行状态	S	√	
	飞行信息存档	√	S	
	飞行信息状态	√	S	
咨　询	天气信息	√	S	
	向受影响的空域使用者发出无人机威胁告警	√	S	
	危险信息(如障碍物、地形)	√	S	
	特定无人机的危害信息(例如电线、无 UAS 区域)	√	S	

续表 10 - 8

功　能		参考者/实体		
		√＝主要责任；S＝辅助责任		
		无人机运营商	USS	局方
计划、意向和授权	制定运行计划	√	S	
	运行意向分享（飞行前）	√	S	
	运行计划共享（飞行中）	√	S	
	运行计划协商	√	S	
	管制空域授权		S	√
	飞行控制	√		
	空域分配和约束定义		S	√

资料来源：Office ofNextGen，FAA．Unmanned Aircraft System（UAS）Traffic Management（UTM）Conceptof Operations V2.0．March 2，2020．P20。

欧洲《U－space 运行概念》由 SESAR 联合体提出，U－space 服务包括与安全和安保相关的 8 类 31 种服务，如图 10－9 所示，但也包括商业服务。U－space 运行概念仅描述了 U3 之前的服务，U4 阶段的服务与功能尚未确认。

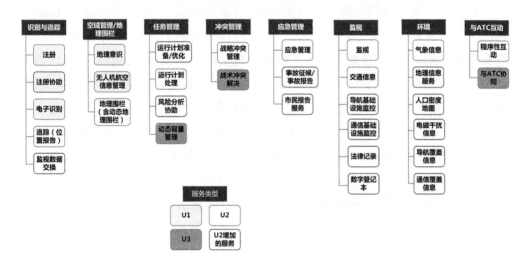

资料来源：SESAR Joint Undertaking，U－spaceConcept of Operations．Edition 03.00.02，25th October 2019。

图 10 - 9　U - space 服务类型

我国已经批准立项开展无人机运行管理系统（UOM）的建设，计划将现有民航局分属各司局的信息系统打通边界、数据共享，将无人机注册、驾驶员管理、运营企业监管、无人机交通管理信息服务系统(UTMISS)融合起来形成大系统,但系统运行概念与未来功能服务架构没有公布。

(5) UTM 研发是运行管理 2.0 竞争的焦点

欧美在无人机交通管理系统研发上不遗余力。

美国由 NASA 牵头并利用 NextGen 等资助途径,在 2015—2020 年度每年投入 2 000 万美元开展 UTM 原型系统研发。NASA 整体制定了 UTM 4 个技术水平(Technology Capability Level,TCL)的全部测试验证计划。其中 2016 年 8 月和 10 月完成 TCL1 和 TCL2 试验验证,2018 年 5 月和 6 月,NASA 与 40 家合作单位在 6 个试验区完成 TCL3 验证,2019 年 5 月—8 月,NASA 与 35 个合作单位完成 TCL4 验证试验。

以内华达州自动化系统研究所(NIAS)主导的一次 TCL4 验证试验为例,共有 34 家大学、研究机构、制造企业、互联网服务企业参与试验。试验包括建立项目测试验证目标、参与主体、相关场景设计、信息流程。随着 UTM 原型系统技术能力等级不断升级,参与各方的技术成熟度都得到同步提升,并获得大量试验成果,目前仅公布在 NASA 网站的 UTM 测试验证报告已超过 100 篇。

在 2017—2019 年度,欧盟最大的研发创新计划——"地平线 2020(Horizon 2020)"资助 3 300 万欧元建立了 SESAR 联合体牵头的 U - space 综合研发计划。欧洲在 U - space 研发计划中集中了欧洲最顶尖的大学、研究机构、运行部门与创新企业的核心资源,试验区遍布全欧洲,共有 19 个欧洲国家、11 所大学、25 家空管部门、25 座机场、65 个创新企业的 800 名技术专家参与,开展了 186 项飞行任务,完成了 850 h 飞行。其中一个 U - space 验证项目——PODIUM(The Proving Operationsof Drones with Initial UTM)分别在丹麦、法国与荷兰的 5 个试验场开展,涉及 18 个运行场景、73 次真实飞行和 138 个许可流程。

从试验验证来看,欧洲采取统一规划、分开测试验证、集成优势技术的方式推进无人机交通管理技术研发。10 个测试验证试验遍布欧洲各地,选取比较有代表性的区域和试验环境开展测试,兼顾了各国参与的积极性与公平性。

目前,我国 UTMISS 与 UOM 都未提出清晰的法律授权、运行概念与聚焦于交通管理功能的系统开发验证计划。中美欧民用无人机交通管理 2.0 比较如表 10 - 9 所列。

表 10－9　中美欧民用无人机交通管理 2.0 比较

各国特点	立法与国家战略	运行概念	系统研发
美国实	• 立法确认 NASA 研发； • FAA 监管并转化； • 建立 FAA－NASA 的成果转化机制 RTT； • UTM Pilot Program	• 2013 年提出 UTM 概念框架与四个技术能力等级； • 2018 年出台 UTM 运行概念第一版； • 2020 年运行概念第二版	• 2015 年起每年 2000 万美元投资试验与开发； • 在 7 个试验均测试验证； • 2020 年 9 月移交原型系统进入运行系统开发
欧洲全	• 2020 年将出台 U－space 条例； • 基于运行风险的无人机分类、风险评估、标准场景与运行概念	• 2017 年提出 U－space 蓝图和技术等级； • 2019 年完成运行概念研究； • EASA 和 Euro control 主导运行概念	• 欧盟"地平线 2020"项目投资 3300 万欧元； • 9 个探索性研究，10 个验证研究，五个试验场； • 已完成验证，正整理研究成果
中国快	• 《无人机管理条例》尚未出台； • CCAR－92 无人机规章未颁布； • 低层次规范先行先试； • 尚未建立无人机运行管理系统的立法计划	• 无人机运行概念和无人机交通管理系统运行概念未发布； • 建立了无人机空管信息服务平台 UTMISS； • 提出无人机运行管理政务平台 UOM 功能设计	• 2018UTMISS 试运行； • 2019 年批准 UOM 项； • 未推进成体系的 UTM 研发； • 缺乏生态系统建设，缺乏 USS 服务商支持

4. 启 示

（1）无人机交通管理技术只能自主开发

① 目前全球研发都处于并跑阶段，没有现成产品可以购买，而且谁也等不起；

② 无人机更加贴近经济建设与社会生活，包括敏感的地理信息、经济市场信息、居民社区信息，不宜由外方实施管理；

③ 无人机运行技术定制开发需求较大，传统空管雷达与自动化系统功能一致，通用产品易于采购，而各国无人机运行规则、法规、流程都不同，只能定制开发；

④ 无人机交通管理系统将逐步融入"城市大脑"并成为立体交通基础设施的组成部分，我国 100 万人口以上的城市超过百座，市场体量足以支撑自主开发。

（2）阶段优势不意味着持续优势

1）不同的赛场

消费类无人机的价值是创造流量与体验，专业无人机强调控制精确度、完整性、可靠性与连续性等不同技术指标，专业无人机应用需要不同的产业生态。消费类无人机运行以自我约束为主，商用运营则以付费服务保证安全，全球空中交通管理体系主要是为商业航空建立的。此外，与消费类无人机在视距内超低空飞行相比，商用无人机具有业务驱动、高载重、超视距、复杂运行轨迹等运行特征，B2B 将是无人机信息服务与运行管理的主要模式。

2）工业软件短板

无人机交通管理系统是大容量、短时延、广覆盖移动互联网与工业软件精准控制相结合的应用系统。技术指标不是规模、流量总量指标，而是运行概念、系统架构与整体效能的竞争，我国工业软件开发短板不利于运行技术的全球竞争。

3）适航审定短板

当无人机向 eVTOL，UAM/AAM（advanced Arial Mobility）等高性能、高可靠性、高风险应用发展时，适航技术短板就会逐渐体现出来。

4）研发生态短板

无论是美国 NASA－FAA 技术转移的接力模式，还是欧洲组队平行开发的赛马模式，都有多类机构广泛参与。通常局方与业界提出技术需求—大学与研究机构提供技术解决方案（原理与元器件）—行业研发机构制定运行概念并整合原型系统—标准组织制定专门标准—制造企业开发定型产品（品质控制）—市场竞争（政府采购）挑出优势产品。各个环节有不同机构提供不同研发专长，动态地组成一个有活力的研发生态。我国从大学或研究机构就直接生产定型产品的做法不是常态，不能实现研发体系博采众长、合理分工。

（3）有计划地推进我国无人机运行管理技术试验验证

无人机运行管理是一条"足够长的技术坡道"，覆盖当今科技前沿应用——大容量低时延移动通信＋空中机器人（精准运动＋精准遥控）＋人工智能（全局动态轨迹规划与智能控制）＋物联网（态势感知＋轨迹协调）。这也将是一条延续数十年的航空业新赛道。在"唯快不破"策略获得初期成功之后，我们需要一些"慢功夫"建立无人机运行管理的持续优势。中国无人机运行管理技术展望如表 10－10 所列。

表 10－10　中国无人机运行管理技术展望

项　目	运行管理 1.0（UOM1.0）	运行管理 2.0（UOM2.0）	运行管理 3.0（UOM3.0）	运行管理 4.0（UOM4.0）
应用时期展望	2015—2020 年	2020—2025 年	2025—2035 年	2035—
主要功能	运行信息管理与限制运行	飞机动态管理与信息服务	交通管理与动态轨迹规划	TM/UTM 融合
服务对象（向下兼容）	消费类/开放类无人机	专业类/特定类无人机	UAM/AAM	大型长航程无人机
关键运行特征	海量运行数据管理	个性化信息服务	智能化飞行轨迹管理	有人/无人航空同质运行
支撑技术	移动互联网监控＋限制区	双向移动互联网监控＋服务	5G 通信＋智能辅助决策	移动物联网＋自动驾驶
空域使用	150 m 以下/视距范围	150 m 以下超视距；隔离空域	1 000 m 以下城市空域	所有空域
运行服务需求	RID；飞行轨迹上传；地理围栏	飞行计划与空域自动授权；气象、地理与交通信息服务	自动化运行；数字化共享的气象、地理、交通信息	自动化运行与远程人工干预
交通冲突解决	目视避让	交通意识；战略冲突化解	感知避让能力；战略与战术冲突化解	接受传统空管服务能力；融合感知避让

① 建立国家级科研专项持续资助,建立政产研学用一体、高科技企业牵头的研发机制,主导机构具有整合资源、完成空缺任务的意愿与能力;

② 构建无人机交通管理的运行概念,文字落地过程是积累知识、凝聚共识的重要途径,也是汇聚研发专长的过程;

③ 定向征集技术工具与技术解决方案;

④ 制定试验验证计划,在虚拟与实地运行场景中测试,只有广泛验证各类工具与程序方案,才可能有实用的原型产品;

⑤ 培育研发生态,研发生态是创新的生命力基础,博取众长、激励相容的创新生态才是未来各国技术竞争的主体;

⑥ 依托试验区聚集研发要素,目前开展的无人机试验区借鉴了欧美强化社会动员、发挥行业与地方两个积极性的做法;试验区之间还应分工协作,聚焦于我国无人机运行管理中不同应用场景的测试验证。

5. 举例无人机交通管理系统空域集成解决方案

(1) 交通管理的功能层

无人机交通管理系统和空中交通管理(ATM)在对特定空域的分配及运行方式等方面存在差异。但是,它们具有共同的功能结构,如图 10 - 10 所示。从注册、绘图和跟踪开始,功能层相互叠加。在这些基础功能之上,还有更高的流量管理功能,例如任务规划、环境数据处理、冲突检测和解决、流量预测和拥堵管理以及为用户定制的人机界面(HMI)(最高层)。

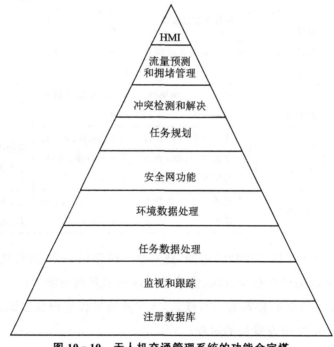

HMI

流量预测和拥堵管理

冲突检测和解决

任务规划

安全网功能

环境数据处理

任务数据处理

监视和跟踪

注册数据库

图 10 - 10 无人机交通管理系统的功能金字塔

(2) 低空空域用户

大多数无人机在不受管制的 G 类空域的超低空空域(VLL)中运行(地面上 100~150 m),具体飞行高度取决于相关规定和运行概念。地面态势感知系统接收无人机的位置信息图如图 10 - 11 所示。这类空域的使用者很多,包括按目视飞行规则(VFR)飞行的有人机,用于紧急服务、警察和空中运动的直升机,存在严重的撞机风险。由于国际民用航空组织(ICAO)规模较小,因此难以要求所有无人机遵守"保持空域洁净"和"发现后避让"等规定。

(3) 整合无人机系统

C 类、D 类和 E 类受管制空域主要用于有人机飞行(须遵守仪表飞行规则

图 10 - 11 地面态势感知系统接收无人机的位置信息

(IFR)和目视飞行规则(VFR))。但这些空域已经并且将继续用于无人机系统任务,例如用无人机检查机场,参与军事行动,穿越管制空域以及未来的货运、旅客运输等。无人机气象站维护、调查飞行及其他长期任务也有望在受管制空域的上方空域实现。

DFS 认为,这些无人机任务需要整合到空管系统中,包括需要合适的标签显示、任务处理以及与其他航空用户的协调。通过无人机的飞行计划和跟踪技术来增强 ATM 系统的整合能力。无人机系统必须配备一个应答器,以便在 1 524 m 的 E 类空域以及其他受管制空域中进行识别、监视和跟踪。

(4)端到端无人机交通管理解决方案

DFS 无人机交通管理所提供的服务对于空域中的无人机在所有飞行阶段的安全运行都是至关重要的。在预飞行阶段,操作员可以在无人机交通管理系统中注册并进行任务规划,还可以再次检查飞行计划是否涉及禁飞区或领空限制,或是有其他登记的飞行动作,以及是否需要获得操作许可或特殊操作风险评估。

如果需要得到相关航空管理机构的许可,无人机交通管理系统可提供操作员之间的基于工作流的批准程序。另外,无人机交通管理可持续处理气象数据、海图数据、地理数据、障碍物数据和航行通告(NOTAM)等外部数据并进行数据过滤。在飞行阶段,操作员可以实时跟踪无人机,并通过复杂的空中状况显示屏中观察其他有人机和无人机,包括视距外飞机。飞行后阶段的无人机交通管理系统组件可协助评估和跟踪飞行情况,例如飞行日志、事件管理和电池管理。

(5)基于网络的可扩展云解决方案

无人机属于航空业的一部分。无人机技术与智能手机相似,两者都具有颠覆性以及非常迅猛的发展势头。无人机、操作员和其他利益相关方数量的不断增加使基于网络的无人机交通管理解决方案变得至关重要。由于无人机飞行员也需要态势感知,因此,还必须考虑智能手机或平板电脑中无人机应用程序的人机界面,这也需要基于网络的可扩展云解决方案的支持。

(6)低空空域的安全性和可见性

无人机在低空空域的出现增加了人们对有人机在该空域中可见性的关注。G类空域中的有人机无需证明身份,航行服务提供者(ANSP)通常不会对在此空域发布空中交通管制强制令。为了提高飞行的安全性,基于广播式自动相关监视(ADS-B)、交通感知及防撞技术(FLARM)等低成本基础空中交通管制技术在过去十年中得到了发展。这些技术可用于完成空中态势显示。因此,DFS的无人机交通管理系统不仅适用于无人机管理,还可以在超低空空域中提高安全性和能见度。

(7)中央数字平台

Droniq公司为DFS提供无人机交通管理系统的第一个版本,包含实时交通显示、注册和任务规划。无人机跟踪功能通过带有调制解调器和集成SIM卡的内部开发设备以及移动或固定地面传感器实现。下一步措施是将调制解调器完全集成到无人机系统中。DFS和德国电信提供商Deutsche Telekom测试人员在空中态势显示器中观察无人机超视距飞行试验情况如图10-12所示。

鉴于无人机的潜在风险,需要开发一种无人机检测系统来保护机场等敏感区域。无人机交通管理系统的多传感器数据融合跟踪器可以融合任何无人机检测系统,并可以区分已注册和恶意无人机。计划在不久的将来通过LTE实现任务审核放行、冲突警告、指挥与控制链集成以及实时数据传输等功能。DFS和Droniq公司的愿景是在德国建立一个用于无人机服务的中央数字平台,这将成为欧洲的蓝图。

(8)对航空系统的挑战

无人机系统对整个航空系统和空中交通管理带来了颠覆性的技术挑战,因为无人机具有高度自动化潜力的新飞行技术。此外,无人机市场的快速增长使得当前许多航空商业模式发生了根本性的变化,最终将被淘汰或被新系统取代。

图 10 - 12　DFS 和德国电信提供商 Deutsche Telekom 测试人员
在空中态势显示器中观察无人机超视距飞行试验情况

（9）航空系统的变化

欧洲委员会、单一欧洲天空空中交通管理研究计划（SESAR）和欧洲航空安全局（EASA）就无人机交通管理系统的未来部署架构、ANSP 的作用及其与未来第三方无人机管理服务提供商（USP）的关系进行了广泛的讨论。

DFS 预测 ANSP 将拥有一个全国性的无人机交通管理系统，至少应具备注册、监视集成和跟踪，以及航空情报管理（AIM）数据和气象信息参考等核心功能。无人机交通管理系统涉及领域众多，并且为竞争性市场提供了机队管理和有效载荷服务等功能。无人机管理系统的发展将对市场产生影响，未来将看到航空系统的根本改变。

10.3　无人机的驾驶人员管理规定

无人机发展迅猛，但无人机的相关管理规定严重滞后。2013 年中国民用航空局（简称"民航局"）飞行标准司发布了较为系统的《民用无人机驾驶员管理规定》。此后 2015 年进行了第一次修订，2018 年进行了第二次修订。2019 年 5 月 10 日对第三次修订的《民用无人机驾驶员管理规定》（以下简称《规定》）在全国范围内征求意见。相关文件在民航局官网可以查询。以下关于《规定》的主要内容加以说明。

《规定》主要分为 5 个主要内容并明确指出无人机考试中心要纳入到民航局的统一管理体系中，无人机驾驶员执照将彻底取代无人机驾驶员合格证。《规定》为落实 CCAR - 61 部的修改决定要求,加强无人机驾驶员执照申请流程管理,完善考试相关配套制度,其修订内容包括增加分类等级、明确飞行经历记录数据规范、细化实践考试标准执行要求、完善委任代表管理规程,将考试点全面纳入局方管理体系以加强考试点评估的规范性、提高运行的标准化程度。

10.3.1 无人机等级分类

无人机分为七大类,分别为固定翼、直升机、多旋翼、垂直起降固定翼、自转旋翼机、飞艇、其他;无人机等级按质量定为 7 个等级,如表 10 - 11 所列。

表 10 - 11 无人机登记分类

分类等级	空机质量/kg	起飞全重/kg
I (a)	0<W≤0.25	
I (b)	0<W≤1.5	
II	1.5<W≤4	1.5<W≤7
III	4<W≤15	7<W≤25
IV	15<W≤116	25<W≤150
V	植保类无人机	
VI	116<W≤5 700	150<W≤5 700
VII	W>5 700	

I,II 类无人机无须执照管理。其他等级无人机驾驶员执照由局方实施管理。高等级无人机驾驶员执照可操控低等级的无人机,但低等级无人机的驾驶员执照不可以操控高等级无人机。

10.3.2 驾驶员及驾驶员执照

自 2018 年 9 月 1 日起,民航局授权行业协会颁发的现行有效的无人机驾驶员合格证自动转换为民航局颁发的无人机驾驶员电子执照。驾驶员等级分为 3 个等级:视距内等级、超视距等级、教员等级;无人机驾驶员执照有效期为 2 年,期间内无人机云交换系统电子经历记录本上要有 100 h 以上的飞行经历时间证明,否则需要重新进行对应等级的实践考试。飞行教员在其教员等级期满前 90 天内通过相应教员等级的更新检查。如果教员在执照有效期内通过高等级的更新检查,则原等级执照视同更新有效。超视距飞行执照可操控同等级及以下视距内的无人机。

10.3.3　无人机执照的申请与审批

年满 16 周岁的公民可以报考无人机驾驶员执照。需要在有资质的培训机构进行相关的理论及实践教学。要进行 40～50 学时的理论教学和 50～70 学时的实践教学(植保无人机 30 学时以上)。培训完成后,要参加理论、面试、实践 3 项考试并且都通过后可递交执照申请。申请执照需要申请人提交下述材料:

① 身份证;
② 学历证明(如要求);
③ 相关无犯罪纪录文件;
④ 理论考试合格的有效成绩单;
⑤ 原执照(如要求);
⑥ 授权教员的资质证明;
⑦ 训练飞行活动的合法证明;
⑧ 飞行经历记录本;
⑨ 实践考试合格证书。

文件提交成功后两个月内会获得民航局下发的电子执照,如需要印制执照则需缴纳一定的工本费用。

10.3.4　飞行经历记录

此次飞行记录的要求比以往的要求更加严格,并且有数据可查。2019 年 1 月 1 日起,不再认可自行填写的飞行经历信息。申请人飞行经历数据应接入无人机云交换系统,以满足申请执照或等级对飞行经历中带飞时间及单飞时间的要求,以及申请执照更新对飞行经历时间的要求。飞行经历纪录填写规范参考民用无人机驾驶员飞行经历记录填写规范。

10.3.5　无人机考试一般程序

《民用无人机驾驶员管理规定》明确,考试由民航局指定人员主持,并在指定的时间和地点进行。考试员为局方指派,考点须通过局方评估。如遇法定假日,则考试日期顺延到下个考试日(一部分省、市执行)。理论考试的成绩合格线由局方确定,理论考试的的实施程序参考《民用无人机驾驶员理论考试一般规定》执行,局方指定的考试员按照《民用无人机驾驶员实践考试一般规定》的程序,依据《民用无人机驾驶员实践考试标准》实施实践考试。

10.4　无人机发展趋势

人工智能、物联网、大数据等新一代信息技术发展迅速,为民用无人机产品智能化、数字化升级提供了新动力。通过融合应用上述信息技术,无人机既能够在数据收集方面提升效率、创造更大价值,也能在性能提升上获得更多可能,为用户带来更好的使用体验。

目前,消费级无人机市场体量扩容速度减缓,市场保有量也达到高位。相比之下,无人机在行业应用领域仍然处于持续探索的初步阶段,市场成熟度有待继续提升,产业链完善也还有待继续推进。得益于无人机技术的不断进步,以及政策、市场利好加速释放,工业级无人机逐步进入爆发期。工业级无人机无论是在产品设计、技术研发,还是在搭载设备、服务培训等方面,都取得了长足进步。此外,无人机在农业植保、电力巡检等专业领域的应用也有望更加普及。

10.4.1　各项技术的完善及迭代使无人机更安全

无人机的飞控、导航、数据链相关技术的更新换代,将使无人机更加稳定、可靠、安全。新型无人机传感器具有更高的探测精度、更高的分辨率,无人机传感器中大量应用了超光谱成像、合成孔径雷达、超高频穿透等新技术,使无人机可在应对各种突发状况时做出正确的决策。多种导航技术结合的"惯性+多传感器+GPS+光电导航系统"将是导航系统的发展方向,支持全系统全频点信号接收,实时解算高精度的位置、速度、时间等数据,并与航向传感器、高度传感器、陀螺仪、飞行控制器、遥测发射机等信息结合,为无人机飞控系统提供可靠的数据输入,保障无人机的安全平稳飞行。现代数据链技术的发展推动无人机数据链向着高速、宽带、保密、抗干扰的方向发展,未来随着机载高速处理器的突飞猛进,射频数据链的传输速率将翻倍,新的通信技术将促使无人机向更广泛的领域发展。

10.4.2　无人机多功能、标准化、信息化的发展趋势

高技术的迅速发展及融合使无人机产品及任务载荷模块化、通用化、系列化成为可能,发展趋势向一机多能的方向迈进。无人机在设计之初就会充分采用模块化设计技术,根据不同的任务更换不同的任务载荷,执行不同的任务,实现

一机多能、一机多用。尤其是在社会信息化发展中,无人机通过与互联网、大数据、人工智能和实体经济深度融合,无人机将成为信息集成与共享的载体、信息多媒体化内涵采集平台、信息功能智能化应用工具、信息系统结构分布化的链接器。

10.4.3　无人机的高空长航时发展趋势

随着新能源的广泛应用,以及无人机的无人属性,其发展的必然趋势为高空及长航时。未来长航时高空无人机可在空中停留几天甚至几个月,获取目标区完整的信息,为己方决策提供准确、及时的信息依据。长航时高空无人机比卫星应用灵活、价格便宜,可随时选定区域,并尽可能接近目标区采集准确信息;它可以不受目标上空云雾的影响,获取高分辨率的图像;它还可以机动跟踪目标,提供实时信息。所以,长航时高空无人机已成为卫星的重要补充手段。

10.4.4　无人机微型化、智能化的发展趋势

随着微电子技术、新材料和纳米技术的飞速发展,无人机将变得越来越小,让人难以洞察。它能够在城市的建筑物之间飞行,可以从人员的手掌上起飞。甚至像蜂群一样配合完成更加复杂的任务。不久的将来无人机应该能够完全自主地完成各项复杂任务,降低人员风险,替代或降低劳动危险强度。大量采用人工智能和群体智能理论技术,无人机可自动寻找、识别目标,确定任务目标的优先顺序,选择恰当的载荷,做出决策,执行必要的机动动作。

第三模块
通用航空企业实践应用

第11章　航油与航空器材管理

11.1　通用航空燃料基础知识

11.1.1　航空燃料的组成及固有属性

1. 航空燃料的组成

航空燃料是石油产品的一种,是一种专门供航空发动机使用的燃油品种。
石油的化学组成如表 11-1 所列。

表 11-1　石油的主要元素组成

元　素	总含量占比
碳(C)	约占总含量 96%～99%,其中 C 占 83%～85%;H 占
氢(H)	11%～14%
硫(S)	
氮(N)	一般只有 1%～4%
氧(O)	

烃是由碳和氢组成的化合物,如烷烃、环烷烃、芳香烃、不饱和烃和固体烃。
馏分为不同温度下,石油产品蒸馏出来的组合。温度不同,馏分不同。石油
在不同温度下的馏分如表 11-2 所列。

表 11-2　石油在不同温度下的馏分

馏　分	温度/℃
汽　油	小于 200
喷气燃料(航空煤油)	150～280
柴　油	200～350
润滑油	300～500

2. 航空燃料的固有属性

（1）易燃性

航空燃料具有容易燃烧的特点，其危害程度由其闪点决定。

闪点是指在规定的实验条件下，航空燃料蒸气和空气混合物接近火焰闪出火花的最低温度。闪点越低，燃烧起火的可能性越大，所以闪点可以被看作防火安全指标。

（2）易爆性

当航空燃料蒸气和空气混合气达到一定比例时，遇火就会发生爆炸，这一比例范围叫爆炸极限。爆炸极限分上限与下限，航空燃料蒸气和空气混合气比例超过上限时会燃烧，所以，航空燃料同其他易燃易爆化学品一样存在易爆性。

（3）带电性

航空燃料在加注、收发、输转和灌装过程中沿管道流动与管壁摩擦，在运输过程中与车船上的罐、船壁冲撞，油流的喷射都会产生静电（不同性质的物质相互摩擦起电原理）。静电电压随摩擦加剧而增大，当电位高于一定电压时，所产生的静电火花达到航空燃料蒸气点燃能量，足以使油蒸气着火爆炸。

（4）毒性

航空燃料具有一定的毒性，在油品储运操作过程中，毒物会侵入人体，一般有三种途径，即通过呼吸道、皮肤和消化道侵入人体。不同侵入方式的症状表现如表 11-3 所列。

表 11-3　不同侵入方式的症状表现

侵入方式	症状表现	
	油蒸气浓度	症　状
呼吸道吸入：毒物被呼吸道粘膜和肺泡吸收，直接进入血液循环，中毒危害大，发病快	0.28%	12～14 min 左右，人发生头晕
	1.13%～2.22%	急性中毒，人难以忍受
	含量更高时	立即昏倒、丧失知觉
皮肤吸入：毒物直接穿过表皮进入毛囊和皮脂腺并被吸收	产生脱脂、干燥、裂口、皮炎和局部神经麻木情况，危害性也很大	
消化道进入：毒物进入人体后少量被小肠吸收，大部分进入肝脏，经解毒排出，只有少量未经转化进入血液	这种情况很少见，多属于违章和麻痹导致。毒物落入口腔、眼睛时会使粘膜枯萎，有时会出血	

11.1.2 通用航空燃料的类别

目前,通用航空燃料分为两大类:

航空汽油(航空活塞式发动机燃料):用于安装往复式发动机的航空器使用。

航空煤油(航空涡轮发动机用喷气燃料):用于安装航空燃气涡轮发动机和冲压发动机的航空器使用。

1. 航空汽油

(1)航空汽油的组成

航空汽油由航空基础汽油、直馏汽油和高辛烷值组分或其中的两部分组成。为了进一步提高抗爆性和抗氧化安定性,在 95 号和 100 号航空汽油中还加有抗爆剂和抗氧防胶剂等添加剂。

(2)航空汽油的牌号

辛烷值指与其抗爆性相当的标准燃料中所含异辛烷的容积百分数。标准燃料由异辛烷与正庚烷两种液体组成,异辛烷的抗爆性很好,规定它的辛烷值为100,正庚烷的抗爆性很差,规定它的辛烷值为 0。

品度值,表示燃料在富混合气(余气系数约为 0.6 左右)条件下工作时所能发出的最大功率(超过这一功率时便出现爆震)与用纯异辛烷工作时发出的最大功率之比。

航空汽油牌号主要以辛烷值、品度值两个性能指标确认。目前共分 6 个牌号,分别为 95 号、UL91 号、UL94 号、100 号、100LL 号、100VLL 号,其中"UL"代表无铅、"LL"代表低铅、"VLL"代表超低铅。例如,95 号航空活塞式发动机燃料,表示该油的马达法辛烷值不小于 95,品度不小于 130。为方便飞行员分辨不同种类的航空汽油,航空汽油会加入染料。100/130 是绿色,而 100LL 是蓝色。航空汽油牌号识别色及标签对照表如表 11－4 所列。

表 11－4　航空汽油牌号识别色及标签对照表

牌　号	识别色	标　签
95 号	黄色	95 号航空汽油
UL91 号、UL94 号	橙色	UL91 号航空汽油、UL94 号航空汽油
100 号	绿色	100 号航空汽油
100LL 号、100VLL 号	蓝色	100LL 号航空汽油、100VLL 号航空汽油

（3）航空汽油的质量要求

航空活塞式发动机与一般地面汽化器发动机的工作原理基本相同,但在构造和工作条件上却有许多差别。一个很重要的区别是,为了以较轻的发动机质量获得较大的功率,航空发动机一般除使用强度大而质量轻的合金材料外,还广泛采用进气增压装置。对航空汽油的质量要求如下:

1）蒸发性限制严格

航空发动机要求使用的汽油有良好的蒸发性。为防止高空飞行时产生气阻,对轻质馏分含量作了严格的限制。

2）要求抗爆性较高

由于采用增压进气,汽缸的温度和压力较大,要求汽油的抗爆性能较高。飞机在起飞或执行特殊任务时,要求发动机发出最大功率。在这种情况下,除利用增压器提高进气压力外,还需加浓混合气,即采用富油混合气进行工作。因此航空汽油除要求有较高的辛烷值外,还要求有较高的品度值。所谓品度值就是在富油混合气工作时将化学纯异辛烷在增压航空法测定机上所测得的平均指示压力（或平均功率）定为100,在相同条件下用试油工作时所测得的平均指示压力（或平均功率）与用异辛烷测得的值进行比较所得的百分数。例如,试油在测定时所得平均指示压力为纯异辛烷工作时的130％,则试油品度为130。因此,燃料的品度值愈高,表示该燃料在富油混合气工作条件下可发出的功率愈高,抗爆性也愈好。

3）要求安定性较好

为保证飞行安全和发动机可靠的工作,要求航空汽油较车用汽油有更好的安定性,以适于较长时间的贮存。要求一般不含热裂化产品,烯烃含量不能过多。

4）要求低温性良好

飞机在高空低温下飞行时间较长时,燃料温度下降得多。若含有悬浮水会结成微小的冰晶,堵塞滤孔,阻碍供油。航空汽油中不允许含有不溶解的水分和机械杂质,规定结晶点不高于−60 ℃。

航空汽油的检验项目包括:外观、密度、馏程、铜片腐蚀、四乙基铅、蒸气压（满两年时还包括马达法辛烷值）。

2. 喷气燃料

（1）喷气燃料的品种及规格

喷气燃料按生产方法可分为直馏喷气燃料和二次加工喷气燃料;按馏分的

宽窄、轻重又可分为宽馏分型、煤油型、重馏分型。

1号喷气燃料是50年代中期试产喷气燃料的第一个品种。建国初期,我国石油产品几乎全部依靠从苏联进口,产品质量标准也完全按照苏联的制定。因此,我国试产喷气燃料的产品标准也是仿照苏联的 T-1 和 TC-1 制定的,燃料的结晶点定为不高于-60℃。1964年,我国制定了第一个喷气燃料国家标准 GB438-64。1977年第一次修订后,由原国家标准计量局以 GB438-77(88)1号喷气燃料标准发布实施,至今没有再审定。由于我国原油多为石蜡基原油,生产-60℃喷气燃料非常困难,所以1号喷气燃料在我国一直未占主导地位。

2号喷气燃料是煤油型喷气燃料,国家标准 GB1788-79(88)2号喷气燃料最主要的特点是结晶点为-50℃。由于绝大部分2号喷气燃料由石蜡基原油生产,所以其燃烧性能指标普遍都较优异,更适合我国实际情况。随着国际交往和民航事业的发展,喷气燃料作为全球性产品,要求其质量标准具有国际通用性。2号喷气燃料的闪点为8℃,不适应国际标准,现已逐渐被闪点不低于38℃的3号喷气燃料所取代。

3号喷气燃料是煤油型喷气燃料,国家标准号 GB 6537,是70年代末为适应国际通航和出口而开始研制的,现已广泛用于民航飞机和军用飞机。3号喷气燃料质量标准最主要的改变是闪点较高(不低于38℃),采用冰点代替结晶点作为燃料低温性能指标,并规定冰点最高为-47℃。此外不控制初馏点,10%馏出温度不高于204℃,98%馏出温度不高于280℃,给用不同原油生产喷气燃料和按不同方案生产喷气燃料以较多的灵活性。GB6537基本与美国JetA-1和国际航运协会标准(IATA)相同。

3号喷气燃料是经直接炼制和二次加工从原油中提炼出来的,一般产量不高,只占原油的百分之十几,有时要加入适当种类和数量的添加剂来提高性能。

3号喷气燃料与美国 Jet A-1、苏联 TC-1、英国 DERD2453AVTUR/FSⅡ、加拿大 3-GP-28、北约 NATOF-35 等互为替代产品。

3号喷气燃料常用添加剂:

① 四乙基铅,以提高燃油的闪点;

② 抗氧化剂,用来防止起胶,通常为碱性酚;

③ 防静电剂,以消减静电并防止发生火花;

④ 腐蚀抑制剂和结冰抑制剂。

3号喷气燃料的重要指标如表11-5所列。

表 11 - 5 3 号喷气燃料的重要指标

指　标	标准或数值
外　观	室温下清澈透明,目视无不溶解水及固体物质
水分含量	不含游离水,悬浮水含量 30PPM(0.003%)以内
杂质含量	每升固体微粒不大于 1 mg
电导率	50～600 pS/m
密　度	775～830 kg/m^3
闪　点	38 ℃
自燃温度	425 ℃
冰　点	−47 ℃
露天燃烧温度	260～315 ℃
最大燃烧温度	980 ℃
爆炸极限	1.4～7.5%

3 号喷气燃料的检验项目包括:外观、密度、馏程、闪点、冰点、铜片腐蚀、水反应、电导率、实际胶质等。

4 号喷气燃料是宽馏分型喷气燃料,已通过全部试验鉴定程序和试用,但未大量投产使用,而是作为特殊情况下的应急备用燃料。

(2)喷气燃料的特性

1)燃烧性

燃料燃烧是使其化学能转化为热能而进行做功的极其重要的过程。燃料燃烧的好坏主要取决于发动机的燃油喷嘴和燃烧室设计的先进与否,但燃料的某些性质对燃烧过程也有一定程度的影响。

燃料的燃烧性能包括燃烧完全性、贫油熄火边界、空中点火、生炭性和排气冒烟等。与之相关的理化指标有馏分组成、饱和蒸气压、黏度、芳烃含量、烟点及辉光值等。

燃料的雾化性对燃烧过程有很大影响,燃料雾化程度越好,越能加快混合气形成,因而也就加快了燃烧速度,有利于燃烧的稳定。燃料的黏度对雾化质量有直接影响。黏度过大,喷射角小,射程远,液滴大,因而雾化不良,燃烧不完全;黏度过小,喷射角则大,射程近,燃烧区宽而短,容易引起燃烧室局部过热。

燃料的挥发性对燃烧的完全程度影响也很大。挥发性与燃料的轻质馏份含量有关,轻质馏份多,燃料的挥发性好,同空气形成混合气较快,因而燃烧完全程度好;燃料的轻质馏份少,挥发性差,与空气形成混合气的速度低,燃料完全燃烧的程度差。若想获得在各种条件下较完全的燃烧,就须使用挥发性良好的燃料,故现代一般喷气燃料的终馏点都限制在 300 ℃ 以下。

喷气燃料燃烧的完全程度,除和性质有关以外,和化学组成也有关系。燃料的化学组成主要对高空条件下温度、压力较低,或是混合气过稀、过浓时的燃烧完全程度有较显著的影响。烃类的燃烧完全程度根据化学组成的不同按下面排列的顺序增大:双环芳香烃<单环芳香烃<带侧链的单环芳香烃<双环环烷烃<环烯烃<单环烷烃<烷烃。异构烷烃的燃烧完全程度比正构烷烃低。当燃料中芳香烃的含量增加时,燃烧完全程度即随之下降。这就是航空煤油中限制芳香烃含量的原因之一。

喷气燃料在发动机中燃烧时会生成积炭,积炭给飞机带来极大的危害。影响积炭生成的因素有燃烧室的构造、发动机工作条件和燃料的性质等。燃料的化学组成对生成积炭的多少影响比较明显。不同烃类在燃烧室中生成积炭的倾向按下列顺序而依次增大:烷烃<烯烃<单环烯烃<双环烯烃<单环芳香烃<双环芳香烃。如果以碳氢比来表示生炭性,则是碳氢比大的燃料积炭的倾向大。有关喷气燃料生炭性的指标有无烟火焰高度、辉光值(LN)等。无烟火焰高度(烟点)是评定喷气燃料和煤油积炭生成量的指标,用毫米表示。将试油装在无烟火焰高度测定器中点燃,测定燃烧时不冒黑烟的最大火焰高度,即无烟火焰高度。根据研究,喷气发动机内生成积炭的倾向与喷气燃料无烟火焰高度之间有密切的关系。燃料的无烟火焰高度愈小,则生成积炭量愈多。

现行喷气燃料规格中,还有一项表示燃烧特性的指标称为辉光值。芳香烃和萘烃含量对辉光值和无烟火焰高度有一定的影响。试验证明,当燃料的芳香烃含量越高时,无烟火焰高度和辉光值就越低;当不同燃料的芳香烃含量相等时,其中萘烃含量高者无烟火焰高度和辉光值较低。燃料中萘烃含量对辉光值的影响较无烟火焰高度大。

芳烃含量、萘烃含量、无烟火焰高度、辉光值这四个指标互相间有密切关系。因此,在喷气燃料规格中规定无烟火焰高度、萘烃含量、辉光值这三项反映燃烧性能的指标中,有一项符合标准即可。

2)洁净度

喷气燃料在生产、储运、加注过程中,由于种种原因可能带来一些杂质,影响燃料的洁净性。洁净性不好的燃料,影响发动机燃料系统的正常工作,甚至造成飞行事故。为了确保飞行安全,我们应防止杂质进入油中并设法清除已进入的杂质。引起燃料污染的物质统称为杂质。燃料中的杂质一般包括水分、固体杂质、表面活性物质和细菌四类。

水分在燃料中呈游离状态、悬浮状态和溶解状态。烃类燃料本身具有溶水性,能吸收溶解少量的水分,溶于燃料中的水分称为溶解水。由于强烈的机械作用或油温降低等原因,水分以微滴的形式悬浮于燃料中,这种状态下的水分称为悬浮水。悬浮水含量小于 0.003%(30PPM)时一般不容易用肉眼看到,大于此含量时即出现浑浊现象。在燃料中呈游离状态存在的水称为游离水。燃料中游离水的来源主要是由于温度降低燃料中的溶解水析出,潮湿空气接触罐壁冷凝的水以及保管不当外界混入的水等。燃料中出现游离水后,不但在低温下析出冰晶堵塞过滤器,而且会破坏燃料在系统附件中所起的润滑作用。水分还会导致铁锈产生、细菌繁殖,这些都堵塞过滤器或卡住精密部件,使燃料泵调节机构失灵。我们通常采用目视法、壳牌试纸法和测水仪来检测燃料中的游离水和悬浮水。

固体杂质是指不溶于燃料的杂质。燃料中的固体杂质一部分是外部进入的,一部分是由于储运设备的材料老化或零件的磨损而落入油中的,此外还有烯烃及非烃化合物氧化生成的胶质、油垢等。燃料中固体杂质严重威胁飞行安全,因燃料泵是比较精密的部件,如柱塞与柱塞孔的装配间隙为 0.015~0.022 mm,燃料分配器油针与衬套的间隙仅为 0.005~0.01 mm。因此,燃料的固体杂质会使这些间隙很小的零件卡死或划伤。

表面活性物质是既具有亲油基又具有亲水基的物质。喷气燃料中的表面活性物质有的是燃料原来就有的,有的是燃料精制过程中产生的。此外,燃料中加入的添加剂也大多为表面活性物质。表面活性物质是较强的乳化剂,燃料中表面活性物质的含量只要达 0.000 1%(1PPM),就会使燃料中的水难以分离,或者会促使一些细微的杂质聚集在过滤器上,使过滤器的使用周期缩短。表面活性物质还会形成黑色或绿色的粘液,它也会堵塞过滤器。

喷气燃料中有十多种细菌杂质,它们在有利条件下大量繁殖而堵塞过滤器,还能使容器的涂层变得松软,加速了金属表面的腐蚀。在实际工作中有时还会碰到燃料中存有头皮状悬浮物和絮状物,这些都是由容器中积水、铁锈等对油引起的污染。

3)低温性

喷气燃料的低温性是指低温下,燃料在飞机燃料系统中能否顺利地泵送和通过细滤的性能。燃料的低温性能好,就不会因烃类结晶和燃料中溶解水结冰而堵塞过滤器,影响发动机正常地工作。喷气燃料的低温指标主要用结晶点表示。结晶点是指在测定条件下冷却时,能用肉眼看出燃料中有结晶出现的最高温度。英美等国家多使用冰点这一指标。冰点是指燃料中出现结晶后升高温度,结晶开始消失的最低温度。同一油样的冰点比结晶点稍高(1~3 ℃),喷气燃料的结晶点一般要求在$-40\sim-60$ ℃以下。对喷气燃料结晶点的要求主要取决于燃料在地面和高空的最低温度。影响燃料低温性能的因素是燃料的烃类组成及其水溶性。为了防止燃料在低温下析出冰晶影响飞行安全,除了使用压缩器引来热空气加热燃料或油滤,或用润滑油的热加温燃料外,还常采用添加防冰剂等防冰措施。若结合以下工作可收到更好的效果:

① 加强检查和清洗飞机燃料油滤;

② 装油容器要尽量装满、密封,减少燃料从空气中吸收水分和防止外界湿气、冰雪侵入;

③ 加强对冷冻罐、油车和飞机油箱的油料检查,放净沉淀、冰霜;

④ 工作完毕,油车应停放在冷库,防止油温升高再次吸收空气中的水分。

4)安定性

喷气燃料的安定性是指燃料在储存和使用中是否容易变质的特性。燃料不易变质,安定性就好。在储存过程中喷气燃料容易变化的理化指标主要有酸度、实际胶质、颜色等。在使用过程中由于超音速飞行的气动加热,喷气燃料在高温下容易产生胶质等沉淀物,这种受热后质量的变化特性称为热安定性。

喷气燃料储存安定性的好坏首先决定于燃料的成分,而温度的高低,与空气、金属接触的机会等外因对燃料的变质程度亦有影响。燃料酸度、胶质变大的根本原因是烃类的氧化,特别是烯烃和含氧、氮、硫的非烃化合物深度氧化的结果。温度升高时,燃料的氧化速度加快。烯烃氧化产生胶质或者酸性物质,都是在氧的存在下进行的。燃料与空气接触愈多,氧化程度愈深,产生胶质现象愈严重。燃料表面积大、容器剩余空间大等都促使燃料与空气接触的机会增多。与金属接触时,由于金属表面的催化作用,燃料的氧化速度也加快。金属不同,催化作用也不同,其中铜的催化作用最大,其次是铅。长期储存中,水份也会加速燃料的氧化生胶。

喷气燃料的热安定性,实际是它在较高温度时的化学安定性。随着超音速喷气机的发展,对喷气燃料的热安定性也提出新的要求。当飞行速度超过音速时,飞机由于空气动力加热作用,将会引起油箱内燃料温度升高。如飞行速度为音速的 2 倍时,燃料的温度将达到 100 ℃,飞行速度为音速的 3 倍时,燃料的温度将达到 150 ℃左右。燃料在这样高的温度下与空气、金属接触,其中不稳定的成分更容易氧化,生成不溶于油的沉淀物,堵塞过滤器和工作部件的细小间隙,破坏发动机的正常工作。因此,要求喷气燃料在较高的使用温度条件下具有抗沉淀生成能力,即要有较高的热安定性。

5) 高空性

喷气燃料的高空性是指飞机高空飞行时,燃料在燃烧系统中产生气阻和引起蒸发损失的倾向,它的质量指标通常以饱和蒸气压表示。饱和蒸气压大,则表明燃料中含轻质成分多,飞机在高空飞行时就容易产生气阻,而燃料的蒸发损失也增大。因此对喷气燃料的饱和蒸气压要加以一定的限制。

在高空产生气阻和蒸发损失的因素有内因和外因两个方面,内因即燃料本身的饱和蒸气压,外因即大气温度和压力。随着飞行高度增加,外界的气压降低,当高度达 15 000 m 时,大气压力仅为 12 kPa。同时喷气机速度上升很快,飞达高空后,油箱温度降低不多,若燃料的蒸气压大则易蒸发损失,甚至沸腾,使燃料系统产生气阻,影响供油,破坏发动机正常工作,所以燃料的蒸气压限制了飞机飞行高度。此外,随着飞行高度的增加,大气压力降低,燃料中溶解的空气也不断地逸出,促使气阻的形成,同时还会带走部分燃料。根据实验室试验,当油温达到 48 ℃时,其产生气阻的高度约为 14 000 m。可见,若起飞前油温超过 40 ℃,使用宽馏分燃料,飞行高度便会受到影响。为保证飞机高空飞行,目前采用的方法是飞机油箱增压并采用中介泵或增压油泵,对燃料则是限制其饱和蒸气压。

6) 腐蚀性

燃料的腐蚀性对储运设备、发动机有关部件的使用寿命和工作可靠性有很大影响,因此,研究产生腐蚀的原因和采取有效的防腐措施具有重要意义。

喷气燃料的腐蚀性表现在液相和气相两方面。

燃料的液相腐蚀是指燃料在液态时对储运设备和发动机燃料系统产生的腐蚀。储运设备和燃料系统大多是由各种金属材料制成的,另外还有一些是由橡胶、涂料等非金属材料制成的,因此,要求燃料应对金属材料和非金属材料都不腐蚀。通常,燃料中各种烃在液相下不会引起腐蚀,如果燃料中含有活性硫化物、酸性物质及水分等,则会引起液相腐蚀。另外前面已讲过,细菌也会引起腐蚀。燃料中的活性硫化物主要是硫化氢和低分子硫醇。硫化氢能腐蚀锌、铁、铜、铝等金属。活性硫化物的腐蚀性大小与温度有关,温度升高后,腐蚀性增大。硫醇主要腐蚀镉和青铜,在常温下不腐蚀钢、铝等合金,硫醇的腐蚀性与本身的结构有关。游离硫主要是腐蚀铜合金,游离硫及活性硫化物可用铜片腐蚀试验和硫醇性硫含量测定法等来检查。为了提高喷气燃料的质量,严格控制游离硫和活性硫化物的含量,在我国喷气燃料规格标准中增加了对游离硫和活性硫化物更敏感的银片腐蚀试验。

燃料中的酸性物质主要是环烷酸,它会腐蚀燃料系统中锌和铅等金属材料,同时还能与镉层进行反应,生成不溶性的沉淀物,严重时会堵塞过滤器,破坏发动机的正常工作。环烷酸的多少用酸度表示,因此对喷气燃料的酸度要加以限制,以防止环烷酸的腐蚀作用。

喷气燃料中水分的腐蚀主要表现在两个方面:一是水分直接对金属的腐蚀;二是燃料中的腐蚀性物聚积在水中,加速对各种金属的腐蚀过程。喷气燃料中的水分主要是腐蚀各种钢制零件。呈溶解状态的水分只能引起低合金钢的腐蚀,比较严重的腐蚀一般都是因游离水存在而造成的。

燃料的气相腐蚀,是指燃料在燃烧过程中燃烧产物对发动机的火焰筒、涡轮和喷管等燃气系统各部件的腐蚀。

7)润滑性

喷气燃料的润滑性,是指喷气燃料本身具有一定的抗磨性,以保证燃料系统部件的润滑和可靠地工作,否则会造成燃料泵的磨损,缩短其使用寿命,甚至可能造成飞行事故。在过去,我国的喷气燃料都是直馏产品,其润滑性并不突出。随着加氢工艺和化学精制在喷气燃料中广泛使用,喷气燃料润滑性才逐渐暴露出来。另外,深度精制除去了喷气燃料馏分中的天然抗磨剂,通过加入相应的添加剂可以改善燃料的润滑性。

8)静电着火性

烃类燃料是电的绝缘介质,电导率很低,这是造成静电着火的根本原因。各种燃料电导率不同:航空汽油的电导率比航空煤油低,固态烃比液态烃的电导率低。

据试验,航空燃料的电导率一般在 $1 \times 10^{-13} \sim 1 \times 10^{-10} / \Omega \cdot m$ 之间,并在 $5 \times 10^{-1} / \Omega \cdot m$ 以下。燃料越纯净,其电导率也越低。当燃料中含有水分或杂质后,电导率随之上升。在燃料中加入金属盐或其他极性物质后,燃料的电导率迅速提高。电导率低的燃料,在相同条件下静电荷的消失很慢,因而积聚很快。反之,电导率高的燃料,静电荷的消失速度快,电荷则不易积聚。静电荷消失的速度通常用静电荷的半值期表示,即电荷从初始数值减少至50%所需的时间。根据国外研究,认为当电导率超过 $50 \times 10^{-1}/\Omega \cdot m$ 时,就可以保证安全。空气的湿度对燃料静电荷的积聚也有很大影响。由于空气中所含水分能将静电荷导走,因而湿度越大,燃料中由于摩擦而产生的静电荷越不容易积聚。此外,加油方法等对静电产生也有影响。为提高燃料的导电率,减少静电聚积,防止静电失火,可以在燃料中加入抗静电添加剂。

(3)喷气燃料牌号、识别色及标签

喷气燃料牌号、识别色及标签对照表如表 11-6 所列。

表 11-6 喷气燃料牌号、识别色及标签对照表

牌　号	识别色	标　签
3号喷气燃料	黑色	3号喷气燃料
Jet A-1	黑色	Jet A-1

(4)喷气燃料的品质要求

① 适当的蒸发性;

② 良好的燃烧性;

③ 良好洁净性;

④ 良好的安定性;

⑤ 良好的低温性;

⑥ 无腐蚀性;

⑦ 较高的热值;

⑧ 较小的起电性;

⑨ 适宜的润滑与抗磨性。

11.2 通用航空燃料管理

11.2.1 通用航空燃料安全管理要求

1. 通过体系化进行安全管理

安全管理是对生产中的人、物、环境因素状态的管理,有效的控制人的不安

全行为和物的不安全状态,消除或避免事故,达到保护劳动者的安全与健康的目的。

目前,民航系统的企事业单位基本都在遵循国际民用航空组织发布的《安全管理手册》DC9859,建立、完善安全管理系统,通过体系化的安全管理实现航空安全的最佳效益。安全管理目标的实现是以安全管理体系(SMS)的建立、运行、评价和完善为基础的,通过安全风险管理、安全责任管理、安全绩效管理、安全培训管理、安全数据和信息管理、变更管理和应急管理等体系组成部分的共同作用、持续改进得以实现。

通用航空燃料的供应企业、使用单位应当树立安全理念、提高安全意识、落实安全责任和创新安全文化。从规章制度建设入手,强化从业人员的职业技能和安全素质的培训,加强劳动保护,关注员工的职业健康;提升设备可靠性和完好性,完善作业流程,遵循相关国家法律、法规、制度和规范,正确使用相关技术标准,以安全预防为主,做好安全风险和安全隐患的双重治理;加强企业运行过程中安全数据的测量和分析,加强安全信息的管理和沟通,做好应急预案的建立和演练,提升企业应对突发情况的应急能力;持续不断地开展安全管理体系建设,从"人、机、物、法、环"全方位开展安全管理,从企业运行的全流程管理和设施设备的全生命周期管理开展安全管理。

2. 防火、防爆、防静电管理

由于通用航空器的发动机主要为涡轮喷气发动机和活塞式发动机,因此通用航空燃料主要为 3 号喷气燃料(航空煤油)和航空活塞式发动机燃料(航空汽油)。因燃料自身具有低闪点、蒸发性、有毒性和起电性等理化特性,按《石油化工企业设计防火规范》(GB50160－2008)分别归类为甲类(航空汽油)和乙 A 类(航空煤油)火灾易燃液体,按《危险化学品安全管理条例》归类为第三类危险品——易燃液体。而在生产运行环节,也可能产生噪声、有毒有害气体、机械伤害等一系列的职业危害因素,对从业人员的身体健康和人身安全产生影响。所以通用航空燃料安全管理在企业运营中具有重要的地位,贯穿于油品采购、运输、接收、存储、发送、加注、油品降质处理和设备设施报废处理等运行流程的各个环节。

最近几十年,国际、国内大型油料火灾事故很大比例都是由雷击、静电、闪爆引起的,例如,1989 年黄岛油库"8·12"特大火灾事故、2010 年宁波国家储备油库油罐火灾、1996 年美国德克萨斯州阿莫科炼油厂储罐火灾等都是由雷击引起的；2010 年大连中石化"7·16"大型油爆火灾事故、2003 年日本名古屋市油罐火灾都是由闪爆引发的；2006 年安庆石化柴油储罐爆炸事故、1997 年以色列的阿什杜德炼油厂火灾等都是由静电原因导致的火灾事故。由于航空燃料的低闪点导致的油蒸气闪爆和火灾，由于起电性导致静电积聚引起的油料火灾爆炸，以及因雷击和接地故障导致的油罐火灾爆炸在全部事故中占据了相当大的比例，所以下面重点介绍一下防火防爆、防雷、防静电的相关国家标准，初步帮助航空燃料从业人员树立起安全意识。

油气罐区防火防爆十条规定

国家安全监管总局监督管理三司 2015 年 8 月 4 日发布

一、严禁油气储罐超温、超压、超液位操作和随意变更储存介质。

二、严禁在油气罐区手动切水、切罐、装卸车时作业人员离开现场。

三、严禁关闭在用油气储罐安全阀切断阀和在泄压排放系统加盲板。

四、严禁停用油气罐区温度、压力、液位、可燃及有毒气体报警和联锁系统。

五、严禁未进行气体检测和办理作业许可证，在油气罐区动火或进入受限空间作业。

六、严禁内浮顶储罐运行中浮盘落底。

七、严禁向油气储罐或与储罐连接管道中直接添加性质不明或能发生剧烈反应的物质。

八、严禁在油气罐区使用非防爆照明、电气设施、工器具和电子器材。

九、严禁培训不合格人员和无相关资质承包商进入油气罐区作业，未经许可机动车辆及外来人员不得进入罐区。

十、严禁油气罐区设备设施不完好或带病运行。

防火防爆十大禁令

中国航空油料有限责任公司 2008 年 1 月 1 日实施

一、严禁在生产作业区内吸烟，携带打火机、火柴等火种，以及未经批准动（用）火作业。

二、严禁未经批准和不符合安全要求的机动车辆进入生产作业区。

三、严禁穿带铁钉的鞋和易产生静电的服装，以及不符合安全要求的人员进入生产作业区。

四、严禁在爆炸和火灾危险性场所使用非防爆工具进行作业以及敲打、撞击金属容器和设备等作业行为。

五、严禁在爆炸和火灾危险性场所内使用非防爆电气设备以及手机、照相机等非防爆电子产品。

六、严禁在油库(站)内违反规定携带、存放、处置易燃、易爆、有毒、易腐蚀等危险品。

七、严禁堵塞、占用消防通道和随意挪用或损坏消防设施设备与器材。

八、严禁飞机加油车等油料作业车辆及设备在未采取有效防静电措施情况下实施作业。

九、严禁使用塑料、搪瓷等不良导体材质制成的器皿作取样器或作为存放汽油、煤油、柴油等油料的容器。

十、严禁用汽油、易挥发溶剂擦洗衣物、地面以及违反规定清洗工具及设备。

两者对比,中国航油本企业的"十大禁令"更贴近燃油储存库的安全管理实际,安监总局的"十条规定"具有更广泛的指导性。而共同之处是均以明文发布、明令禁止的方式,针对油品安全管理,特别是对重大危险储存区域的安全管理,在防火防爆、防静电、防职业危险方面提出了制度性的强制管理要求。

防火防爆主要集中在油库整体布局设计和消防设施设备的配置上。主要依据的国家标准有《石油库设计规范》(GB50074－2014)、《石油储备库设计规范》(GB50737－2011)、《建筑防火设计规范》(GB50016－2014)、《石油化工企业设计防火规范》(GB 50160－2008)、《消防给水及消火栓系统技术规范》(GB50974－2014)、《自动喷水灭火系统设计规范》(GB50084－2017)等。以最常用的《石油库设计规范》(GB50074－2014)为例,其在总则、库区整体布置、储罐区储油罐组布局、储罐区防火堤设计、油库罐区防火通道设计、固定和移动消防设施配置、消防水源和储水池设计等方面都有大量且详细的规定,在此就不一一列举了。

在防静电的设计和安全管理上,《石油库设计规范》(GB50074－2014)、《石油储备库设计规范》(GB50737－2011)、《液体石油产品静电安全规程》(GB13348－92)等均有比较详细的规定。以最常用的《石油库设计规范》(GB50074－2014)为例:

14.2.1 规定钢储罐必须做防雷接地,接地点不应少于2处。

14.2.3.5 覆土油罐的呼吸阀、量油孔等法兰连接处,应做电气连接并接地,接地电阻不宜大于10 Ω。

14.3.1 储存甲、乙和丙A类液体的钢储罐,应采取防静电措施。

14.3.8 甲、乙和丙A类液体的汽车罐车或灌桶设施,应设置与罐车或桶跨接的防静电接地装置。

14.3.14 下列甲、乙和丙A类液体作业场所应设消除人体静电装置:

1 泵房的门外；

2 储罐的上罐扶梯入口处；

…………

防雷接地主要依据《石油库设计规范》(GB50074－2014)、《石油储备库设计规范》(GB50737－2011)、《石油与石油设施雷电安全规范》(GB15599－2009)、《大型浮顶油罐防雷装置检测规范》(QX/T311－2015)、《石油化工企业设计防火规范》(GB50160－2008)(2018 版)进行防雷装置的设置和管理。

《大型浮顶油罐防雷装置检测规范》(QX/T311－2015)的 7.1 条规定：油罐防雷装置应每半年检测一次，宜在春秋两季。

《石油与石油设施雷电安全规范》(GB15599－2009)规定：

4.1.2 金属储罐应做环形防雷接地，接地点不少于两处，并应沿罐周均匀或对称布置，其管壁周长间距不应大于 30 m，接地体距罐壁的距离应大于 3 m。

4.2.1 非金属油罐应装设独立避雷针(网)等防直击雷设备。

4.4.1 露天装卸作业，可不装设避雷针(带)，在棚内进行装卸作业的，棚应装设避雷针(带)，避雷针(带)的保护范围应为爆炸危险区域的 1 区。

3. 通用性作业要求

安全管理的核心是安全风险的管理。通过对生产运行过程中的风险点和危险源的辨识，进一步评估其风险程度，从而制定管控措施和管控流程，或降低或规避或消除安全风险，使之"降低并控制在一个可接受的水平或其以下"(引自《安全管理手册》DC9859 2.1.2)，并把这些管控措施和管控流程固化为企业的规章制度和操作规程。

通用航空燃料生产作业的不安全因素除了防火、防爆、防静电积聚外，还有诸如噪声损害、有毒有害气体损害、触电损害、高处坠落和机械伤害等其他类型的伤害，但这些伤害因素多是特殊作业产生的临时性不安全因素，所以，通用性的生产作业要求还是相对集中到防火、防爆、防静电的安全管理上。

在油料接卸和发出环节，规定：运油车必须定期检测静电接地带电阻值，电阻值小于 10 Ω；静电接地带应为两条，接地带接地角度宜为 45°，以保证在轻车、重车状态下均良好接地；铁路油槽车卸油作业期间，必须与卸油栈桥进行等电位连接；公路运油车卸油作业前必须连接静电接地报警器，确保可靠接地；燃料卸入空罐和从上部装入油罐车时，初始输送速度不应大于 1 m/s，待燃料没过进油管或鹤管底部后，输送速度控制在 4.5 m/s 以内，管道输送时最大流速不应超过

6 m/s。

在燃料储存的日常作业上,规定:员工必须穿着单位统一配备的防静电工作服;工作人员在油罐区、油泵房等危险区域通信必须使用防爆对讲机;雷雨天气禁止进行储油罐罐上生产作业;进入油泵房、油罐区、上罐作业前必须触摸静电接地桩,消除人体静电;油泵房、油样间、油车库等易燃易爆场所必须按相应防爆等级选用防爆电气设备设施等。

在通航飞机加油作业上,民航局 2020 年发布的《通用航空油料质量控制和航空器加油技术规范》有以下作业规定:

2.2.3.6 (加油车)每月应进行一次静电释放拖地带、等电位联接线及接线夹状况的检查,并测试拖地端头、接线夹与加油车底盘之间的电阻小于 10 Ω。

3.2.2.1 加油前,加油设备应将导静电线与航空器等电位相连,加油操作期间,不得解除加油设备和航空器的导静电连接,加油设备与航空器分离后才可解除。

3.2.2.3 重力加油时,在打开加油盖/帽之前,还应先将加油枪与航空器的机翼金属表面接触,确保电位平衡后再打开加油盖/帽。将加油枪静电接线夹连到航空器接线点或加油口边缘上,取下加油枪枪帽,将加油枪插入油箱加油口并与加油口边缘相互接触。

3.2.3.4 加油车以不大于 5 km/h 的速度进位,驻车制动并放置轮挡,手持导静电线与航空器上的导静电桩连接。

以上规定均是依据相关国家标准和民航局规范性文件,从生产作业行为的细节上进行的规定,以避免由此产生的安全危害和可能由此引发的不安全事件。

11.2.2 通用航空燃料环保管理要求

1. 通用航空环保法律体系的适用

环境保护在最近 30 年越来越受到全社会的重视和关注,企业不仅要承担安全生产的责任,也要承担环境保护的责任,这是国家法律法规的强制性规定,也是企业社会责任的具体体现。通用航空燃料保障企业和使用单位,在运输、装卸、储存、加注等流程环节中,在设备设施的设计、建设、验收、使用、报废等运营周期里,均需考虑可能产生或存在的诸如噪声、大气污染、危险废弃物、含油污水、固体废物等工业危险物质和环境污染因素,所以掌握国家相关法律和标准并加以正确使用,全面完整地辨识和评估生产、建设、使用等过程的污染源和风险程度,正确加以管控并依法依规进行处置是非常重要和必要的。

目前,我国已经从国家法律法规到部门规章、地方法规,再到相关国家标准,形成了一套完整的环境保护体系,具体如下。

宪法:《中华人民共和国宪法》。

环境保护单行法律:《中华人民共和国水污染防治法》《中华人民共和国大气污染防治法》《中华人民共和国固体废物污染环境防治法》《中华人民共和国环境噪声污染防治法》《中华人民共和国节约能源法》《中华人民共和国清洁生产促进法》《中华人民共和国环境影响评价法》。

其他相关法律:《中华人民共和国安全生产法》《中华人民共和国消防法》《中华人民共和国职业健康法》。

行政法规:《建设项目环境保护管理条例》《危险化学品安全管理条例》《城镇排水与污水处理条例》。

部门规章:《废弃危险化学品污染环境防治办法》《企事业单位环境信息公开办法》《危险废物转移联单管理办法》《环境行政处罚管理办法》。

地方法规:《黑龙江省环境保护条例》《山东省实施〈中华人民共和国固体废物污染环境防治法〉办法》《青岛市城市污水排放管理办法》。

国家标准:GB8978 - 1996《污水综合排放标准》、GB18567 - 2001《危险废物贮存污染控制标准》、GB16297 - 1996《大气污染物综合排放标准》。

特别要提到"三同时"制度。"三同时"制度是指一切新建、改建和扩建的基本建设项目、技术改造项目、自然开发项目,以及可能对环境造成污染和破坏的其他工程建设项目,其中防治污染和其他公害的设施与其他环境保护设施,必须与主体工程同时设计、同时施工、同时投产使用的制度。这是我国环境保护工作的一个创举,是为防止环境问题的产生而设计的一项法律制度。这项制度最早创建于1973年的《关于保护和改善环境的若干规定》,1986年颁布的《建设项目环境保护管理办法》对"三同时"制度做了具体规定,1998年修改并新颁布了《建设项目环境保护管理条例》,对其做了进一步的具体规定。我国的《大气污染防治法》《水污染防治法》《放射性污染防治法》《固体废物污染环境防治法》等都有技术方面的条款。

2. 航空燃料危险废弃物的环保管理

在航空燃料的环保管理上,需注意以下可能大量产生污染因素和环保安全风险的情况:

① 接卸油和油罐车灌油过程中油蒸气的排放;

② 泵机组运行噪声超标；

③ 清洗油罐及其他设备设施产生的含油固废和含油污水；

④ 更换工艺过滤器、油车过滤器滤芯产生的含油固废；

⑤ 油罐车、输油管道的报废处置；

⑥ 生产过程中含油污水的处置和排放；

⑦ 罐底污油、沉渣和含油水分的储存、处置。

企业应根据相关法律法规和技术标准对以上情况通过改进生产技术、增加环保设备设施、进行排放达标检测、对外委托给有合法资质的危废处理单位等技术手段和方式方法，管控环保危害因素，依法合规进行处置。

航空燃料企业环保管理的重点是生产环节产生的危险废弃物的管理。企业应通过规范的储藏、处置方式，控制住危废的安全风险和环保危害，避免由于管理不当产生安全事故和环保事件。

（1）危险废物储藏的规定标准：

① 易挥发、液体、半固体的危险废物必须按规定装入容器内存放，无法装入常用容器的危险废物可用防漏胶袋、编织袋盛装；

② 禁止将不相容（相互反应）的危险废物在同一容器内混装，不相容的危险废物不能堆放在一起；

③ 装载液体、半固体危险废物的容器内须留足够空间，容器顶部与液体表面之间保留 100 mm 以上的空间；

④ 装有危险废物的容器上必须粘贴标签注明废物的名称和识别标志；

⑤ 危险废物必须分类储存、禁止混放；

⑥ 禁止露天存放危险废物。

（2）危险废物场所要求

① 危险废物贮存场所地面须做硬化处理，以混凝土、砖或经过防止腐化处理的钢材料进行建设，地面涂至少 2 mm 厚的环氧树脂，以防止渗漏和腐蚀；

② 存放液体性危险废物的贮存场所必须设计导流槽和收集井；

③ 场所应有雨棚、围堰或围墙；

④ 场所须要密闭且有通风口；

⑤ 根据各企业产生的危废数量确定，一般根据环评要求建设；

⑥ 四周如果不是水泥墙（主要指彩钢房搭建的危废贮存库）时，四周要做高 50 cm、宽 12 cm 的围堰（门口处围堰根据企业情况可以降低高度，以便于搬运废

油桶出入库),并用水泥抹好。

(3) 危险废物的管理要求

① 建立符合环保要求的专门储存场所,场所应满足防火、防爆、通风要求;

② 建立危险废弃物管理台账,物品入库、出库信息填写完整准确;

③ 危废贮存场所有确定的管理人员并定期进行巡检;

④ 在生产单位厂区门口悬挂危险废物生产单位信息公开公示板,在储藏场所悬挂贮存设施警示标识牌,在场所内悬挂贮存设施分区警示标识牌,在危险废物上粘贴危险废物标识牌;

⑤ 危废贮存场所做到分区标识明显,不同危废分类存放或分区间隔存放,危险废物必须和生活垃圾分开,危险废物必须和一般固废分开贮存;

⑥ 如贮存危险废物有明显的挥发性气体产生,则必须做好废气收集净化工作。

11.2.3 通用航空燃料质量、计量管理

通用航空燃料计量、质量管理是通用航空燃料供应的核心业务,其直接关系到飞行安全,按照规定要求做好通用航空燃料的计量、质量管理,是通用航空燃料供应企业和作业人员的重要责任。

1. 质量管理

(1)油源

通用航空燃料应选择满足所加注航空器和发动机数据单要求的牌号,采购国产航空燃料时应从中国民用航空局发布的民用航空燃料生产企业清单中选择供应商。其中 3 号喷气燃料应满足 GB 6537 的要求,JetA-1 喷气燃料应满足 AFQRJOS,ASTM D1655,IATA GM 或 DEF STAN 91-091 的要求;提供的航空活塞式发动机燃料(航空汽油)应满足 GB 1787,DEF STAN 91-090,ASTM D910 或 ASTM D7547 的要求。

(2)质量检查内容

通用航空燃料质量检查是通过对燃料颜色、密度及相关性能指标的检验,确保通用航空燃料满足通用航空器使用要求。

1)外观检查

外观检查即现场检查燃料外观,检查内容包括颜色、颗粒污染物、自由水。合格的颜料应有合适的颜色,样品应清澈、透明,在环境温度下无颗粒物和不溶

解水。

2）目视检验

目视检验是对燃料的外观和悬浮水含量进行的检验。目视检验的样品应排放至清洁、透明的玻璃瓶、外观检查容器或现场取样容器中。目前常用的目视检查方法有使用广口瓶和使用闭路取样器目视检查。

使用广口瓶目视检查：按照取样程序，取样至容器约 3/4 的位置，迎光检查样品中是否有水和颗粒污染物，同时目视检查燃料的浑浊度，盖紧瓶盖旋转样品产生漩涡，检查漩涡底部是否有固体颗粒物、水滴、褐色粘液和水层。在外观检查完成后，可使用化学测水器检查游离水，记录样品的固体颗粒物和水的外观等级，记录其他污染物的外观。

使用闭路取样器目视检查：在带压情况下，打开进口阀，使燃料冲入玻璃容器。如有必要，使样品静置 1 min 或更长时间以消除气泡。目视检查玻璃容器内样品是否呈雾状、云状及底部是否有水滴、固体污染物、褐色粘稠物。外观检查完成后，通过化学测水检测口或打开闭路取样器顶盖抽取油样，使用化学测水器检查游离水含量，打开排放阀排空取样器，记录样品的固体颗粒物和水的外观等级，记录其他污染物的外观。

3）核对检验

核对检验是对燃料的外观和密度进行的检验，通过比较密度测量结果和来油的密度值，判定是否可以接收或发出该批燃料。如果这两个数值（换算为标准密度）之差超过 $\pm 3 \ kg/m^3$ 时，表明该批燃料有可能存在问题，在接收或发出该批燃料前应进行调查。

4）重新评定检验

重新评定检验是对燃料的相关规定项目（喷气燃料的检验项目包括：外观、密度、馏程、闪点、冰点、铜片腐蚀、水反应、电导率、实际胶质，航空汽油的检验项目包括：外观、密度、馏程、铜片腐蚀、四乙基铅、饱和蒸气压（满两年时还包括马达法辛烷值检验））进行检验，当所有检验结果符合产品规格要求时，将检验结果与前次的检验结果进行比较，如果所有的差值均在可接受的范围内，可确认剩余的未检项目也不会发生明显的变化，所检燃料合格；如果有一个或多个差值超出可接受的范围，则在查明原因前或在该批燃料全规格检验合格前，不应发出该批燃料。

5）专项检验

膜片试验：按照 SH/T 0093，ASTM D 2276/IP 216 或 ASTM D 5452 规定的试验方法进行，要求在试验过程中通过膜片的燃料数量为 5 L，包括比色法膜片试验、比色法双膜片试验和重量法膜片试验。进行比色法试验时应分别记录湿片和干片的颜色评级。

电导率试验：根据 GB/T 6539，ASTM D 2624/IP 274 规定的试验方法进行。

（3）质量控制程序

通用航空燃料接收前应核对收发油证件、油料规格牌号、运油单、车号和铅封标记。检查产品质量合格证，按产品标准应项目齐全、内容完整、指标符合要求，同时核对检验合格后方可接收。储存期间每周应不少于一次从过滤器底部取样目视检查并测取过滤分离器的压差读数。每天最初发油之前，应对油罐、飞机加油车进行油品质量检查。每日给第一架飞机加油之前，应从加油车油罐沉淀槽、过滤器放样检查，确保油品质量合格。其中各环节质量检验检查所排放出的燃料，目视外观检查合格的部分可以返回被检查的容器或倒至回收桶，目视外观检查不合格的部分，直接倒入作为废油容器的污油桶，待降质处理。

（4）取样与留样

样品容器应符合 GB/T 4756 或 ASTM D 4306 标准要求。样品对于批次油品应有充分的代表性，按照油品储存容器确定单独取样或按批取样，按照油品数量确定取上部样、中部样、下部样。取样器、样品容器及盛接金属容器应配有等电位连接线和线夹。打开取样口之前，应先将取样口周围的积水、污物等清除干净。留取样品前，取样器和容器应用所取燃料至少冲洗 3 次并排净。取样后取样口应铅封或上锁。装入样品后样品容器应留有至少 10％的无油空间且样品容器应密封良好。应用样品标签标识样品，标签内容至少包括容器编号、燃料名称（牌号）、取样位置、样品编号或批次号、取样日期、取样人等。留样应避光保存，一般留样应保存至对应批次使用完毕或下次检验时为止，发外单位燃料对应的留样保存 3 个月。

（5）质量异常事件处置

当在日常油品质量检查时发现出现不正常固体物质、水分、微生物生长迹象、表面活性剂污染等情况或接到相关方关于油品质量异常情况报告后，通用航空燃料供应单位应立即隔离该批次油品，封存相关质量证明文件，在进一步的检验（油品全规格检验、用微生物检测仪或细菌测试盒进行微生物检测）证明燃料质量合格前不得使用,同时应按照规定的程序做好信息上报工作。

2. 计量管理

通用航空燃料供应应配备满足安全生产和经营管理各环节需求的测量设备,并建立测量设备台账,同时按照生产经营需要和测量设备实际状况做好 A,B,C 分类管理并标识(A 类测量设备包括计量标准器具的标准物质及国家强制检定的计量器具;B 类测量设备包括直接影响航空油料质量及内部数量管理和供油过程控制中的关键参数的测量设备;C 类测量设备包括对测量结果无严格要求的指示性测量设备和量程稳定、测量性能不易变,无需借助其他手段就可轻易检查可用性的测量设备。测量设备的标识有合格证、准用证、停用证三类,主要用于不同状态、精度、使用要求测量设备的区分),并做好测量设备的使用、降级和报废工作。用于计量的流量计、密度计、温度计等器具,应经法定检定并在有效期内,其中所选取流量计精确度等级应不小于 0.2 级,交接的密度值应逐个容器测量,且使用时间不得超过 8 h。在通用航空燃料的接收、储存、发出等环节会产生油品损耗,应定期分析各环节损耗率,确保损耗在规定的范围内,同时通用航空燃料计量管理应做到日清月结,每日对收支存动态进行统计分析,每月进行盘点,对月内收支总量、库存量、损耗量进行统计分析。

11.2.4　通用航空燃料保障模式

1. 固定供油设施保障模式

固定供油设施是为通用航空器提供加油服务的固定设施,指固定油罐(含地上卧罐、立式储罐等,可配套设置加油机),同时包含库容≤100 m^3 的地上卧式油罐或埋地卧式油罐。其建设可参照 GB50156《汽车加油加气站设计与施工规范》、MH5029《小型民用运输机场供油工程设计规范》、MH/T5030《通用航空供油工程建设规范》等相关标准的规定,以建造小型油库来完成通用机场的燃料供应。

2. 以车代罐保障模式

采用罐式加油车作为储存油罐,给通用航空飞行器供油。罐式加油车是一种装有储油罐、油泵、过滤分离器、调压装置、流量计、加油胶管及接头(油枪)等部件,具有泵油、调压、净化、计量的功能,能独立完成为航空器供油的专用车辆。罐式飞机加油车配备数量以保障作业量为依据,合理配置,同时在特殊情况下还可兼顾周边区域应急供油保障。

3. 撬装装置保障模式

撬装式加油装置是集航油接收、储存、加油等功能于一体,能满足通用航空油品质量管理要求,为通用航空器提供加油服务的专用装置。同时该装置可以移动,使用较为灵活。

4. 桶装保障模式

桶装供应模式主要用于通用机场航油的供应,是将采购的桶装航油存放于桶装库房,使用时通过简易加油装置将桶装航油加至通用航空飞机,主要采用200 L 油桶或其他规格的密闭油桶来储存油品,可整体销售或零售供油。

5. 软体油囊保障模式

软体油囊保障模式主要适用于特殊条件下的通用航空飞行器保障,其易于运输,现场操作简单灵便,具有较强的抗气候工作特点。

11.2.5　通用航空燃料作业管理

1. 通用航空燃料接收

(1)铁路油罐车和公路运油车装运燃料的接收

应使用专用的铁路油罐车和公路运油车运输燃料(装载运输同一品种、同一牌号燃料即可视为专用),卸油前应计算油罐安全余量是否满足收油作业需求,并核对来油证件(发油单、产品质量合格证、燃料品种/牌号、车号、计量交接凭证)及铅封状态标识,同时完成油品质量计量检查及油样留存。卸油过程中,应密切关注卸油情况和监控油罐安全余量。卸油完成后,应检查确认燃料卸净,同时做好相关检验、检查结果等记录的填写,卸油作业过程中如遇质量计量异常事件应立即上报。

(2)桶装燃料的接收

应检查炼厂发油单、炼厂产品质量合格证,核对燃料牌号、批次号、桶号及数量,确认油桶上牌号标识、灌装日期及检验日期清晰,桶盖封识完好、无渗漏,同时核对接收燃料的数量情况,并做好记录。

2. 通用航空燃料储存

(1)罐装燃料的储存

罐装燃料接收完毕后,应隔离燃料确定油罐内燃料的批次组成及对应数量,同时做好油品质量检查及留样。储存期间应每周至少一次从油罐的沉淀槽排放燃料直至外观检查合格。静态储存以及发出过程中，从占比超过罐内燃料总量一半以上燃料重新评定检验项目的最近一次检验日期起，每满 6 个月应进行重新评定检验，每满 1 个月应检测电导率。

（2）桶装燃料的储存

桶装航空燃料应分牌号、分批次放置在规定的区域，不同区域应采用物理隔离，各区域应用品种对应的标识色标识清晰。其中桶装航空汽油应采用库房存放，桶装喷气燃料宜采用库房存放，如因条件限制无法存放在库房中时，需用凉棚或防水帆布保护盛装喷气燃料的油桶不受阳光直接照射，且放置油桶的地面要有防水、防潮措施。装有燃料的油桶应尽可能水平放置，且使两个桶盖低于桶内的燃料液面，油桶竖立放置时，地面应采取防潮措施，可将油桶放置在盛漏托盘中，防止油桶底部因接触水分而锈蚀。室外存放的油桶，宜将油桶略为倾斜，防止雨水聚集于桶面进入桶内。桶装喷气燃料可堆垛存放但应不超过 3 层，桶装航空汽油不宜堆垛存放。接收桶装燃料后，每天检查有无渗漏和油桶变形。从桶内燃料对应的炼厂产品质量合格证上的检验日期起，满 12 个月时且之后每满 6 个月时需进行一次重新评定检验。

3. 通用航空燃料发出

（1）罐装燃料发出程序

油罐内的燃料需要经过沉降后方可发出（喷气燃料——每米燃料沉降 3 h 或油罐内燃料整体沉降 24 h，以时间短的为准；航空汽油——每米燃料沉降 45 min），每天首次发油前，应从油罐沉淀槽排放水分、杂质直至外观检查合格，并书面确认待灌油的加油车、运油车或油桶的牌号标识与油罐、灌油接头或油枪的牌号标识相符。发出过程中，应做好油品质量计量检查及留样。通过运油车或油桶向其他通用航空机场转运航空燃料时，应提供罐装燃料对应的炼厂产品质量合格证（如另有检验报告，同时附上）。发出时，通过发出合格证进行质量交接确认并告知用户检验报告的有效期限。

（2）桶装燃料发出程序

桶装燃料发出时应遵循存新发旧的原则，发出前，应书面确认油桶密封完好、标识清晰、检验在有效期内、需发出燃料品种与桶装燃料油桶上的品种标识相符，如发出航空汽油还需确认牌号相符。同一批次的桶装燃料首次发出时，应随机选择一桶进行油品质量检查及留样，如果有异常，应隔离该桶燃料并对同一批次的其他桶装燃料进行检查确认。桶装油品加注宜使用移动式加油装置,如不需提供加注服务而直接发出桶装燃料给用户,应发出未启封且对应批次经检查确认的桶装燃料,应向用户提供对应的炼厂产品质量合格证(如另有检验报告,同时附上)。发出桶装燃料给加油车灌油时,开启桶盖后应首先确认桶内油高正常,再通过过滤器向加油车内转移燃料,桶内燃料如未发完,则应盖紧桶盖,重新签封并在桶身上标识清楚开启日期,做好记录,在下次优先发放。通过简易加油装置为航空器加注桶装燃料前,应使油桶直立并将桶底一侧垫高使桶稍倾斜,至少静置 5 min 后打开桶盖,确认桶内油高正常后,用管式取样器抽取底部样直至外观合格,检查完毕后应立即盖紧桶盖。发放完毕的空桶应盖紧桶盖,涂抹去桶身上的灌装日期和批次号标识。发出时通过发出合格证进行质量交接确认,并告知用户检验报告的有效期限。

4. 通用航空燃料加注

(1)加注设备

通用航空燃料加注设备主要有 3 种,分别是罐式加油车、简易加油装置以及自助式加油机。其中简易加油装置是一种具有油泵、胶管、流量计、加油枪及相关附件,能够将油桶燃料加注到通用航空器的专用设备;自助式加油机是一种装有油泵、过滤器、调压装置、流量计、加油枪等部件,具有泵油、调压、净化、计量的功能,能独立完成为通用航空器定点供油的专用设备。

(2)通用加注要求

当日首次加油前,应对加油设备的基本状况进行检查确认。加油前,应目视观察航空器停泊状态,判断安全后加油设备方可入位。并由用户或用户代表对燃料牌号进行确认,检查所提供的燃料牌号、加油枪或加油接头标识色对应的燃料牌号与所要求加注的燃料牌号相符。同时目视检查加油接头或加油枪及航空器受油口是否清洁、无损坏,连接航空器受油口,检查阀门处于工作位置、流量计归零。开始加油及加油过程中应监控加油设备操作台各种仪表、航空器受油口、航空器油箱仪表等运行状况,其中压力和油量应由用户或用户代表提供,达到要求加油量后,关闭阀门停止加油,将加油设备与航空器脱离并复位。开具加油单,由用户或用户代表签字确认,并将流量计置零。加油车驶离前应绕车或加油设备一周进行检查,确保加油车或加油设备与通用航空器完全脱离。

(3)禁止加油要求

① 飞机主发动机未熄灭,轮挡未放好或螺旋桨未停止转动,飞机防撞灯未

关闭；

② 未经航空客户代表同意；

③ 机坪能见度小于 50 m；

④ 飞机在机库内；

⑤ 机坪上空有雷暴；

⑥ 翼上重力加油时飞机在通电、充氧、充电、明火作业时；

⑦ 翼上重力加油时机场上空有沙暴、大雨。

（4）限制加油要求

① 不应有旅客留在客舱中；

② 不应在距加油设备或飞机加油口及油箱通气口 6 m 距离内使用闪光照相机和非防爆移动通信设备；

③ 飞机的机载气象雷达不应开机；

④ 不应在距加油车 6 m 距离内启动防火星罩不完整的机动车辆；

⑤ 不应使用明火或非防爆电气设备和带电压测试无线电设备；

⑥ 不应使用电动工具、钻头、冲压或相似的动力设备；

⑦ 航空客户代表不在现场；

⑧ 不应进行飞机、车辆电瓶的拆装作业。

11.2.6　通用航空燃料应急管理

1. 应急管理与预案

应：应对，应付。

急：紧迫，严重。

应急：应付迫切的需要。

应急管理："一案三制"，其中"一案"即总体预案，"三制"即法制、体制和机制。

应急预案：针对各种可能发生的事故所须的应急行动而制定的指导性文件，是应急救援系统的重要组成部分。

2. 事故应急救援的基本原则

事故应急救援的基本原则：

① 统一领导、分级管理、条块结合、以块为主；

② 预防为主、统一指挥、分级负责、区域为主、单位自救、社会救援相结合。

3. 事故应急管理的内容

事故应急管理包括 4 个阶段：预防、预备、响应及恢复，如图 11 - 1 所示。

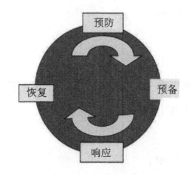

图 11 - 1 事故应急管理的阶段

事故应急救援体系如图 11 - 2 所示。

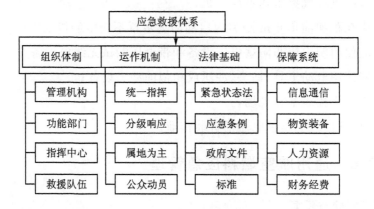

图 11 - 2 应急救援体系

事故应急救援管理四阶段工作内容如表 11 - 7 所列。

表 11 - 7 应急救援管理四阶段工作内容

阶　段	工作内容
预防阶段：为预防、控制和消除事故对人类生命财产长期危害所采取的行动（无论事故是否发生，企业和社会都处于风险之中）	风险辨识、评价与控制； 安全规划； 安全研究； 安全法规、标准制定； 危险源监测监控； 事故灾害保险； 税收激励和强制性措施等

阶　段	工作内容
准备阶段：事故发生之前采取的各种行动，目的是提高事故发生时的应急行动能力	制定应急救援方针与原则； 建立应急救援工作机制； 编制应急救援预案； 准备应急救援物资、装备； 应急救援培训、演习； 签订应急互助协议； 建立应急救援信息库等
响应阶段：事故即将发生前、发生期间和发生后立即采取的行动。目的是保护人员的生命、减少财产损失、控制和消除事故	启动相应的应急系统和组织，报告有关政府机构； 实施现场指挥和救援； 控制事故扩大并消除事故； 人员疏散和避难； 环境保护和监测； 现场搜寻和营救等
恢复阶段：事故后，使生产、生活恢复到正常状态或得到进一步的改善	损失评估； 理赔； 清理废墟； 灾后重建； 应急预案复查； 事故调查

根据 GBT/29639《生产经营单位生产安全事故应急预案编制导则》并根据实际情况，按事故的性质、类型、影响范围、严重后果等分等级地制订相应的预案。为使预案更有针对性并能迅速应用，一般要制订出不同类型的应急预案，如火灾型、爆炸型、泄漏型等。一个单位不同类型的应急预案要形成统一整体，救援力量要统筹安排。具体包括：

① 要切合本系统、单位的实际条件制订预案；

② 制订的预案要有权威性，各级应急组织职责明确、通力协作；

③ 预案要定期演习和复查，并根据实际情况定期检查和修正；

④ 应急队伍要进行专业培训，并要有培训记录和档案，应急人员要通过考核，证实其确能胜任所担负的应急任务后才能上岗；

⑤ 各专业队平时就要组建、落实并配有相应器材，应急器材要定期检查，保证设备性能完好。

4. 事故应急救援预案的类别层次与组成

按应用对象范围，事故应急救援预案可分为综合应急预案、专项应急预案、现场应急预案和单项应急预案，如图11-3所示。事故应急救援预案组成部分和构成要素如图11-4所示。

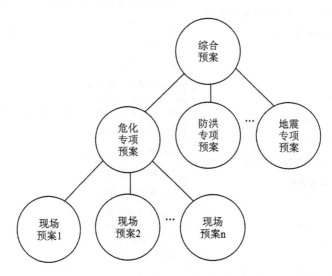

图 11-3　事故应急救援预案的类别层次

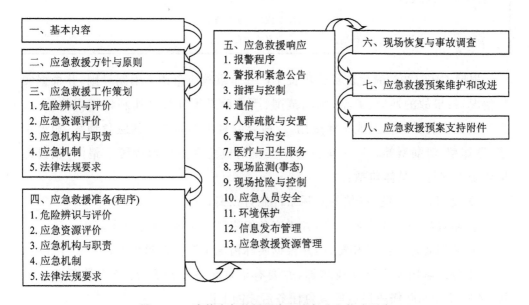

图 11-4　事故应急救援预案组成部分和构成要素

5. 危险化学品事故应急处置

（1）危险化学品事故应急处置基本任务

① 控制事故源——首要任务；

② 抢救受害人员——重要任务；

③ 指导群众防护；

④ 组织群众撤离；

⑤ 做好现场清消，消除危害后果；

⑥ 查清事故原因，估算危害程度。

（2）危险化学品事故应急处置的基本程序

① 部署救援行动：通过接警询问、现场询问方式询问灾情，调集救援力量，部署救援行动；

② 现场侦察与检测：危险化学品的性质与浓度测定、受困人员情况侦察、侦察泄漏情况、侦察环境；

③ 设立警戒，紧急疏散，确定警戒范围、警戒方法，消除警戒区内火种，紧急疏散；

④ 现场急救；

⑤ 安全防护：呼吸防护、服装保护、药物防护；

⑥ 泄漏处置；

⑦ 火灾处置；

⑧ 洗消处理。

（3）危险化学品事故应急处置应坚持的原则

① 坚持先控制、后处置的原则；

② 坚持上风向原则；

③ 坚持冷却稀释、防止爆炸与工艺配合相结合的原则；

④ 坚持以快制快的原则，力争将事故控制在较小的范围内；

⑤ 坚持利用现有装备、有限参与的原则，避免不必要的人员伤亡和中毒事故。

（4）危险化学品泄漏事故应急处置原则

① 注意人员的安全防护：救援人员必须配备必要的个人防护器具，事故中心区域严禁火种、切断电源、禁止车辆进入，确定事故波及区人员的撤离，使用专用防护服、隔离式空气呼吸器，严禁单独行动，中途不得中止防护；

② 泄漏控制：喷雾控制、引流控制、堵漏处置。

11.3　航空器材使用与采购

11.3.1　航空器材的基本知识

航材,即航空器材的简称。根据中国民用航空局适航司 1998 年 4 月 1 日颁布实施的《航空器材适航管理规定》,航空器材是指用于维护飞机、发动机的备件。它包括航空器上的动力装置、机载设备、零部件和其他航空材料等,主要是用于维护和修理飞机机身、发动机。航空公司为了保证航空运输的正常进行,必须储备一定数量的航空器材。一旦发生航材的缺乏,就会影响航空公司的正常运营,给航空公司带来巨大的经济损失。

11.3.2　航空器材的分类

航空器材按其维修性分为不可修件和可修件。航空器材可分为两大类,即消耗件和周转件。另外还可以按照航空器材单价的价值高低将其分为高价件和低价件。一般而言,对于单价高于 2 000 美元的器材属于高价件,这些器材往往就是周转件;对于单价低于 2 000 美元的器材属于低价件,这些器材就是消耗件。

11.3.3　航空器材检验

使用的器材必须具有有效的合格证件,并建立入库检验制度,不合格的或者未经批准的器材不得使用。器材的有效合格证件可以采用下列形式:

① 标准件和原材料应当有合格证或者合格证明;

② 非标准件和非原材料的全新器材应有原制造厂颁发的适航标签或批准放行证书;

③ 使用过的器材,应当有局方批准的维修单位签发的批准放行证书/适航批准标签(AAC - 038 表格);

④ 必须建立质量系统控制下的器材供应商评估和入库检验制度,以防止不合格的器材在维修工作中使用,对库存的器材应当建立有效的标识、保管和发放制度,以防止器材混放和损坏,保证器材完好,使用正确;

⑤ 建立不可用器材的隔离制度及报废器材的销毁制度,防止在维修工作中使用不可用的或者报废的器材;

⑥ 每件航空器材都应有相应的标识,可用件与不可用件存放在指定区域内,相互隔离,航空器材库房应满足清洁、通风、温湿度控制要求,保证航空器材的完好、可用性;对于具有库存寿命的器材,应建立有效措施防止维修工作中使用超库存寿命的器材;对于化学用品及有防静电要求的器材,应根据原制造厂家的要求采取有效的安全防护措施;航空器材的领用必须做好领用信息记录,并及时更新库存清单信息。

11.3.4 航空器材的运输

器材运输前,航空器材管理员应进行运输包装,并根据不同航空器材选用适宜的搬运设备和工具,防止被腐蚀、污染和磕碰划伤。运输过程中要注意保护产品标识和有关检验、试验状态的标记,防止丢失或污损。对易燃、易爆等对人身安全有影响产品的运输,应保证人身和器材的安全。

11.3.5 维修现场存放器材

维修现场存放的器材应当有明确的标识,可用件与不可用件应当隔离存放并且在运输过程中妥善保护。

11.3.6 库存寿命控制

航空器材中有寿命控制的器件,由航空器材管理员以寿命控制清单进行监控。并且对于这些寿命件,采用寿命标签进行单独识别,标签上有到期的日期,方便查阅。寿命期满后及时隔离报废。

11.3.7 化学用品的安全防护

航空器材库房单独设立化工品库房,满足防爆、防火、防晒、通风、温湿度控制等有效安全防护措施;化工品按酸、碱、中性隔离存放;配备 PPE 防护设备,避免腐蚀、有害性物质对人体的损伤。

11.3.8　防静电措施

对于有防静电要求的器材,应根据原制造厂家的要求采取有效的安全防护措施。静电敏感元件的包装上应有特别的标志和说明,存放时要严格遵守说明。

11.3.9　不可用器材的隔离

不可用器材应当挂上不可用件挂签,并与可用器材隔离,存放在不可用航空器材隔离区域内。

11.3.10　报废器材

报废器材应挂上红色报废标签,隔离放置在报废件专用架位,定期销毁处理,同时航空器材管理员完成报废航空器材处置记录。

11.3.11　航空器材采购

维修工作所必须的器材一般按下列规定,对其进行有效的保管和控制,保证其合格有效:

① 采购的维修航空器材必须符合有关适航性资料的规定,并根据有效的供应商/承修商清册,与有关航空器材供应商签订正式合同或者协议;

② 通过协议使用其他单位航空器材的,应当具有有效的正式合同或者协议;

③ 使用非航空器制造厂家批准的供应商提供的器材应当告知相应的航空运营人,并通过航空运营人获得局方的批准或认可。

11.3.12　AOG 订货

AOG 订货应按照航空器材订货的基本要求。航空器材管理室应安排专人负责、确保 AOG 订货在最短的时间内完成。AOG 合同订出后,立即开始进行动态跟踪、反馈,直至到货后通知相关单位。

航空器材订货合同的保存必须满足维修记录保存的要求。

11.4　航空器材管理

11.4.1　航空器材合格证件

新的标准件和原材料应当有合格证或者合格证明。

新的非标准件和原材料的全新器材应当从原制造厂直接进口或由其他制造国提供,须具有适航批准标签文件。

11.4.2　航空器材保管与隔离

① 建立器材保管和发放制度,航空器材保管员负责库存器材的保管和发放工作;

② 新入库或库存器材按专业/系统分类分架存放,建立台帐,做到帐目清晰、日清月结、帐物相符,便于查找和清点;

③ 可用件、待修件、观察件和报废件分别挂上绿、黄、白、红颜色的挂签,分区域存放,做好隔离;易燃易爆品另库存放,不得存于航空器材库内。

11.4.3　严格收、发料制度

① 领料时,领料人必须在台账上填写领用件名称、件号、数量、用途并签名,航空器材保管员方可发料;

② 外单位需要借/购领用器材,必须经航空器材负责人核查库存情况有富余,报责任经理批准,航空器材负责人和保管员办理好借用或售出器材手续后方可发料;

③ 旧件或可用件退库时,退料人和保管员填写退料单;

④ 领件和退件时,领/发、退/收人双方认真查看器材外表和接头/插头等处有无变形损坏,附件履历本是否记录准确、完整;否则接收后再发现问题由接收人负责。

11.4.4　库存寿命控制

器材库存寿命由航空器材保管员负责控制。对于有库存寿命期的器材建立监控清单、定期检查,及时通知航空器材负责人采取措施,组织重新油封、校验或报废。

对于超库存寿命的器材,应将可用件挂签换为待修件或报废件挂签,存于待修件或报废件架,不得同可用件混存或装机使用。

11.4.5　不可用器材的隔离

① 不可用器材一律挂"观察签"(白色),专门存放在观察器材架上;

② 不可用器材未经修复不得装机使用。

11.4.6　报废器材

经批准的报废器材,航空器材负责人和保管员销帐,并做报废处理,挂上"报废签"(红色)挂签。

参考文献

[1] 耿建华,王霞,谢钧,等.通用航空概论[M].北京:航空工业出版社,2007.

[2] 民航教程编委会.民航概论[M].北京:经济日报出版社,2015.

[3] 许东松,张兵.中国通用航空中长期发展展望[M].北京:航空工业出版社,2016.

[4] 史永胜.通用航空运营与管理[M].北京:航空工业出版社,2007.

[5] 吕人力,于一.中国通用航空产业研究报告 2012—2013[M].北京:中国民航出版社,2013.

[6] 罗先飞,王霞,刘洛言.通用航空器租赁及部分所有[M].北京:航空工业出版社,2016.

[7] 陈阳,郭璟珅,常秀娟.通用航空产业规划与实施[M].北京:航空工业出版社,2017.

[8] 张娜,王静.通用航空发展研究[M].北京:中国铁道出版社,2013.

[9] 胡问鸣.通用飞机[M].北京:航空工业出版社,2008.

[10] 辜英智,刘存绪,魏春霖.民航服务概论[M].成都:四川大学出版社,2017.

[11] 毛蔚瀛.通航产业与航空小镇[M].上海:上海人民出版社,2017.

[12] 成丽,黄涛,邵文武.我国农业通用航空发展的问题及对策分析[J].农业经济,2020(05):
101 -103.

[13] 赵礼强,陈鹏,郑晓宇,等.军民融合下通用航空产业发展的新探索[J].综合运输,2020,42
(05):35-38.

[14] 张洪海,邹依原,张启钱,等.未来城市空中交通管理研究综述[J/OL].航空学报:1-28[2021-
02-21].http://kns.cnki.net/kcms/detail/11.1929.V.20200929.1719.010.html.

[15] 全国人民代表大会常务委员会.中华人民共和国民用航空法[S],2018.

[16] 国务院、中央军委.中华人民共和国飞行基本规则[S],2000.

[17] 国务院、中央军委.通用航空飞行管制条例[S],2003.

[18] 中国民用航空局.一般运行和飞行规则(CCAR-91)[S],2018.

[19] 中华人民共和国交通运输部.民用航空空中交通管理规则[S],2017.

[20] 中国民用航空局.通用航空飞行服务站系统建设和管理指导意见(试行)[S],2012.

[21] 中国民用航空局.通用航空飞行任务审批与管理规定[S],2013.

[22] 梁曼,黄贻刚.空中交通管理概论[M].北京:中国民航出版社,2013.

[23] 杜实.空中交通监视服务[M].北京:中国民航出版社,2012.

[24] 张燕光.航空气象学[M].北京:中国民航出版社,2000.

[25] 程擎,朱代武.新一代空中交通管理系统[M].成都:西南交通大学出版社,2013.

[26] 从昊天.建设通用航空航空情报资料体系的建议[J].科技与创新,2019,14:66-67.

[27] 黄涛,杨凤田.我国通用航空市场培育瓶颈问题研究[M].北京：北京航空航天大学出版社,2019.

[28] 吕人力.中国通用航空蓝皮书[M].北京：中国民航出版社,2018.

[29] 胥郁,李向新.通用航空概论[M].北京：化学工业出版社,2020.

[30] 王若源.论中国通用航空行业管理法律体系的构建[J].北京航空航天大学学报(社会科学版),2018(09)：63-68.

[31] 苏晓东.中国通用航空现状与法律构想[J].郑州航空工业管理学院学报,2014(04)：141-143.

[32] 袁发强,翟佳琪.论我国航空法律体系的科学化[J].南京航空航天大学学报(社会科学版),2017(03)：44-49.

[33] 纪瑞华.我国通用航空立法若干问题研究[D].呼和浩特：内蒙古大学,2014.

[34] 杜雅倩,张聊东.我国通用航空发展现状及对策研究[J].科技创新与应用,2020(24)：133-135.

[35] 陈文玲.基于通用航空发展现状的通用航空产业体系研究[J].经济研究导刊,2019(5)：44-49.

[36] 刁伟民.我国通用航空法律制度及完善[J].法学杂志,2011(3)：118-120.

[37] 李寿平,欧阳彦.美国通用航空产业发展的法治经验及对中国启示[J].时代法学,2015(2)：94-103.

[38] 孙永生.无人机安全管理[M].北京：中国人民公安大学出版社,2018.

[39] 远洋航空教材编委会.无人机应用技术导论[M].北京：北京航空航天大学出版社,2019.

[40] 何原荣,吴克寿,崔胜辉.基于无人机遥感的城市台风应急与管理关键技术[M].北京：科学出版社,2019.

[41] 胥郁.通用航空概论[M].北京：化学工业出版社,2018.

[42] 王晓璐,赵辉.通用航空飞机设计[M].北京：应用方法和设计流程[M].北京：航空工业出版社,2019.

[43] 中国民用航空局航空器适航审定司.民航局适航司关于发布改进通用航空适航审定政策实施细则[R],2018.

[44] 隆巴多.小型飞机的结构和使用[M].张鹏,孙淑光,杜鸣,译.北京：航空工业出版社,2006.

[45] 郝劲松,刘峰.活塞发动机飞机结构与系统[M].北京：清华大学出版社,2015.

[46] 李幼兰.空气动力学和维护技术基础[M].北京：清华大学出版社,2017.

[47] 任仁良.维修基本技能[M].北京：清华大学出版社,2010.

[48] 刘继新.航空情报学[M].北京：国防工业出版社,2011.

[49] 方学东,杰普逊.航图教程[M].北京：中国民航出版社,2008.

[50] 黄仪方.航空气象[M].北京：西南交通大学出版社,2011.

[51] 国际民用航空组织.国际民用航空公约(附件14,机场)[S],1944.

[52] 国际民用航空组织.国际民用航空公约(附件4,航图)[S],1994.

[53] 国际民用航空组织.国际民用航空公约(附件15,航行情报服务)[S],1944.

[54] 杨英宝.民航安全系统工程[M].北京:中国民航出版社,2013.

[55] 孙佳.民航安全管理与应急处置[M].北京:中国民航出版社,2012.

[56] 董念清.中国通用航空发展现状、困境及对策探析[J].北京理工大学学报(社会科学版),
     2014,16(1):110-117.

[57] 刘昊阳.航空安保管理[M].北京:中国民航出版社,2014.

[58] 张娜,王静.通用航空发展研究[M].北京:中国铁道出版社,2013.

[59] 王华伟.通用航空安全工程[M].北京:北京航空航天大学出版社,2019.

[60] 宋薇薇,邹玉明.通用航空安全管理[M].北京:中国民航出版社,2018.

[61] STOLZER A J, HALFORD C D, GOGLIA J J.民航安全管理体系实施[M].李继承,译.北
     京:中国工人出版社,2014.

[62] 杜彩军,谭旭,张玲.航空公司安全绩效管理探究[J].中国民用航空,2014(03):16-17.

[63] 苏明清.航空公司安全绩效评测与管理研究[D].天津:中国民航大学,2019.

[64] 于思璇.通用航空安全风险分析研究[D].南京:南京航空航天大学,2019.

[65] 高文录,高扬,冉岩,等.民航法定自查的实践与思考[J].民航管理,2019(02):36-39.

[66] 中国民用航空局.民航安全绩效管理推进方案[R],2017.

[67] 祝妍.组织错误及其传导机理:事故致因的研究[D].北京:北京化工大学,2020.

[68] 宋真真.运输航空公司安全管理能力评价研究[D].天津:中国民航大学,2020.

[69] 毛延锋.航事故调查报告公开制度的发展及对调查信息建设的启示[J].民航学报,2020,4
     (05):63-65.

[70] 陈超.事故处理警示作用的强与弱探讨[J].安全与健康,2019,(10):28-29.

[71] 张雪莹.国际民航事故调查制度中推行"公正文化"的困境与出路[D].上海:华东政法大
     学,2019.

[72] 袁姗姗.论国际航空事故调查报告的证据价值[D].天津:中国民航大学,2019.

[73] 尹则远.我国民用航空事故调查机制的立法研究[D].呼和浩特:内蒙古大学,2015.

[74] 孙承.我国通用航空事故调查系统研究与实现[D].成都:电子科技大学,2013.

[75] 武文涛,高扬.非合作大型无人机飞行冲突预测与解脱[D].天津:中国民航大学,2020.

[76] 吴立新,刘平生,卢健.无人机分类研究[J].洪都科技,2005(03):1-11.

[77] 李辉.无人机的分类[J].航天,2000(08):35.

[78] 严月浩.无人机系统概论[M].西安:西北工业大学出版社,2018.

[79] 冯登超.低空安全与无人机系统导论[M].天津:天津大学出版社,2019.

[80] 中国民用航空局.轻小无人机运行规定(试行)[S],2015.

[81] 中国民用航空局.轻小型民用无人机飞行动态数据管理规定[S],2019.

[82] 中国民用航空局.特定类无人机试运行管理规程(暂行)[S],2019.

[83] 郭丽.四旋翼无人机送快递的管理控制平台设计[D].呼和浩特:内蒙古大学,2018.

[84] 宋杭宇.论述物流无人机技术和发展趋势[J].中国战略新兴产业,2018(12):204-206.

[85] 吴宇,胡莘婷.城市低空环境中多旋翼无人机在线航线规划方法研究[J].控制与决策,2020: 10-13.

[86] 张植勖,夏庆锋,曹洋,等.多旋翼无人机的续航优化[J].兵工自动化,2020,39(10):93-96.

[87] 孔繁伟.东北通用航空的"放管服"改革实践[N].中国民航报,2019-05-27(007).

[88] 梁本凡.深化"放管服"改革振兴通用航空产业——天津通用航空产业发展新对策[J].城市, 2018(05):50-57.

[89] 李健.加大"放管服"改革力度促进通航高质量发展[N].中国民航报,2018-05-04(001).

[90] 赵月华.中国公务航空市场研究[M].北京:航空工业出版社,2014.

[91] 徐佳迪.公务航空飞行安全的关键风险因素研究[D].天津:中国民航大学,2019.

[92] 高扬,齐耀君,董传亭.基于区间数的公务航空安全风险影响因素研究[J].安全与环境学报, 2018,18(05):1723-1729.

[93] 傅职忠.飞行计划[M].北京:中国民航出版社,2013.

[94] 原中国民用航空总局.小型航空器商业运输运营人运行合格审定规则(CCAR-135)[S],2005.

[95] 邹玉明,宋薇薇.通用航空安全管理[M].北京:中国民航出版社,2018.

[96] 胥郁,李向新.通用航空概论[M].北京:化学工业出版社,2018.

[97] 孙康文,邓志诚,杨乃宾.航空器适航基础.北京:北京航空航天大学出版社,2020.

[98] [意]弗洛里奥,张曙光.适航性:航空器合格审定引论.北京:北京航空航天大学出版社,2011.

[99] 蔡景,许娟,刘明,等.民用航空器适航管理.北京:北京航空航天大学出版社,2018.

[100] 徐浩军.航空器适航性概论.西安:西北工业大学出版社,2012.

[101] 中国民用航空局航空器适航审定司.民航局适航司关于发布改进通用航空适航审定政策实施细则.北京:中国民用航空局,2018.